細胞生物学実験法

Encyclopedia of Methods in Cell Biology

野村港二［編集］

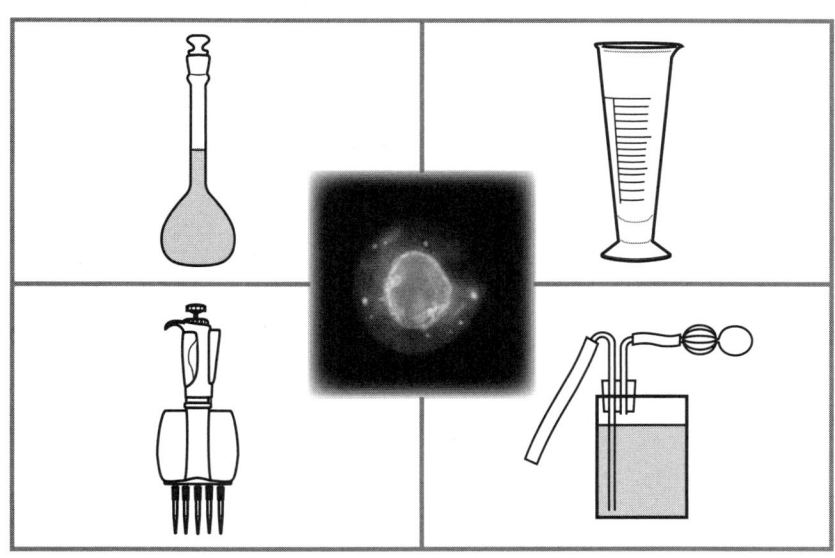

朝倉書店

執筆者 (執筆順)

野村　港　二*	筑波大学大学院生命環境科学研究科
朝比奈雅志	Department of Horticulture, Oregon State University
藤野　介延	北海道大学大学院農学研究院
高田　　晃	弘前大学農学生命科学部
岩井　宏暁	筑波大学大学院生命環境科学研究科
平林　美穂	筑波大学大学院生命環境科学研究科
平井　　泰	北海道立中央農業試験場基盤研究部
増田　　清	北海道大学大学院農学研究院
森山　裕充	東京農工大学大学院共生科学技術研究院
酒井　直行	吉田国際特許事務所
池田　美穂	(独) 産業技術総合研究所ゲノムファクトリー研究部門
佐藤　　忍	筑波大学大学院生命環境科学研究科
志水　勝好	筑波大学大学院生命環境科学研究科
宮崎さおり	自然科学研究機構基礎生物学研究所
関本　弘之	日本女子大学理学部
圡金　勇樹	日本女子大学理学部
田村　和彦	八幡平農業改良普及センター
有本　光江	筑波大学生命環境科学等支援室

*編集者

はじめに

　最新の手法でデータを出したいと誰もが思う．そこで，生物材料には，流行の実験系統を迷うことなく選び，定評のあるキットを使って生体分子を抽出精製し，最新鋭の分析装置に試料を打ち込んで，データが出てくるのを待つ．そのデータを，ウェブ上の定番サイトで解析すると，トレンディで仲間に喜んでもらえる，しかしよく考えれば当たり前の結論が導き出される．そういう実験を，私もしている．自分でなくても，その同じ結論が出せる実験．機械装置にできない操作だけが，自分に任されている実験．反応や測定の原理，材料や道具の特性を知らなくてもできる実験が，本当に多い．

　そういう研究のやり方に慣れてしまった私自身，自分が行っている実験の原理や法則について，それほどよく理解しているわけではない．一般的な実験で用いられる材料や器具，技法などについて，要点を簡潔に解説したテキストを探していた折に，朝倉書店の『分析化学実験の単位操作法』（日本分析化学会編）に出合った．この本では，個々の操作について，概要，原理，方法，留意点などが実に的確にまとめられていた．

　細胞生物学の領域でも，そのようなテキストがあれば，ちょっとした疑問をすぐ解決できるし，プロトコールを操作の本質から捉えることもできると考えた．そういう意味で，この本は私自身にとって必要だったものである．刊行されたら，私も，ラボラトリーマニュアルのファイルと一緒に，自分の実験台の上にこの本を置いておく予定である．

　あたりまえの事ではあるが，我々執筆者はイラスト担当も含めて全員，白衣を着て実験室で活躍してきたプロである．そして本書では，その我々が熟知している実験技法などについて，実際の操作を行う上で，どうしても知っておいて欲しい事柄を執筆した．

　最後になるが，執筆者のほぼ全員を，いわゆる「若手」で構成することを許していただき，企画をじっくりと練り上げてくださった朝倉書店編集部の皆様に感謝する．

　2007年10月

野　村　港　二

目　　次

1. **実験を始める前に** ··· 1
   - 1.1　実　験　環　境 ·· 1
   - 1.2　純　　　　　水 ·· 3
   - 1.3　試　　　　　薬 ·· 5
   - 1.4　高　圧　ガ　ス ·· 9
   - 1.5　は　　か　　り ·· 11
   - 1.6　溶　液　の　調　製 ·· 13
   - 1.7　緩　　衝　　液 ·· 21
   - 1.8　温　度　の　調　整 ·· 22
   - 1.9　容　器　・　器　具 ·· 26
   - 1.10　容　器　の　洗　浄 ··· 30
   - 1.11　実　験　用　の　紙 ··· 32
   - 1.12　実験室廃棄物の管理 ··· 33

2. **生物材料の入手・同定と保存** ······································· 36
   - 2.1　研究材料の選抜 ·· 36
   - 2.2　動物の飼育と管理 ·· 37
   - 2.3　植物の飼育と栽培 ·· 39
   - 2.4　遺伝子組換え体の取り扱い ······································ 41
   - 2.5　組織の保存 ·· 43
   - 2.6　生細胞の保存 ·· 45
   - 2.7　試料の乾燥と濃縮 ·· 47

3. **観察と記録** ··· 50
   - 3.1　マクロな形態観察と測定 ·· 50
   - 3.2　ミクロな形態観察 ·· 53
   - 3.3　微細構造の観察 ·· 58
   - 3.4　顕微鏡観察の試料 ·· 61

4. **組織・細胞の培養** ··· 64
   - 4.1　無　菌　操　作 ·· 64
   - 4.2　滅　　　　　菌 ·· 66
   - 4.3　微生物の培養 ·· 68
   - 4.4　動物組織と細胞の培養 ·· 69

  4.5 植物組織と細胞の培養……………………………………………………72
  4.6 生育の評価…………………………………………………………………75

5. 生物試料の染色と標識………………………………………………………78
  5.1 標識法の選択………………………………………………………………78
  5.2 組織や細胞の染色による標識……………………………………………80
  5.3 放射性同位元素による標識………………………………………………83
  5.4 非放射性の標識と検出方法………………………………………………85

6. 組織・細胞の採取・分別・分画……………………………………………87
  6.1 動物の体組織と採取………………………………………………………87
  6.2 植物組織と細胞の分別……………………………………………………90
  6.3 細 胞 分 画…………………………………………………………………92
  6.4 微 小 操 作…………………………………………………………………95

7. 生体分子の抽出・分画………………………………………………………98
  7.1 組織の磨砕と抽出…………………………………………………………98
    A．磨　　　砕………………………………………………………………98
    B．生体分子の抽出………………………………………………………100
    C．濃　　　縮………………………………………………………………102
    D．沈殿による回収………………………………………………………103
  7.2 機器分析……………………………………………………………………104
    A．遠　　　心………………………………………………………………104
    B．スピンカラム…………………………………………………………107
    C．クロマトグラフィー…………………………………………………108
    D．ゲル電気泳動…………………………………………………………111
    E．クロマトフォーカシング……………………………………………116
    F．吸光光度法……………………………………………………………118

8. 分子生物学入門………………………………………………………………122
  8.1 核酸の取り扱い……………………………………………………………122
  8.2 クローニングとシークエンス……………………………………………128
  8.3 遺伝子発現の解析…………………………………………………………130
  8.4 タンパク質の解析…………………………………………………………133
  8.5 免疫応答の利用……………………………………………………………137
  8.6 ポリメラーゼ連鎖反応（PCR）…………………………………………141
  8.7 遺 伝 分 析…………………………………………………………………143
  8.8 バイオデータベースの利用とイン・シリコ解析………………………147

索　　引……………………………………………………………………………151

1. 実験を始める前に

　実験は，試薬の準備や器具の収集に始まり，廃棄物の適正な処理に終わる．これを円滑，安全に行える場としての実験室の整備と，その機能を熟知することも研究の大切な一部である．また，実験器具の洗い方や，試薬や純水の取り扱いなど，基本的な事柄になるほど，研究室ごとの作法が異なることがある．ここでは，実験前に必要な事柄について原理などを中心に述べるが，具体的なプロトコールは個々の研究室で定める必要がある．

〔野村港二〕

1.1 実験環境

　年数を経て手狭になった実験室でも，使い勝手と安全性の改善は可能である．環境の整備は，実験室を観察して不要な物品を処分し，合理的ではない物事を取り除くことから始める．例えば，調製済み試薬とプラスチック製品などのデッドストックや解析予定のないサンプルを整理して場所を確保し，使用頻度の低い機器の電源プラグを抜くことでタコ足配線を解消する．大型の機器や実験台などの移動を伴うリフォームでは，自らの実験室で行われる作業の内容を把握し，実験操作の順序に逆らわない合理的な動線を確保する．通路幅・従事者同士が互いの状況を把握し合えるコミュニケーション環境・試薬や廃棄物を含めた物品の確実な管理・地震時など緊急事態への対応・使用者への教育の容易さなどを考慮して，実験環境を整備する．

a. 実験台などの配置
1) 全　般

　実験台間のスペースを含め，80 cm 以上の通路幅を確保する．また，床面からの高さが 180 cm 以上の場所に物を置いてはいけない．さらに，非常口などの表示を死角に入れるような場所に保管庫や棚などを置いてはならない．特に定められてはいないが，2台の実験台の間で，背中合わせの作業を行うような配置の場合には 130 cm 以上を確保したい．もし実験台間の通路幅が確保できない場合には，片側は立って作業する分析機器スペースとするなどの方法で，邪魔な椅子を排除する．

　背の高い保管庫や，クリーンベンチ，インキュベーター類は耐震対策を施して壁面に設置するのが基本である．視線を遮る機器や物品を壁面に置くことで，どの場所からも実験室全体が把握できるようなレイアウトとすることは安全につながる．

2) 機器ごとの配慮

　家庭用の機器と異なり，容量の大きな空冷冷凍機を持つ超低温フリーザーや，人工気象器，冷凍遠心機などは，ラジエーターからの熱排気の流れを十分に配慮しなければならない．吸排気口は，壁などから 10 cm 以上離すことが必要である．また，吸気側にフィルターを持つ場合には，定期的な清掃が簡単に行えるように設置しなければならない．

　クリーンベンチやセーフティキャビネットは，エアコンの吹き出し口などを避け，作業空間内に

風が吹き込まない場所に設置する．

b. 換気と空調

安全のためにも，十分な換気に配慮する．作業室内の酸素を含めたガスの濃度も法的に定められている．そのため，実験室の扉にガラリを設置するなどの措置がなされている場合もある．換気扇を利用して強制的な排気を行う場合，逆流を防ぐために換気扇側の窓を開けないのが原則である．なお，バイオハザードを扱う場合など，換気を禁じられている実験もあることにも注意する．

c. 照　　明

適切な照度は実験内容などによっても異なるが，基本的には十分な明るさを確保しながら，必要に応じて調光できることが望ましい．室内照明には蛍光灯が使われることがほとんどであるが，従来の蛍光管は特定の波長の光が強いスペクトルを持つので，色再現が悪く，写真撮影にはあまり適さない．色補正が簡単なデジタルカメラが主流になった現在では，光の色温度にあまり注意する必要はなくなったが，正確な色再現を必要とする写真を撮影する場合には，蛍光灯の色調などにも配慮が必要である．

d. 電 気 設 備

1）分電盤，ブレーカー，コンセント，延長コード

一般の生物系の実験室には，分電盤に単相100Vと，動力線とも呼ばれる三相200Vの交流電源が供給されている．家庭用の単相100Vは，中性線（アース）と電圧線の2本の導電線で供給される単相2線式で供給されるが，研究室に供給される単相100Vでは，中性線（アース）と，これに対して正負それぞれ100Vの電位差を持つ電圧線という，合計3本の導電線で供給される単相3線式で供給されていることが多い．単相3線式の場合，通常の単相100V電源としては，中性線とどちらか一方の電圧線から得られる電圧は100Vで，電圧線2本からは単相200Vの電圧が供給される．

分電盤には，上述の導電線から必要数の漏電ブレーカーに電力が導かれ，ここから実験室内の開閉器やコンセントに配線されている．実験室のどの開閉器やコンセントが，分電盤内のどの漏電ブレーカーから配線されているかは，必ず把握する．また，単相100Vコンセントのどちら側が中性線（アース）であるかを，テスターを用いて調べることが必要な場合もある．

室内の開閉器やコンセント，延長コードなどには容量があることに注意する．家庭用にも使われる製品の場合，100V 15Aが上限であることが多く，これよりも許容量が低い製品もあるので，製品ごとにチェックしておく．

2）機器ごとの管理

日本製の一般機器は単相100Vで働き，大容量冷凍機のコンプレッサーなど高出力のモーターを持つ機器には三相200Vを必要とするものが多い．これ以外に，欧米製の一部の機器では単相200Vを要求するものがある．

機器は，名板などにより要求する電力を確認し，コンセントなどの容量を超えないようにプラグを接続する．コンプレッサーなどのモーターは起動時に大電流を要求するので，複数の冷凍庫や人工気象器などを同一の開閉器に接続した際，たまたまモーターの起動が同時に起こった場合に過電流が流れ，問題が起きる可能性があるので気をつける．

なお，100Vで作動する海外製品の中には，110Vを基準に設計されたものを，許容範囲と判断して100Vで使用している場合も多い．電気容量が不足しがちな古い施設では，末端の分電版に供給される時点で電圧が低下している場合があり，これらの機器が誤作動を起こす場合が少なくない．コンセントの電圧が低下している場合，一過的には機器ごとに小型の昇圧トランスを設けるなどの措置を講じることもできるが，安全面からは基幹からの電源増設を図るべきである．

3）非常時のバックアップ

超低温フリーザーや培養設備では，電気設備の

定期点検に伴う停電や，予期されない停電への対応が必要となる．サンプルや培養物などが，どれくらいの時間の停電に耐えられるかを予想しておくことは大切である．その予想に基づいて，電源系統の異なる機器での保管や培養など危険分散を図り，必要に応じて液化炭酸ガスやバッテリー，あるいは発電機によるバックアップ体制を確保する．

e. 保管庫

どのような保管庫であっても，安全を第一に考える．地震への対策としては，保管庫を固定するとともに，保管中の物品が倒れたり破損したりしないような方策を考える．また，保管庫や冷蔵庫の扉も，施錠やロック装置によって，簡単に開かないようにする．

1) 試薬の保管庫

危険物や毒劇物の保管では，関連法規に従うだけでは不十分である．法規を遵守した上で，有機溶媒と酸の保管庫の場所を離したり，反応性の高い試薬は瓶が破損しないようにしたりして，万一の場合にも発火や有害なガスの発生がないように配慮する．なお，法的規制がなくても，発癌性やアレルゲン性が疑われる試薬は，自主的に危険物や毒劇物に準じた保管を行う．

2) ガラス器具などの保管庫

いまだにいきなり開いてしまう観音開きの保管庫が見受けられるが，施錠するか，かんぬきを取り付けて地震などで扉が開かないようにする．

3) 冷蔵庫，冷凍庫

常用の冷凍冷蔵庫として家庭用の製品が使われる場合が多いが，それらの製品では，霜取りのために，一時的に扉付近の温度が上昇するものもあるので，酵素の長期保存には適さないことがある．試薬や酵素は，種類や用途ごとに分類してシール容器などに保管する．シール容器には，それがどの保管庫に保管されているかを明示しておくと，使用後の返却に誤りがなくなる．

f. ゴミと廃棄物

実験廃液と実験廃棄物，そして一般の廃棄物の処理に関しては1.12節を参照されたいが，廃棄までの間の一時保管にも配慮が必要である．廃棄物や廃液が生じた時点で，適切な分別を行う．ポリタンクなどに貯留してある有機溶媒や酸の廃液などは，危険物として厳重に管理する．

法的に規制されていない廃棄物やゴミに関しても注意が必要である．発癌性が疑われる試薬が付着している可能性のある手袋やラップなどは，洗浄するか，あるいはポリ袋などに入れ，清掃時に接触することがないように留意する．生物の死体の処理や，実験に使用した植木鉢の土などの処理は，事業所ごとの規則に従う．微生物を含め生物個体を扱っている場合，たとえそれがバイオハザードなどと違い法的な規制を受けないものであっても，環境に放出されると周辺の生態系を乱す可能性があるので，必ず殺してから廃棄する．

〔野村港二〕

参 考 文 献

1) 日本分析化学会編：分析化学実験の単位操作法，朝倉書店 (2004).
2) 化学同人編集部編：実験を安全に行うために（第7版），化学同人 (2006).

1.2 純 水

飼育から分析まで，バイオ実験には様々な純度の水が使われる．多くの実験室では，水道水を蒸留して純度の高い水を製造してきたため，実験用の水を蒸留水と呼ぶ習慣がある．しかし実際には，原水である水道水から蒸留法，イオン交換法，逆浸透法などを組み合わせて，無機イオン，有機物，微粒子，細菌，ウイルスなどを除去して水を精製する．また，試薬として超純水や医薬品としての精製水を購入することもある．そのため，ここでは精製された水を純水という言葉で解説する．なお，理論純水の抵抗率である $18.2\,\mathrm{M\Omega\,cm}$ 近くにまで精製した純水は超純水と呼ばれている．

a. 純水の製造法
1) 蒸留法

原水を部分蒸発させて生じる水蒸気を凝縮回収して蒸留水を得る方法．通常の蒸留で $0.2\,\mathrm{M\Omega\,cm}$ 程度の抵抗率の純水が得られる．理論的には，蒸留ですべての種類の不純物を除去することができるが，実際には蒸留装置からの溶出や，原水の混入などが生じるため，1回の蒸留で高純度の水を得ることは難しい．特に金属製のボイラーでは金属の，ガラス製のボイラーではアルカリ成分やケイ素，ホウ酸などの溶出がある．蒸留だけで高純度の純水を得るには，石英製ボイラーによって繰り返し蒸留を行うか，非沸騰式蒸留装置を利用する．蒸留法は原水の加熱や冷却に高い運転コストを要し，ボイラーの清掃など定期的なメンテナンスを行う必要がある．古典的な方法だが，簡便に品質の安定した純水が得られるため，バイオ実験では，ガラス製ボイラーによる蒸留法が純水製造の第一段階に使われてきた．

2) イオン交換法

陽イオン交換樹脂と陰イオン交換樹脂を混合充填したカラムに原水を通して，イオンを吸着除去する方法．得られた純水を脱塩水あるいは脱イオン水と呼ぶ．従来の方法では，定期的にイオン交換樹脂の交換，再生が必要だったが，近年では電気再生により樹脂交換の手間を省き連続運転が可能な脱塩装置（electric deionization；EDI）も普及している．実験室では，水道水を直接イオン交換樹脂カラムに通すと樹脂の消耗が著しいので，蒸留や逆浸透処理後にイオン交換をすることが多い．しかし，実験によっては，イオン交換樹脂からの有機物の溶出や微粒子の流出が問題になることもあり，イオン交換後に蒸留を行うこともある．精製度を保つために，処理されたイオン交換水の電気伝導度（抵抗率）によって，イオン交換樹脂の状態を常時モニターする必要がある．

3) 逆浸透法

原水を加圧して半透膜を通すことで，溶液から溶媒だけを回収できる逆浸透を利用して，孔径 $0.001\,\mu\mathrm{m}$ ほどまでの不純物やイオン成分を除去する方法．半透膜には，酢酸セルロース系やポリアミド系の素材が用いられる．逆浸透法は蒸留法に比べ低コストで原水を精製することができ，装置も小型のため，バイオ研究を行う実験室での原水処理法として普及しており，逆浸透後にイオン交換をすることで純水を製造する装置が広く普及している．なお，逆浸透法では，連続的に限外濾過膜に圧力をかけた状態にしておくことで，原水側の膜表面の微生物膜による汚染を防ぐことができるため，連続的に運転することが望ましい．

4) 紫外線照射

波長 $254\,\mathrm{nm}$ の紫外線照射により，DNAにピリミジンダイマーを生じさせて殺菌する方法は，以前から行われてきた．近年，$185\,\mathrm{nm}$ の紫外線によって原水中の有機物を酸化分解して，イオン交換法などで除去する方法が普及しつつあり，小型の純水製造器に応用されている．

5) 限外濾過法

孔径数 nm から $1\,\mu\mathrm{m}$ の限外濾過膜によって，微粒子やコロイド状物質を除去する方法．バイオ実験では，限外濾過だけで必要な水質を得ることは難しい．

6) 活性炭カラムと精密濾過カラム

蒸留装置や逆浸透装置の原水側に，活性炭カラムと孔径 $1\,\mu\mathrm{m}$ 以上の精密濾過カラムを設置する例が多い．これらのカラムによって原水中の鉄粉や粘土，塩素などを除去し，装置の汚れや微粒子による電磁弁のトラブルを防ぐのが目的である．しかし，これらのカラムのメンテナンスを怠ると，逆に微生物の増殖を招くことになるので注意も必要である．

b. 純水の規格と水質の管理

JIS K0557 に「用水・排水の試験に用いる水」があり，同様の国際規格として ISO696 がある．医薬に関して日本薬局方では，常水，精製水，滅菌精製水，注射用水の区別がされており，それぞれの純度が規定されている．これらの基準を満たす純水や，用途ごとに調製された純水や超純水が，試薬や医薬用として医薬品メーカーや試薬メ

ーカーから市販されており，品質が安定していることから動物細胞の培養などに利用している研究室も多い．

水質の簡便な管理法として，通常のバイオ実験室では，純水あるいは超純水製造装置に備わっている電気伝導率計あるいは比抵抗計でイオン類の総量を把握する方法が普及している．抵抗率は，一般的な純水では 1～10 MΩcm，超純水では 18.2 MΩcm であるが，抵抗率ではイオン性不純物の検出感度自体も決して高いものではないため，有機体炭素（TOC）量をモニターできる純水製造装置も市販されている．しかし，固有な成分の微量分析には，TOC 計での測定でも十分とはいえず，それぞれの成分の実測が必要な場合もある．

c. 純水製造法の選択

複数の方法を併用することで水の純度を高めるとともに，製造コストを低く保つ工夫がされる．例えば，活性炭などで濾過した原水を蒸留してタンクに貯蔵し，必要に応じてイオン交換カラムに通して純水を得るシステムや，活性炭で濾過した原水を逆浸透法と紫外線照射法で処理したあとイオン交換を行うシステムなどが広く用いられている．現在では，これらの純水をさらに精製して得た超純水を用いることが，分子生物学や細胞培養で一般的になりつつある．しかし一方で，飼育や栽培には超純水の純度は必要でないことも多く，逆に微量な分析実験では超純水製造装置内で溶出する微量の物質が分析の妨げになる可能性もある．そのため，製造方法の使い分けは，経験に基づいて決定されることが多いのが現状である．また，純水および超純水製造装置を導入する際には，原水の質，一日あたりの製造量，消費電力や水量，製造コスト，メンテナンス性などを考慮する必要もある．

d. 純水の保管

純水，特に超純水の水質を保つためには，採水法にも留意する．第一に，採水口付近に停滞していた水を捨てるとともに，TOC を低レベルで安定させるために，十分初期排水を行うこと．第二に，実験室の大気の成分からの汚染を防ぐため，クリーンな採水環境を実現すること．第三に，採水時には容器に静かに水を注ぎ，泡立てることがないようにすること．以上のほかに，必要量だけ採水し，超純水の保管はできるだけ避けること，採水容器の洗浄に注意を払うことなども大切である．

純水の品質は保管中に低下するが，実際には汲み置きをせざるを得ない場合がほとんどである．純水の保管に当たっては，水が優れた溶媒であることを忘れてはならない．ガラス容器に長期間保存した場合には金属元素やシリカが，ポリエチレンやポリプロピレン容器の場合には TOC が溶出する可能性がある．また，洗瓶はその構造上，中の水に雑菌や塵をトラップしてしまうことに注意し，必ず水を使い切るようにする．〔野村港二〕

参考文献

1) 日本ミリポア：超純水超入門，羊土社（2005）．
2) 日本分析化学会：分析化学実験の単位操作法，朝倉書店（2004）．

1.3 試　　薬

危険性物質を含む試薬の運搬および取り扱いは，その薬品に対する十分な知識を有する者が行うこと．化学物質を取り扱う際には，急性毒性および発癌性などの毒性，可燃性，爆発性などについて，あらかじめ知っておく必要がある．取り扱い業者が提供する化学物質安全データシート（material safety data sheets：MSDS）を研究室に常備し，試薬を取り扱う際には，あらかじめ熟読しておく．また，試薬の性質に応じた安全対策を十分に行い，事故防止に努める．

a. 試薬の入手
1) 選択の目安

試薬は，機器分析をはじめとする各種用途に用いられているが，それぞれの用途により要求され

る品質が異なる．試薬の純度に応じて，標準試薬，特級試薬，一級試薬などに分類されている．高純度の試薬を使用するのが望ましいが，一般的に高純度のものほど高価であり，また実験によっては純度が求められない場合もある．実験の内容や使用量に応じて，試薬の種類を決定するとよい．

一方，精密な純度の試薬が要求される実験もある．例えば核酸を扱う実験では，ヌクレアーゼの混入がもっとも危険であるため，ヌクレアーゼが検出されない分子生物学実験用などの品質の試薬を選択するか，ヌクレアーゼの失活処理が可能である場合は，各自で失活処理を行ってから使用する必要がある．また，液体クロマトグラフィーなど機器分析を行う際には，それぞれの分析法に最適になるように調製された特殊規格の試薬が市販されている．このような試薬では，分析の際のバックグラウンドや，検出の妨げとなるような物質の混入が抑えられているため，微量分析に適する場合がある．

なお，各試薬メーカーのカタログには，「生化学実験用」や「分子生物学実験用」といった表示があり，これらを目安にするとよい．しかし，必ずしも記載されているグレードを用いる必要はなく，実験目的によって，適切な試薬を選択することが望ましい．

2) 試薬の保管

化学物質は，「特定化学物質の環境への排出量の把握等及び管理の改善の促進に関する法律 (Pollutant Release and Transfer Register [PRTR] 法)」，「毒物及び劇物取締法」，「消防法」，「労働安全衛生法」をはじめとする法令によって規制を受ける場合があり，化学物質を取り扱う際には，その物質が法的に何らかの規制を受けているかについて，あらかじめ調査した上で購入・使用する．なお，法規に定められていなくても，これらと同程度の危険性が予測される場合には，ここで定める規定に従うことが必要である．

試薬は，劣化や管理上の問題を考慮し，必要量を購入するようにする．また，試薬の購入に際し法的な手続きが必要な場合は，各機関に設置されている安全衛生管理室などに相談し，適切な手続きを行うようにする．研究機関から試薬を入手する際にも，適切な輸送方法を選択するようにする．

放射性試薬は，原子力基本法をはじめとする各種法律の規制を厳密に受けるほか，機関ごとに予防規程が設けられ，入手・保管から使用場所，使用量など多くの規程に従う必要がある（5.3節参照）．放射性試薬の入手，取り扱いに当たっては，各機関に設けられている放射性使用施設などの規程および法令を厳守することが要求される．

保存方法の例には次のようなものがある．

① 遮光：遮光瓶，遮光容器などに入れ保存する．

② 禁水（湿度管理）：密封し，デシケーター内で保存する．

③ 低温：適切に温度管理された保存庫を使用する（注：粉末試薬を低温保存の場合，保存庫から取り出してすぐに開封すると吸湿する場合があるため，室温に戻してから開封する）．

④ 酸化防止：遮光瓶を用いて密封し保存する．

i) 危険性物質　試薬によっては，法規により危険性物質と指定され，特別な注意をもって取り扱うことが必要とされる．

規制を受ける物質と法令の一例を以下に示す．

- 有機溶剤（有機溶剤中毒予防規則）
- 特定化学物質（特定化学物質等障害予防規則）
- 毒物（毒物及び劇物取締法）
- 劇物（毒物及び劇物取締法）
- 危険物（消防法）
- 特殊材料ガス（高圧ガス保安法）
- 放射性同位元素（原子力基本法など）
- 核燃料物質（核原料物質，核燃料物質及び原子炉の規制に関する法律）

その他，各地方自治体などの条例，労働安全衛生法などによる規制も受ける場合がある．

また，危険物は，その性質に従って第1類～6類に分類されている．

第1類：酸化性固体

加熱，摩擦，衝撃によって酸素を発生．還元性の強い物質や有機酸と混合すると爆発する危険性がある．例：塩素酸カリウム（塩素酸塩類），無機過酸化物（過酸化ナトリウム），硝酸アンモニウム（硝酸塩類），過マンガン酸カリウム（過マンガン酸塩類）など

第2類：可燃性固体

引火点・発火点が比較的低く，燃焼が速い．有毒ガスを発生するものもある．保存温度を適切に管理する．例：赤リン，硫黄，金属粉，マグネシウム，引火性固体など

第3類：自然発火性物質及び禁水性物質

水と反応して激しく発火（ナトリウム・カリウムなど），空気と反応し発火するもの（黄リンなど），禁水性のものは，水との接触を避けデシケーター内で保存する．自然発火するものは不活性溶媒・不活性ガス中にて厳重に保管し，取り扱う．例：黄リン，リチウム（アルカリ金属），ジエチル亜鉛（有機金属化合物），水酸化ナトリウム（金属水素化合物）など

第4類：引火性液体

アルコール類，エーテル類など，溶媒として使用するものが含まれる．引火しやすく，常温常圧下においても揮発性が高いため，使用する際には周囲に火気がないことを確認し，また蒸気が有害なものがあるので換気に注意する．容器内部に蒸気が充満している場合があるため，開封する際にも注意が必要である．例：エーテル，エチルアルコール，メチルアルコール，アセトン，グリセリンなど

第5類：自己反応性物質

ニトログリセリン，トリニトロトルエン，ニトロ化合物（ピクリン酸など）には，加熱・衝撃によって容易に爆発するものがある．その他，過塩素酸塩，硝酸塩なども，急激な加熱や衝撃を与えないように注意する．例：ニトロセルロース（硝酸エステル類），アジ化ナトリウムなど

第6類：酸化性液体

物質自体は燃焼しない液体であるが，混在する他の可燃物の燃焼を促進する性質を持つ．例：過塩素酸，過酸化水素，硝酸など

ii) **混合危険物**　混合すると爆発・発火を起こす組み合わせ（ハロゲンと金属，アルカリ金属と水など），有害ガスが発生する組み合わせ（硫酸と金属塩など）など，混合することによって危険が生じる組み合わせは数多く認められる．このようなものは誤って混合しないよう注意するほか，地震などの災害時に容器が破損して薬品同士が接触する危険性を避けるため，離れた場所に保管するようにする．

iii) **毒物と劇物**　一般に，毒性の強いものが毒物，比較的弱いものが劇物と規定されている．毒物・劇物に指定されているものは，毒物・劇物保管庫であることを表示した施錠可能な保管庫を用いて，盗難・紛失防止に努める．また，試薬の使用量が管理できるように受払簿を作成し，使用量を厳重に管理することが重要である（機関ごとに，「有害化学物質及び毒物・劇物管理規程」などが設けられているため，これらの規定に沿った管理・使用を行う．なお，危険性物質の主要なものは法規によって規制されており，貯蔵や取り扱いには規制を受けるので関係する法令は知っておく必要がある）．

iv) **試薬棚と緊急時への対処**　試薬棚は，転倒防止のため，床または壁にしっかりと固定するなどの耐震・免震対策を施しておく．地震の際に，試薬棚から転落した試薬が二次災害を引き起こした例もある．毒劇物保管冷蔵庫も同様である．転倒防止トレーなどを使用して，万一，試薬瓶が破損しても，内容物が周囲に広がらないようにするなどの処置を行っておく．また，事故が起きたときに備えて，あらかじめ安全シャワーや非常口の場所，消火器の置き場所，種類，使い方など，事故対策の方法を確認しておくことも必要である．

b. **酵素試薬**

1) **酵素試薬の扱い**

分子生物学では，PCR（polymerase chain reaction）に用いる Taq ポリメラーゼや制限酵素などをは

じめ，多くの酵素試薬を用いる．これらは，失活しないように，-20℃などの低温に温度管理されたフリーザーに保存し，使用する際にも，氷やクールブロックなどを用いて運搬するようにする．使用後は速やかにもとのフリーザーに保存する．フリーザーの種類によっては，ドアを開けると庫内の温度が上昇しやすいものがあるので，出し入れの際に必要以上の時間をかけないよう，目的別，アルファベット順に区分しておくといった工夫が望ましい．

2) 取り扱いの実際

酵素を使用するに当たっては，前述の通り，失活を防ぐため，必要な分だけを素早く使用し，できる限り早く保存状態に戻すことが必要である．

市販の制限酵素などは，安定性を保つためにグリセロール溶液に溶けているので粘調度が高い．使用する前には，素早く遠心してチューブの壁に付いた試薬を底に集めてから使用する．また，マイクロピペットを用いて試薬を吸引する際には，ピペットの先端のみを溶液に入れ，余分な試薬をチップの外周に付着させないように注意する．酵素溶液は，そのまま加えただけでは反応液と混ざりにくく，またボルテックスミキサーなどを用いて激しく攪拌すると酵素が失活する恐れがあるため，ゆっくりとピペッティングするか，チューブを軽く指ではじくなどして，緩やかに混和する．泡立てないように注意し，壁面に付いた場合には，軽くスピンダウンして溶液を底面に回収する．

また，特に注意のある場合を除き，溶液は氷上において調製し，反応に用いる．

分子生物学実験に用いる試薬・酵素類には，ヌクレアーゼ（DNase, RNase）フリーといった品質が保証されているものがある．特に核酸の抽出，分解，合成といった作業を行う際には，ヌクレアーゼの有無が重要となってくるため，ヌクレアーゼ（RNaseなど）の使用，保存に当たっては，メカニカルピペットなどを介した他の溶液への混入（コンタミネーション）がないよう，十分注意する．

c. 界面活性剤

1) 種　類

界面活性剤は，親水基と親油基を有する両親媒性物質の名称であり，陰イオン界面活性剤，陽イオン界面活性剤，両性界面活性剤，非イオン界面活性剤の4種に分類される．

i) 陰イオン界面活性剤　タンパク質を可溶化，変性させる作用を持つ．膜に存在するほぼすべてのタンパク質を可溶化できるため，電気泳動などに用いることができる．家庭用合成洗剤の多くは，陰イオン界面活性剤に分類される．例：ドデシル硫酸ナトリウム（sodium dodecyl sulfate；SDS），サルコシルなど

ii) 陽イオン界面活性剤　一般に強力なタンパク質変性作用を持っており，細胞の破壊，核酸との複合体形成作用を持つため，RNAの抽出などに使用される．例：臭化セチルトリメチルアンモニウム（cetyl trimethyl ammonium bromide；CTAB），グアニジンチオシアン酸塩など

iii) 両性界面活性剤　陽イオン基と陰イオン基の両方を持つ界面活性剤であり，アルカリ性領域では陰イオン界面活性剤として，酸性領域では陽イオン界面活性剤として作用する．正味の電荷がないため，非イオン界面活性剤と同様の性質がある．二次元電気泳動におけるタンパク質の可溶化剤としても用いられる．例：CHAPS（3-[(3-cholamidopropyl) dimethyl ammonio] propanesul fonic acid）など

iv) 非イオン性界面活性剤　イオン性界面活性剤と比較して作用が緩やかであり，タンパク質の変性には作用しない．種類によって親水性や界面活性の度合いが異なるが，一般的に水に溶解しやすい．例：Triton X-100, Tween-20, Tween-80 など

d. 溶　媒

一般に，ある物質が他の物質と混合して均一な相を生じる現象を溶解と呼ぶ．ここで，物質（溶質）が液体と混合して溶液を生じる場合，溶質を溶解している液体を溶媒という．

物質を溶解する目的は様々であり，①化学反応を容易にするため，②物質の性質を分析によって明らかにするため，③抽出によって物質を精製するため，などが例として挙げられる．

1) 取り扱い方

溶質の種類や溶解の目的によって，使用する溶媒は異なり，溶質と溶媒の組み合わせによって溶解性も変化する．一般的に，極性の低い物質は極性の低い溶媒に溶解しやすく，極性物質は極性溶媒に溶解しやすい．溶解性のほか，溶解によって，溶質が化学的変化を起こさないことが重要である．また，化学実験において，溶媒は純粋であることが望まれるため，使用の際には不純物が混入しないように注意する．特に有機溶媒では水が混入しやすいため，溶媒中の水分をできる限り除き，乾燥された状態を維持することが重要である．

2) 安全の確保

有機溶媒には，揮発性・引火性が高いものがあるため，取り扱いの際には火気・換気に十分注意する．また，中毒を引き起こし，臓器，脳・神経系などに障害を与える場合があり，中には発癌性を有する物質もある．使用時には，溶媒蒸気の吸入や皮膚への付着を避けるため，白衣など実験に適した衣類を着用し，ドラフト内での使用や，防毒マスク，眼鏡などの保護具を着用する．有機溶媒は密閉容器を使って冷暗所で保存する．溶媒の容器は，内容物が少量残った状態で廃棄すると，時として引火，爆発など，重大な事故の原因となるため，廃棄する際には十分洗浄するなどの注意が必要である．

e. 阻害剤

酵素や受容体などの分子に結合するなどして，その働きを抑える物質を阻害剤と呼ぶ．

阻害剤の種類は多岐にわたり，その使用方法，作用機構も一様ではない．阻害剤を使用するに当たってもっとも重要となってくるのは使用量であるが，同じ阻害剤でも，投与する標的への到達性・浸透性など多くの要因によって異なってくる．一般的に，過剰量の投与は，副作用を引き起こす原因となるため，適切な量で使用することが重要である．また，阻害剤の持つ結合性を利用し，アフィニティカラムクロマトグラフィーの担体（7.2節C参照）など，標的物質の精製にも利用される．個々の阻害剤の特性・使用法については，多くの専門書があるので，そちらを参考にするとよい．また，予備実験を行うに当たっては，類似の実験を行っている論文を検索し，"Materials and Methods"に記載されている条件などをあらかじめ確認することも必要である．

〔朝比奈雅志〕

参考文献

1) 頼実正弘編：化学系実験の基礎と心得，培風館 (1983)．
2) 化学同人編集部編：実験を安全に行うために（第7版），化学同人 (2006)．
3) 日高弘義：阻害剤研究法，共立出版 (1985)．
4) 田村隆明：バイオ実験試薬調整マニュアル，羊土社 (2004)．
5) 村松正実編：新ラボマニュアル遺伝子工学，丸善 (2003)．

1.4 高圧ガス

細胞生物学実験では，キャリアーガス，燃料ガス，トーチガス，空気置換，圧力印加などに高圧ガスが使われる．ここでは，高圧ガスの取り扱いの原則を記述する．

a. 高圧ガスとは

高圧ガスは，化学的な性質からは，毒性ガス，水素や液化石油ガス（LPG）などの可燃性ガス，酸素などの支燃性ガス，窒素や二酸化炭素などの不燃性ガスに分けることができる．また，状態からは，容器内に気体状態で圧縮された水素，酸素，窒素，ヘリウムなどの圧縮ガスと，液体状態で充填されている二酸化炭素，LPGなどの液化ガスに分けられる．高圧ガス保安法では，例外はあるが，次の各号のいずれかに該当するものと定義されている．

・常用の温度または35℃において圧力が

1 MPa 以上となる圧縮ガス．
- 圧縮アセチレンガスは常用の温度または 15 ℃において 0.2 MPa 以上のもの．
- 常用の温度または 35 ℃で圧力が 0.2 MPa 以上となる液化ガス．

高圧ガスを使用する際には，これらの性質を知っておくことが大切である．

b. ガスボンベ
1) ガスボンベの大きさと色

ガスボンベの製造，検査，管理なども高圧ガス保安法に定められており，3 年ごとに再検査を受ける必要がある．実験室でよく用いられている高さ 150 cm ほどのボンベの容量は約 47 L である．ガスボンベは，充填されているガスによって以下のように色分けされている．

水素：赤，酸素：黒，塩素：黄色，アンモニア：白，アセチレン：褐色，二酸化炭素：緑．

これら以外のガス（例えば窒素や LPG）には灰色のボンベが用いられる．ガスボンベには色分けだけでなく，内容物が明確に記載されているので，使用前には必ず確認する．なお，ボンベの色は国によって異なることがありうる．

2) ガスボンベの保管

ガスボンベは，固定用スタンドで固定するか，壁などに太い鎖で固定して転倒と移動を防止する．ガスを使用しないときには必ず保護キャップを付ける．ボンベを移動するときには，短い距離なら立てたボンベをわずかに傾斜させて，ボンベの底の縁を転がし，長い距離の場合にはボンベ運搬車を利用する．ボンベを寝かせて転がすことは厳禁である．なお，再充填のときに空気が入るのを避けるため，ボンベ内のガスはすべて使い切る前に使用を中止し，業者に返却する．

c. 減圧弁（圧力調整弁，レギュレーター）

ボンベ内の高圧ガスの圧力を必要な値まで減圧して供給するために，減圧弁が用いられる．減圧弁は外見上，ボンベへのジョイントと袋ナット，一次圧力計，二次圧力計，圧力調整ハンドル，出口側バルブ，導管へのジョイントから構成されている．減圧弁には真鍮製，ステンレス製などがあり，使用するガスの腐食性によって材質を選択する．また，ボンベの口金も，ガスによって右ねじか左ねじが使用されている．一般に可燃性ガスは左ねじが用いられており，減圧弁も袋ナットが左ねじのものを用いる．

d. 高圧ガス取り扱いの手順

減圧弁の取り扱いの詳細などは製品ごとに異なることがあるので，説明書を熟読してこれに従わなければならないが，以下に一般的な手順を記す．

① ガスボンベを所定の場所に固定する．

② 減圧弁の圧力調節ハンドルを反時計方向に回すことで，一次側と二次側を隔離する．テキストによって，この操作は「閉じる」「ハンドルを緩める」などと書かれているが，ハンドルを反時計方向に止まるまで回すことでハンドルは緩み，一次側と二次側の間は隔離，すなわち閉じられる．

③ ガスボンベの容器弁（バルブ）が閉じていることを確認する．容器弁は右（時計方向）に回すと閉まり，左に回すと開く．ガス口金を外し，専用のスパナなどを用いて減圧弁を取り付ける．このとき，必要に応じてパッキンをはめる．

④ 一次圧力計の針がゆっくり動く程度に，ガスボンベの容器弁をゆっくりと開ける．一次圧力計はボンベ内部の圧力を示す．このとき，音，ガス漏れチェック用の石鹸水，一次圧力計の指針の動きなどから，ガス漏れがないことを確認する．

⑤ 出口側ジョイントを供給用の配管に接続する．

⑥ 二次圧力計を見ながら圧力調節ハンドルをゆっくりと右（時計方向）に回し，取り出すガスの圧力を調節する．

⑦ ガス漏れがないことを確認してから，出口側バルブを開けて，ガスを取り出す．

〔野村港二〕

参 考 文 献

1) 日本分析化学会編：分析化学実験の単位操作法，朝倉書店 (2004).
2) 日本化学会編：実験化学講座第5版 30 化学物質の安全管理，丸善 (2006).

1.5 は か り

古典的な定感量化学てんびんでは，サファイアなどのナイフエッジで支えられた竿に吊られた2つの皿の片方に試料，もう片方に分銅を置き，竿が振れる傾きから分銅の最小質量以下の質量まで測定できた（振動法）．しかし，現在では，実習目的以外で繊細なナイフエッジを持ち，取り扱いの面倒な化学てんびんを用いることはなく，分銅の代わりに電磁気的復元力や電気抵抗の変化から重さを量る電子てんびんが用いられる．電子てんびんには，その原理から多くの種類があるが，よく用いられるものとしては，精度の高い順に電磁式，音叉振動式，ロードセル式が挙げられる．これらのうち，実験室では電磁式とロードセル式が用いられる．電磁式は既知の質量との釣り合いで測定する古典的なてんびんと似た構造を持ち，ロードセル式は既知の重さと比例関係にある物理量で測定するばねばかりと同様のはかりである．いずれの原理に基づく電子てんびんでも，測定するのは質量ではなく重量であるが，通常の細胞工学実験ではこのことは問題にならない．

てんびんの選択は，秤量（試料の最大の重さ），感量（最小表示）に基づいて行うが，取引や証明用途に使用する場合には国家検定を受けたてんびんが必要であり，また，ISOなどの基準に容易に対応できる機構を備えた機種も存在する．

a. 電子てんびんの原理
1) 上皿てんびんのロバーバル機構
竿に皿を吊るす古典的なてんびんでは問題にならないが，竿の上に皿を固定しただけのてんびんでは，皿のどこに試料を載せるかで，支点から作用点までの距離が変化してしまい，正確な秤量は

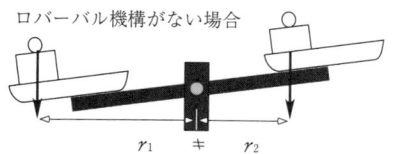

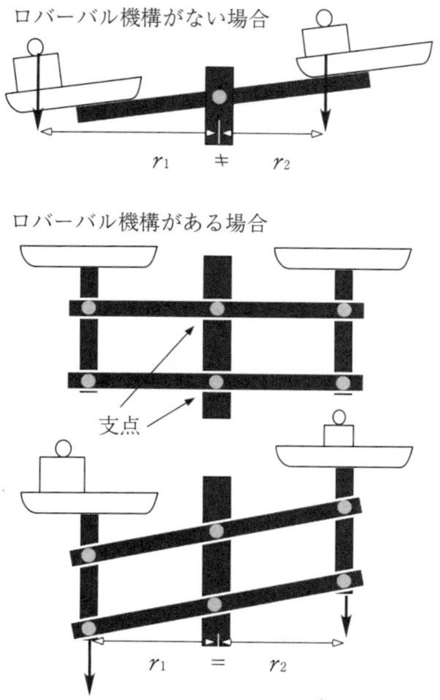

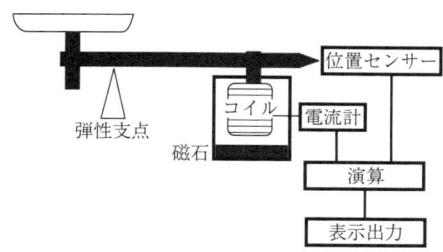

図 1.1 上皿てんびんのロバーバル機構

図 1.2 電磁式てんびんの原理

できない．これを解消するのが，ロバーバル機構である．図1.1に示すように，平行四辺形のリンク機構によって，上皿のどこに試料を置いても正確に秤量することができ，また，皿は上下に平行移動する．現代のてんびんでも，ロバーバル機構を応用したリンクが用いられているため，試料を正確に皿の中央に置く必要はない．

2) 電磁式てんびん
電磁力平衡式または電磁力補償式ともいう．支点で支えられた竿を持つ上皿てんびんの一種である．竿を釣り合わせるために，分銅ではなく電磁石を用い，電磁石に流す電流を変化させながら位置検出器で竿の水平を探る．そして，水平が得られたときにコイルに流れている電流値から試料の重量を求める（図1.2）．一般的な電磁式のてん

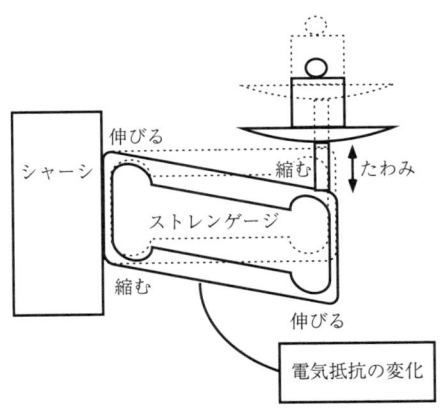

図 1.3 ロードセル式てんびんの原理

びんの竿は，繊細なナイフエッジではなく弾性支点と呼ばれる支点で支えられている．最近の製品では，高度な切削技術によって機械部分を一体化して作成し，衝撃への耐久性を飛躍的に向上させている．なお，化学てんびんと異なり，竿の両側にかかる重力が相殺されることはないので，得られるのは質量ではなく重量である．

3) ロードセル式てんびん

電気抵抗線式ともいう．ロードセル（荷重変換器）の片方を固定し，他方に試料を載せる．負荷によるロードセルの歪みから重さを量る（図1.3）．ロードセルは，アルミ製の起歪体，歪みゲージ（ストレンゲージ），ブリッジ回路から構成され，起歪体の歪みに応じて，歪みゲージが伸び縮みしてその電気抵抗が変化し，これをブリッジ回路が電圧の変化に置き換える．この一連の変換によって，ロードセルは重さを電圧の変化として出力する．ロードセル式は精度では電磁式には及ばないが，構造が簡単で堅牢なので，安価な小形のはかりや，100トンにも及ぶ大型のはかりに利用されている．

b. 電磁式てんびんの設置と取り扱いにおける留意点

電子てんびんは取り扱いが容易であり，デジタルな表示部を持つため，いつでも正確に秤量しているように感じられるが，正確に秤量するために留意する事柄は少なくない．設置と秤量の手順に従った留意点を述べる．

① 設置する部屋の温度変化を抑える（できれば2℃以内）ことが望ましい．

② エアコンやドアの開閉による空気の動きの影響がない場所に設置する．

③ てんびんは振動のない机（除振台）に，正確に水平を保って設置する．

④ 電子回路を暖機するため，使用1時間以上前（時間は機種による）に電源を入れる．

⑤ 湿度を60〜80%に保つ．湿度が高いと吸湿の，50%以下だと静電気の影響を受ける．

⑥ 吸湿，揮発，蒸発しやすい試料はふた付きの秤量瓶などに入れて秤量する．

⑦ 帯電しやすい容器の使用を避ける．

⑧ 試料と測定室内の温度をあらかじめなじませておき，空気密度の影響を防ぐ．

⑨ 風袋差し引き（TARE）キーを押して，表示をゼロにしてから秤量する．

⑩ 一般的に，デジタル表示の最小桁は四捨五入すべき精度での表示と考える．

c. てんびんの校正

てんびんの校正は，公的な検定を受けた分銅を用いて行う．日本では，1993年の計量法改正で，取引・証明に使う特定計量器の検定や検査に用いる，校正証明書の付いた基準分銅を，一般の事業所で持つことができなくなった．これに代わって，分銅やおもりの校正を行う機関である校正認定事業者による Japan Calibration Service System（JCSS）ロゴマーク付校正証明書の付いた JCSS分銅が用いられている．電子てんびんの中には，校正分銅（計量法上はおもり）を内蔵している機種もあるが，必要であれば，JCSS分銅を用いた校正を行うことで，内蔵の校正分銅の精度を確認する．

d. 保　　守

てんびんの水平が保たれているか，てんびんの内外に汚れはないか，表示がばらついていないか，校正用の分銅を用いての校正が正常に行える

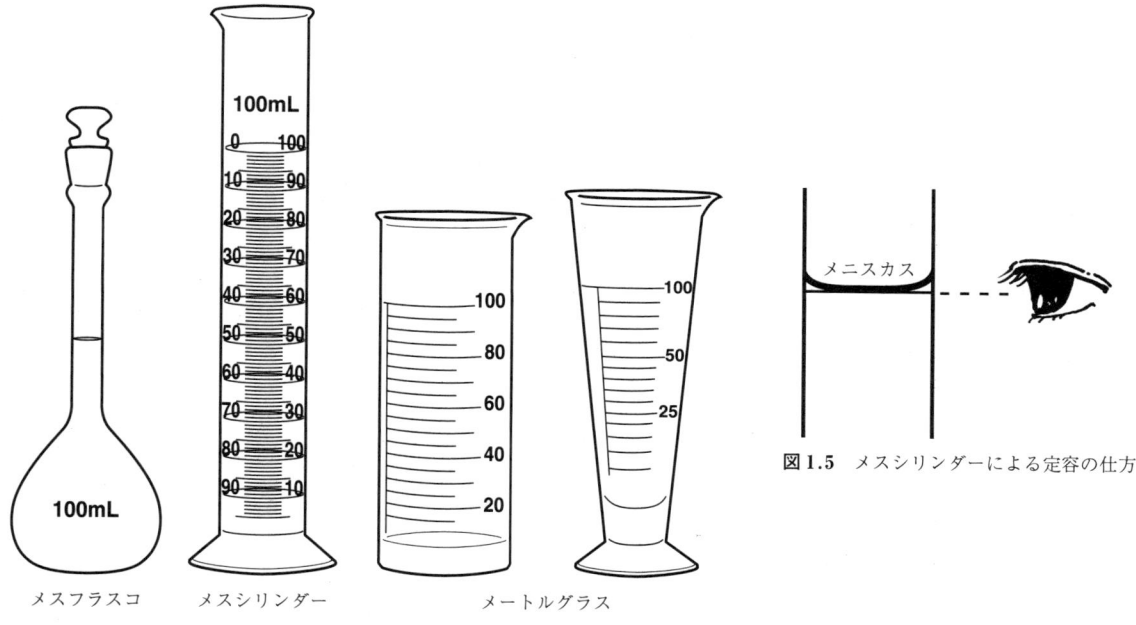

図1.4 測容器の種類

図1.5 メスシリンダーによる定容の仕方

か，などについて点検する． 〔野村港二〕

参 考 文 献

1) 日本分析化学会編：分析化学実験の単位操作法，朝倉書店（2004）．
2) 日本工業標準調査会 JIS B7601（上皿てんびん）．

1.6 溶液の調製

バイオ実験では生物を育成する培地や実験に使用する緩衝液，さらに反応試薬を作成する必要がある．溶液を調整するには任意の濃度に試薬を溶解する．それには試薬を定量し，溶解，pHの調整，定容を行う必要がある．最近，培地や緩衝液などでは，高価だがすぐに使用できる調製済みの試薬が市販されている．

a. 測 容 器

日本製の測容器のうち，商取引に利用しうる精度を保障されている製品には，「正」の文字を象徴するマークが刻印されている．特に定量実験では，これらの製品か，これに相当する精度を持つ製品を選択して使用しなければならない．

1) 種　類（図1.4）

i) メスシリンダー　メスシリンダーはシリンダー状のガラスあるいは樹脂製の容器でできており，精度はメスフラスコ（後述）より劣るが，バイオ実験に用いる測容器としてはもっとも一般的である．一般的には，メスシリンダー内の液体の容積ではなく，注ぎ出した液量が正確になるように作られた容器である．試薬の溶解は他の容器で行い，定容する際にメスシリンダーを用いる．試薬を移す際は試薬を溶解した容器壁面の洗い込みを何度か行い，それらをすべてメスシリンダーに移す．溶液の定容は水平な台の上で行い，目の位置を水面と同じ位置に合わせ，水面の中央部分（メニスカスの最下端）と目盛りあるいは標線とを合わせて行う（図1.5）．定容（造語でメスアップという）には洗瓶などを用いるが，洗瓶の水は排出と吸引を繰り返しており外部の空気や埃が溶け込んでいるため，できる限り少量で行う．また，容器には細かい目盛りが打ってあるが，できるだけ定容する量がメスシリンダーの最大容量になるものを用いる．

ii) メスフラスコ　メスフラスコは細くなった首の部分で定容を行う．定容量が一定で，フラ

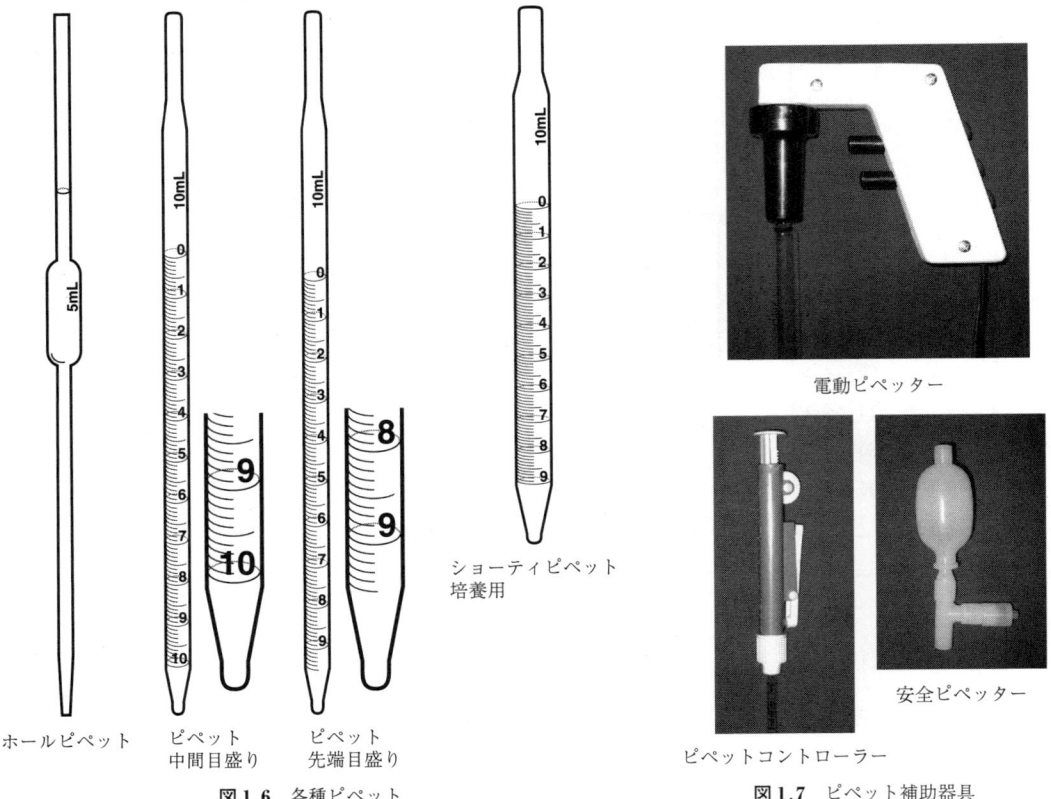

図 1.6 各種ピペット

図 1.7 ピペット補助器具

スコ内の液量を高い精度で量る容器であるため，物質の定量に用いる標準液を作成するときなどに使用する．逆に，注ぎ出した液量の正確さは保証されない．溶けやすい試薬は直接容器に投入し溶解する．溶けにくい試薬は小ビーカーに試料を量りとり，溶解後，ガラス棒を伝わらせてメスフラスコ内に注ぐ．小ビーカーは洗瓶を使って壁面の洗い込みを行い，同様にメスフラスコ内に注ぐ．最終的にメニスカスの最下端部が標線にくるまで水を徐々に加える．その後栓をして上下逆さまにして振り混ぜ，液の濃度が均一になるまで数回繰り返す．標線を越えて水を加えた場合は再度作り直す．開口部が小さく，容器内部が洗いづらいことが難点である．

iii） メートルグラス（液量計）　メートルグラスはメスシリンダーとビーカーの中間的な形状をしており，円錐形と円筒形のものがある．メスシリンダーと比較して開口部が大きくなっているため試薬の投入が容易で，試薬の溶解と定容を同じ容器で行うこともできる．同じ容量のメスシリンダーより直径が太いため精度は落ちる．

iv） ピペット　ピペットには一定量を分取するホールピペットと，ガラス管に目盛りが打ってあり任意の量が分取可能なメスピペットがある（図1.6）．

メスピペットにはピペットの先端部分も容量に含まれるもの（先端目盛り）と含まれないもの（中間目盛り）がある．先端目盛りはピペット内の溶液を最後まで排出する必要があるため，残った液は吸引する部分を指でふさぎ，管を手で握り温めて排出を行う．中間目盛りの方が正確であるが，ピペット操作の失敗により液を余分に排出する恐れがある．

メスピペットにはクリーンベンチ内での使用を考慮し管の長さを切りつめたショーティーピペットがある．これらはメスピペットと比較し精度が落ちる．

ピペットは口で直接溶液を吸引し，指の開閉で

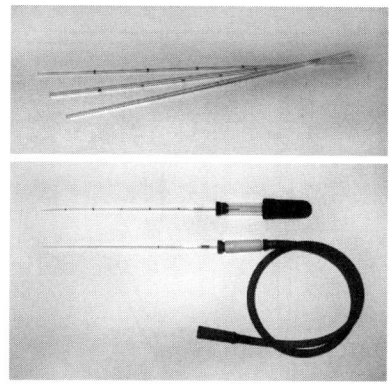

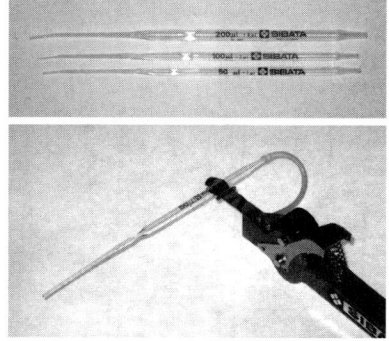

Lang-Levy 型マイクロピペット

図 1.8 キャピラリーとマイクロピペット

液量の排出を制御するように作製された器具のため，人体に対し，有害な溶液には安全ピペッターあるいはピペットコントローラーを用いて分取・分注を行う．またクリーンベンチ内では電動ピペッターを用いると雑菌の混入（コンタミネーション）の恐れが減少する（図 1.7）．

v) キャピラリー　キャピラリーは微少な容量を定容する際に使用する，直径 1～2 mm, 長さ 13 cm 程度のガラス製の毛細管である．容量に応じて管の内径が異なる．ガラス管にゴム管を付け，印のところまで吸引する，あるいは専用のゴムキャップやディスペンサーを用いて吸引・吐出を行う．同様のもので Lang-Levy 型マイクロピペットがある．これらは有機溶媒に溶解した試料を扱うのに適しており，薄層クロマトグラフィーなどの塗布に用いる（図 1.8）．

vi) ビュレット　ビュレットはピペットの排出部にコックが付いたもので，コックを開けて

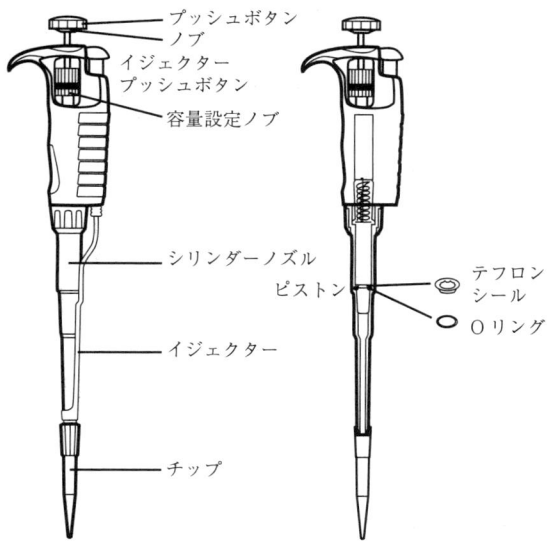

図 1.9　ピペッターの各部名称と内部構造

溶液を滴下し，メニスカスの最下端の目盛りを読み滴下した液量を決定する．滴定に使用される．

2) 保　守

メスフラスコやメスシリンダーは使用後ただちに水ですすいでおく．非常に破損しやすいので転がらないようにし，横に倒しておく．洗剤で洗浄後よく水ですすぎ，最後に純水をかけて乾燥させる．乾燥後はアルミホイルでキャップをし，棚に収納する．

メスピペットは使用後ただちに水ですすぎピペット専用のバケツに入れておく．ある程度ピペットがたまったら液体洗剤に一晩つけたあと，ピペット洗浄器を用いて流水で半日すすぎを行う．十分すすいだあと，純水をくぐらせ乾燥させる．

b. メカニカルピペット

1) 構　造

メカニカルピペットはシリンダーとピストンを用いて任意の量の空気の吸引・排出を行う本体部分と，直接溶液を吸引・排出する交換可能なチップの部分に分けられる（図 1.9）．

i) 本　体　吸引容量は容量設定ノブを回すことにより，シリンダーの移動距離が変わり，計量する容積を調節することができる．プッシュボタンによるピストンの移動は最初に抵抗感のある

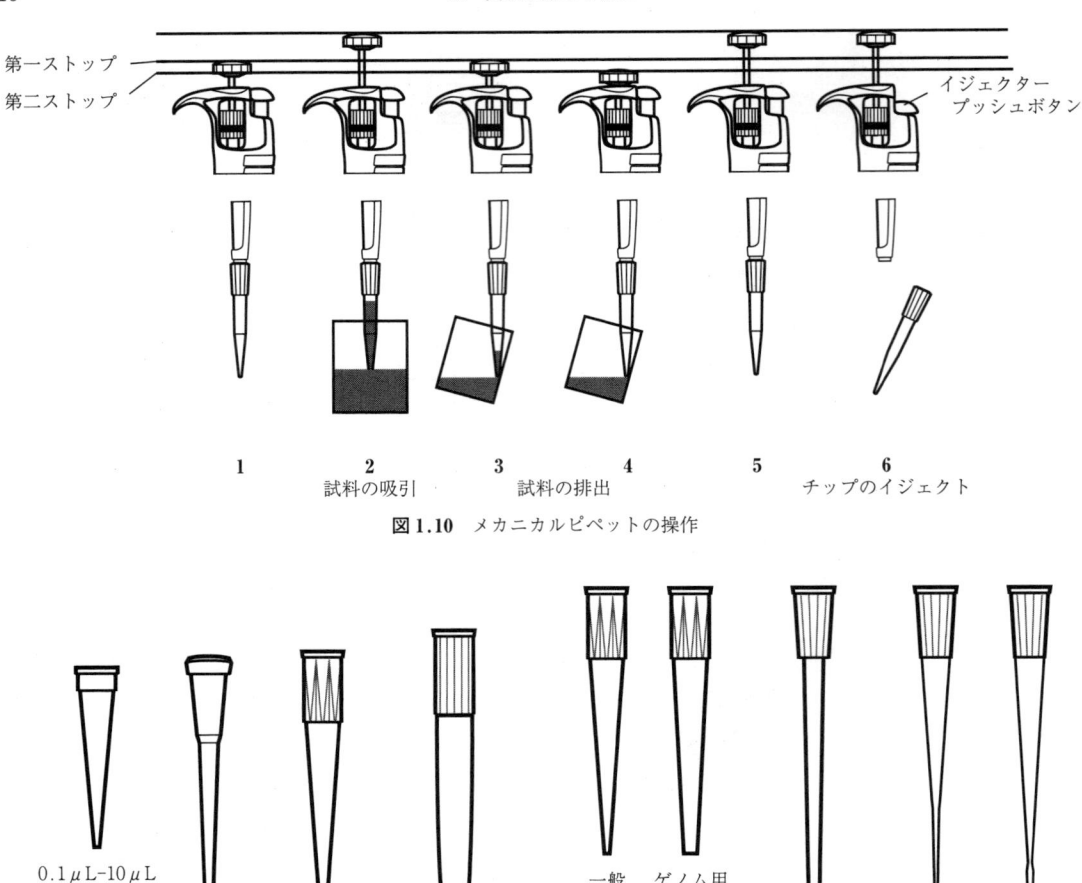

図 1.10　メカニカルピペットの操作

図 1.11　各種チップ

図 1.12　各種イエローチップ

部分（第一ストップ）までの計量用ストローク，それを超える部分でチップ内の残液を排出するためのブローアウトストローク（第二ストップ）の2段階からなる（機種によってはさらに押すことによりチップをイジェクトさせる機構を持つものもある）（図 1.10）．

ii) チップ　直接溶液と接触する部分は，理論的にはチップの部分だけなので，チップの交換により様々な溶液に対し連続的に用いることができる．チップの取り外しは本体に付属しているイジェクターを用いて行う（図 1.9）．チップには分取容量に応じて種類がある．チップは容積によって色分けされていることが多く，一般的に $0.5\,\mu L \sim 10\,\mu L$ 用をクリスタルチップ，$2\,\mu L \sim 200\,\mu L$ 用をイエローチップ，$200\,\mu L \sim 1\,mL$ 用をブルーチップと呼ぶ（図 1.11）．チップの先端の形状や長さには様々な種類があり，用途に応じて使い分ける（図 1.12）．一般的には壁が薄いものやテーパーが切ってあるものが扱いやすい．チップを購入する際は壁の厚いものや，ピペッターとの「相性」の悪いもの，またチップラックとの適合性があるため，試供品を確かめてから購入すること．

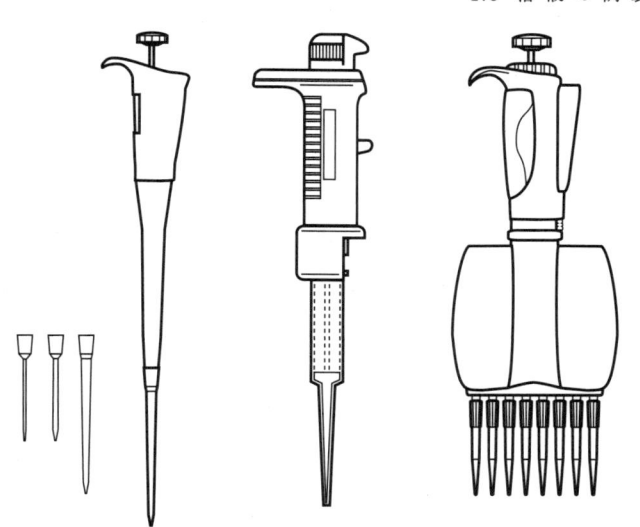

マイクロマン　　　可変式連続分注器　マルチチャンネルピペッター　　　　　　ディスペンサー
（ギルソン社）

図1.13　特殊な用途に使用する分注器

2) 使用の実際

一般的な使用法は，チップの先端を溶液につけ，何度か溶液の吸引・排出を繰り返す．これによりピペットチップ内の圧力を補正し，チップの壁面に液をなじませる．その後完全に排出を行い，あらためて第一ストップまで押したあと，ピペットチップの先端を溶液につけプッシュボタンを戻すことにより任意の量を吸引する．吸引後，チップの外側に付着した溶液を容器の壁面で拭き取り，分取した溶液を別の容器に第二ストップまで押し込んですべて排出する（図1.10）．

酵素溶液など分取量が微量な場合，一度だけ分取のための吸引を行い，チップの先端を目的の溶液につけ直接溶液に排出し，そのまま何度か吸引・排出を行いチップの洗い込みを行う．

使用時の注意点は以下の通りである．

① チップはピペッターとの相性が良いものを選び確実に装着する．合わないチップは操作中に外れたり容量が不正確になる．

② チップをねじ込む場合は機種によってチップホルダーが緩む場合があるので注意する．

③ 溶液の吸引・排出はゆっくり行う．特に急激な吸引は，溶液が本体内に吸引されたり気化したりしてシリンダー内が汚染される危険がある．

④ チップに溶液を吸引した状態で本体を横にすると内部が汚染される危険があるので絶対に行ってはいけない．

⑤ 溶液を吸引する際はできるだけ垂直な状態で行う．

⑥ 粘性が高い溶液はチップにピストンが付属したマイクロマン（ギルソン社）を使用するとよい（図1.13）．

メカニカルピペッターには一般的なもののほかに，連続分注が可能な可変式連続分注器，一度に8あるいは12個のチップに吸引・吐出を行えるマルチチャンネルピペッター，モーターにより機械的に吸引・吐出を行える電動ピペッターがある（図1.13）．可変式連続分注器はシリンダーの部分に一度に試料を吸引し少量ずつ分注することが可能である．電動ピペッターにも同様な機構があり，これらのピペッターはELISAなどの多検体を扱う際に適している．

ディスペンサーは瓶のふたの部分に分注用のシリンダーが取り付けられた構造をしており，主に大容量を連続的に分注することに使用される．また，すぐ使用できる状態で保管できるため使用頻度の高い溶液の分注に向いている（図1.13）．

3) 保 守

① 使用後はシリンダー内の汚染・錆などを防ぐためラックにかけるなど，先端を下に向けて収納する．

② 定期的にシリンダー・Oリング・テフロンシールなどに付属のシリコングリスを薄く塗る．

③ 定期的に純水を吸引し，吸引した純水の重さを数回量ることによりピペッターの校正を行う．吸引量と重さにずれがある場合はシリコングリスを塗り直す．次にOリング・テフロンシールの交換を行う．それでもずれる場合はメーカーに修理を依頼する．

④ 誤ってシリンダー内を汚染した場合は，ただちにコーンを外しコーン内部を流水で洗い，蒸留水ですすいだあと乾燥させる．シリンダー・Oリング・テフロンシールなどに付属のシリコングリスを薄く塗ったあと，再度組み立てる．

c. 溶解とかきまぜ（撹拌）
1) 試薬の溶かし方

試薬の種類によって溶解法は様々である．基本的には試薬を局所的に高濃度にしないことが重要である．つまり溶液の撹拌を行いながら徐々に試薬を投入する．定容量を超えない範囲でできるだけ多くの水で溶解する．複数の試薬を溶解する場合は試薬を個々に溶解したあと，順次合わせていくなどである．特に複数の試薬を溶解する場合は，溶かす順番や濃度によって不溶性の物質が生じる場合があるので注意が必要である．

試薬によってはpHの調整（例：EDTAはアルカリ側でないと溶解しない）や加熱が必要な場合がある．

加熱溶解にはセラミックプレートを載せたガスコンロ，ホットプレート，電子レンジ，湯煎，オートクレーブなどが用いられる．寒天やアガロースの溶解には電子レンジが向いている．寒天やアガロースは加熱した溶液に加えるとダマになりやすく溶解が困難になる．

2) 試薬の薄め方（希釈法）

硫酸など希釈時に発熱を伴うものは必ず溶媒（水）の方に試薬を徐々に撹拌しながら投入する必要がある．硫酸に水を投入すると突沸が起こり，試薬があたりに散乱する危険がある．硫酸を希釈する際は，容器の周りを氷で囲み撹拌しながら投入する．

3) かきまぜ（撹拌）

i) 手　　目的の容量の1.5倍くらいの容器を用いて手で撹拌を行う．この際使用する容器は三角フラスコやコニカルビーカーが適している．容器の底が円を描くように撹拌する．

ii) マグネチックスターラー　　磁石をフッ素樹脂で覆った撹拌子を容器に入れ，スターラーの上に置き撹拌を行う．スターラーはプレートの下で磁石が回転しているため，この磁石に引かれて容器の撹拌子が回転する．溶解に時間のかかる試薬や危険な試薬の場合に有効である．撹拌子は磁石を使用して取り除くか，容器の底に磁石を当て溶液を別の容器に移す．撹拌と同時に加熱可能な，ホットプレートが付属したホットスターラーもある．粘性が高い溶液の撹拌を行う場合は，スターラーならびに撹拌子の磁力が強いものを使用する必要がある．

iii) ボルテックスミキサー　　主に試験管や1.5 mLチューブの撹拌に用いる．ボルテックスは商標であるが，このような機器で撹拌を行うことを「ボルテックスをかける」といい，広く研究室で使用されている．

iv) マイクロミキサー（トミー精工社）　　1.5 mL容チューブを一度に多数撹拌することができる機器．沈殿させた大腸菌や核酸を一度に多数溶解するときに便利である．また，ガラスビーズを用いた細菌・酵母の破砕や植物細胞の遺伝子導入にも使用される．

v) 超音波洗浄器　　器具の洗浄に用いる機器だが，試薬の溶解にも使用できる．スターラーが入らない試験管や少量の溶媒で試薬を溶解する際に重宝である．

vi) 撹拌機　　モーターによってシャフトの先についたハネを回転させて溶液の撹拌を行う．用途に応じてハネの形状が種々ある．

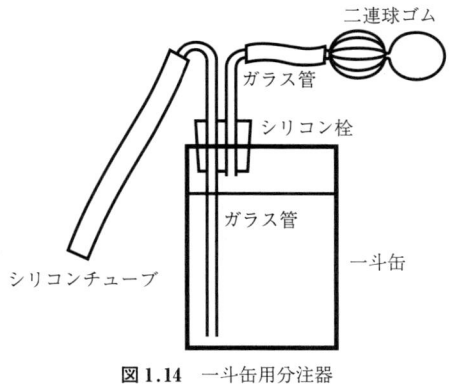

図 1.14　一斗缶用分注器

4) 溶液の移し替え

定容を行う際は，メスシリンダーやメスフラスコに溶液を移したあと，洗瓶を用いて溶かした容器のとも洗いを行う．とも洗いで使用した溶液を定容器に移し，これを2，3度繰り返したあと，定容を行う．

乳鉢などの注ぎ口のない容器から溶液を移す際や徐々に溶液を移す際は，容器からガラス棒を伝わらせながら行う．注ぎ口のついた容器の場合はそのまま移し替えてもかまわない．

一斗缶から溶液を小分けする際は，灯油用のポンプを使用するのが一般的である．一方，ガラス管とシリコン栓で自作した器具を使用すると構造が簡単で試薬が汚染されづらい（図1.14）．

5) 溶液濃度の測定

溶液濃度の測定は比重計，屈折計，分光光度計，導電率計，浸透圧計などを用いる．

① 比重計：先端におもりの入ったオタマジャクシのようなガラスの浮きで，溶液に浮かべて水面の目盛りを読む．

② 屈折計：溶液濃度による光の屈折率の違いを計測するもので，アッベ式屈折計を使えば簡単に糖度などを測ることができる．

③ 分光光度計：溶液の特定波長の吸収を利用し濃度を測る．また，粒子の大きいもの（例えば大腸菌など）は濁度として濃度を測ることが可能である．

④ 導電率計：溶液の電気に対する伝導の割分を測定し，電解質の濃度を測ることが可能である．

⑤ 浸透圧計：モル凝固点降下を利用し，溶液の浸透圧から濃度を測ることが可能である．

d. pHの測定

1) pHメーターの原理

i) ガラス電極　厚さ $120〜150\mu m$ に薄くしたガラスは水素イオンを通過させるため，このガラスを境にして起電力が生じる．生じた起電力はガラスを挟んだ両水溶液のpHの差に比例するという原理を利用してpHを測定する．実際には，ガラスの薄膜で作られたガラス容器にAg/AgCl電極あるいはキャラメル電極を挿入し，これに既知の濃度のKCl溶液を充填して，試料溶液間で生じる電圧を測定する．

電圧を測定するには試料溶液にも電極が必要であるが，各電極には単極電位が発生するため，試料溶液が変化すると単極電位も変化するのでpHを測定することができない．そこで，電極をガラス電極と同じKCl溶液に浸し，電気的導通のため液絡部を設けた比較電極が用いられる．ガラス電極と同じKCl溶液のため両電極間に生じる単極電位を相殺することができ，ガラスを境とした膜電位のみを計測することができる．実際には不正電位の発生のため理論値とずれが生じる．このずれを校正するため一定のpH値を示す標準溶液により校正を行う（図1.15）．

ii) ISFET　ISFET（ion sensitive or selective field effect transistor）はイオン選択性の半導体センサーである．半導体センサーはゲート部が遊離水素イオンを感知する薄膜でできており，この部分の電荷が変化することによりドレンとソース間で流れる電流値が変化する．これを検出し，溶液中のpHを計測する．より安定した正確なpHを得るために，検出を行う部分に比較電極や温度センサーが組み込まれる．非常に小さい面積で計測が可能なため試料が少なくてすみ，数秒間で安定するため計測時間も短い．またゲル状のもののpHも計測することができる．比較電極のKClが補充できないため電極の寿命がガラス

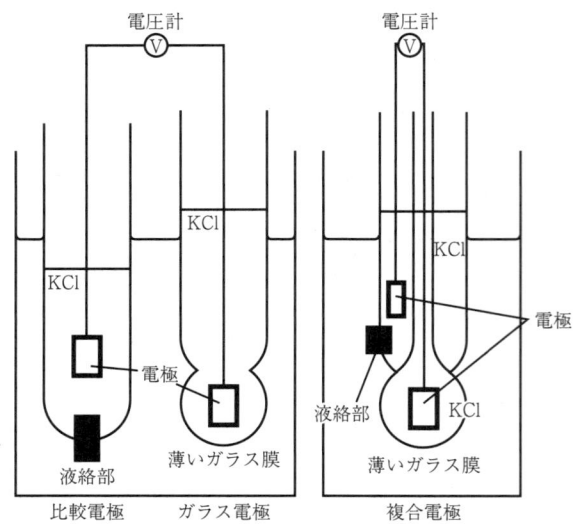

図1.15 ガラス電極の構造

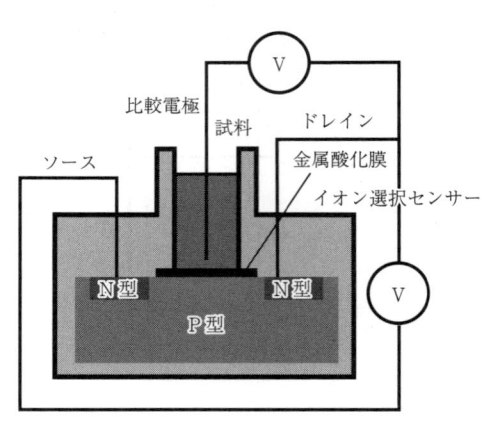

図1.16 ISFETの構造

電極より短い（図1.16）．

2) 使用法と保守

i) ガラス電極の使用法 ガラス電極には種類がたくさんあるが，バイオ実験では試験管用の細く長いガラス電極（複合電極）が使用しやすく，機器を購入する際に付属のものと交換してもらうことをお勧めする．

ガラス電極は純水に液絡部まで浸るようにし，乾燥しないように保存する．計測前には洗瓶から水を勢いよく出して洗浄する．

ガラス膜は非常に薄く破損しやすいため，衝撃を加えないように注意する．強く拭くと破損の危険や静電気を帯びるため，軽くキムワイプなどを当てるようにして水分を取る．KCl溶液を補充するための栓を外し，液絡部からKClの溶出を可能にする．

溶液のpHを測定する前に，必ず標準液を使用してpHの校正を行う．pHの校正はまずpH 7の基準点を合わせ，pH 4あるいはpH 9の標準液でスロープを調節する．この過程をもう一度繰り返して校正する．校正は少なくとも一日1回は行う．温度電極が付属していないものは温度補正を行う．

測定時には必ず液絡部まで溶液が浸るようにする．また，溶液が流動していると正確な測定ができないため，混ぜたあとに液が止まるまで待ってから目盛を読み取る．

pHの調整は，1Nと0.1NのHCl, NaOH (KOH) 溶液を作成し，これを滴下して行う．

使用後は洗瓶で洗浄後，純水に液絡部まで浸るようにし，ガラス膜が乾燥しないように保存する．

ii) ガラス電極の保守 ガラス電極内部のKCl溶液は適宜補充する．

pHを測定する機器は非常に微細な電圧を計測するため外部の電気的なノイズを受けやすいので，機器のアースは必ず行う．またガラス電極のコードが電源コードに絡まないようにする．

標準液は溶液の状態あるいは試薬を指定量の純水で溶解して用いるが，開封後は半年ぐらいで使い切る．

測定が不安定になった場合はガラス電極内部のKCl溶液を交換し，ガラス膜や液絡部の汚れを除去する．

軽微な汚れは希釈した中性洗剤でゆすぐ．1NのHClにガラス薄膜部のみを10分から1時間つけて汚れを取る．液絡部は塩酸につけてはいけない．液絡部の汚れは酸性チオ尿素（10%チオ尿素，1%塩酸）に10分間つける．タンパク質の汚れはタンパク質分解酵素溶液に電極をつける．

iii) ISFET の使用法　標準液を用いて 1 点あるいは 2 点の校正を行う．

電極部をそのまま溶液やゲル内に入れて測定する．

使用後は純水でよく洗って水を切り乾燥させて保存する．

3）pH 試験紙と指示薬

pH 指示薬に使用される色素は H^+ や OH^- により，ラクトン環の開裂や二重結合の生成など構造が変化し，ある波長域の光を吸収することにより変色する．変色する pH が試薬により異なることから目的に応じて様々な pH 指示薬を用いる．pH 試験紙は pH 指示薬を濾紙などにしみ込ませ，あらかじめ酸やアルカリにより発色させておいたものである．代表的なものにアルカリ性指示薬としてフェノールフタレイン（変色範囲：無色 pH 8.3～赤 pH 10.0），酸性指示薬としてメチルレッド（変色範囲：赤 pH 4.2～黄 pH 6.3）がある．ほかに，動物細胞の培養液に入れられ，無菌条件下で pH を調整するのに用いられるフェノールレッド（変色範囲：黄 pH 6.8～赤 pH 8.4）がある．万能 pH 試験紙は種々の pH 指示薬〔チモールブルー（変色範囲：赤 pH 1.2～黄 pH 2.8），メチルレッド，ブロムチモールブルー（変色範囲：黄 pH 6.0～青 pH 7.6），フェノールフタレインなど〕を混ぜて中和し，試験紙にしみ込ませ乾燥させたものである．　　　　　〔藤野介延〕

参考文献

1) 武者総一郎・滝山一善：分析化学の基礎技術，共立出版 (1979)．
2) 日本分析化学会編：分析化学実験の単位操作法，朝倉書店 (2004)．
3) R. J. Beynon and J. S. Easterby : *Buffer Solutions*, IRL Press (1996)．

1.7 緩衝液

緩衝作用はわれわれ生物にとって必要不可欠である．体内で化学反応を司る酵素をはじめ，いろいろな生理作用を示す物質の多くは限られた範囲の pH 領域の下でしか機能しない．そのため，*in vitro* で生物機能を維持したり，抑制したりする場合に，溶液の pH を緩衝液によって調節する．緩衝液には薄めたり，酸（あるいは塩基）を加えたとき，その溶液の pH 値をできるだけ変えないように作用する性質があり，細胞生物学実験において細胞の培養液や電気泳動の泳動バッファーなど様々な場面で利用されている．一般に緩衝液は弱酸とその塩，あるいは弱塩基とその塩の組み合わせから調製することができる．

a. 緩衝液の選択

緩衝液は目的に応じて様々な種類が考案されており，使用目的に応じてふさわしい緩衝液を選択することが望ましい．緩衝液の選択には以下の点を考慮する．

① 希望する pH においてもっともよい緩衝作用を示すか．

弱酸 HA が

$$HA \rightleftarrows H^+ + A^- \qquad (1)$$

の電離平衡にいるとき，その解離定数 K_a は

$$K_a = \frac{[H^+][A^-]}{[HA]} \qquad (2)$$

で表され，pH $(= -\log [H^+])$ は，

$$pH = pK_a - \frac{\log [A^-]}{[HA]} \qquad (3)$$

となる．緩衝効果は $[A^-]/[HA] = 1$ のときにもっとも高く，pK_a（あるいは pK_b）が希望する pH にもっとも近い酸（あるいは塩基）で調製した緩衝液を選択すればよい．

② 緩衝液に含まれる物質が目的とする化学反応や測定を妨害しないか．

例えば，リン酸塩はリン酸の関与する生化学反応には使用してはならない．また，紫外部に強い吸収を持つ物質は紫外吸収測定を行う実験系には適さない．

③ 緩衝液の濃度は問題ないか．

緩衝液の濃度は，反応系中に存在し，あるいは反応中に増減する酸または塩基の量を考慮して，緩衝作用を保ちうる濃度に設定することが望ましい．

b. 作成

緩衝液の作り方には大別して2種類ある．以下，それぞれの方法で調製する代表例を紹介する．緩衝液は数多く知られており，それらの調製法は成書を参考にされたい．

① 貯蔵液を作成したあと，適宜混合して目的のpHと濃度にする方法

酢酸-酢酸ナトリウム緩衝液:

0.2 mol/L 酢酸溶液 x mL に 0.2 mol/L 酢酸ナトリウム溶液 $50-x$ mL を加え，水で100 mL に希釈する．

x mL	44.0	41.0	36.8	30.5	25.5
pH	3.8	4.0	4.2	4.4	4.6
x mL	20.0	14.8	10.5	8.8	
pH	4.8	5.0	5.2	5.4	

リン酸二水素カリウム-リン酸水素二ナトリウム緩衝液:

0.5 mol/L リン酸二水素カリウム溶液 x mL に 0.5 mol/L リン酸水素二ナトリウム溶液 y mL を加え，水で1Lに希釈する．

x mL	142	121	98.2	75.6	55.4
y mL	19.5	26.4	34.0	41.4	48.2
pH	6.0	6.2	6.4	6.6	6.8
x mL	39.0	26.4	17.6	11.5	
y mL	53.6	57.8	60.8	62.8	
pH	7.0	7.2	7.4	7.6	

② 必要な緩衝液の量に対して弱酸または弱塩基を必要量はかり溶解する．これに強塩基（NaOH, KOH）あるいは強酸（HCl, HNO$_3$）を加えて目的のpHとする方法．

フタル酸水素カリウム-水酸化ナトリウム緩衝液:

0.1 mol/L フタル酸水素カリウム溶液 50 mL に 0.1 mol/L 水酸化ナトリウム溶液 x mL を加え，水で100 mL に希釈する．

x mL	3.0	6.6	11.1	16.5	22.6
pH	4.2	4.4	4.6	4.8	5.0
x mL	28.8	34.1	38.8	42.3	
pH	5.2	5.4	5.6	5.8	

Tris緩衝液:

0.1 mol/L Tris 溶液 50 mL に 0.1 mol/L 塩酸 x mL を加え，水で100 mL に希釈する．

x mL	44.7	42.0	38.5	34.5	29.2
pH	7.2	7.4	7.6	7.8	8.0
x mL	22.9	17.2	12.4	8.5	
pH	8.2	8.4	8.6	8.8	

Goodの緩衝液:

生体反応のpHは中性付近のことが多く，生化学実験においてpH 6～8の範囲の緩衝液が利用される機会が多い．しかし，中性付近に緩衝作用を持つ緩衝液が少ないことから，Goodらは双性イオン構造を持つアミノスルホン酸類を考案した．この特徴として，①水に対する溶解性が高い，②塩効果が小さい，③錯形成能が小さい，④可視・紫外部に吸収がない，などを挙げることができる．

c. 保存

緩衝液の保存中に微生物が繁殖したり，あるいは溶解度の低い成分を含む場合，冷蔵庫で保存中に沈殿が析出したりすることがある．このような場合の発見を容易にするために透明な容器を使用した方がよい．

緩衝液の種類によっては，空気中の二酸化炭素を吸収してpHが下がったり，金属イオンと反応して沈殿を生じたりすることがあるので注意すること．

〔高田　晃〕

参考文献

1) 安藤鋭郎・寺山　宏・西沢一俊・山川民夫編：生化学研究法I，朝倉書店（1971）．
2) 日本生化学会編：基礎生化学実験法　第1巻　基本操作，東京化学同人（1974）．
3) 堀尾武一・山下仁平編：蛋白質・酵素の基礎実験法　改訂第2版，南江堂（1994）．

1.8　温度の調整

温度管理は実験の基礎であるため，熱源，寒剤，測定，設定温度を維持するための制御方法，非常時の安全確保やバックアップ方法を理解したい．

a. 加　　熱

　乾燥，分解と溶解，反応の促進，蒸留，滅菌などのために加熱操作は欠かせない．一般の実験室で用いられる熱源や誘起源は，ガスバーナーなどの炎，電気ヒーターなどの抵抗発熱体，電子レンジなどのマイクロ波といったものに限られる．加熱は，熱源に試料を直接接触させる直接加熱と，空気や水などの媒体を通して加熱する間接加熱に分けられる．恒温槽や乾燥器などの加熱器は間接加熱装置である．

1) 器　　具

i) ガスバーナー，アルコールランプ　直火によるすばやい直接加熱．無菌操作など炎が必要となる場合以外での使用は減少している．

【長所】簡単な器具と操作で加熱できる．炎で直接加熱される対象では，ガスバーナーで約2,000℃に達し，アルコールランプでもメタノールで約800℃が得られる．カセット式ガスボンベを持つバーナーは，場所を選ばずに使用できる．

【短所】火災や火傷の危険がある．沸騰水で100℃を維持する場合以外，温度の制御が困難である．耐熱プレートを介して加熱しないと，試料の温度分布が不均一になる．

【対象】湯煎のための熱源．炎による金属製品などの表面殺菌．

【注意】火災の原因となる可能性があるので，引火物の近くでの使用はできない．

ii) 抵抗発熱体によるヒーター類　電気抵抗の大きいニクロム線などの電気ヒーターによる直接加熱．塩化ビニル被覆で80℃程度，ガラス繊維被覆で約500℃，ステンレス鋼の外装で800℃程度などのような使用する温度帯や，平面のホットプレート，帯状ヒーター，マントルヒーターなどのような形状によって，様々な用途に対応する製品が作られている．

【長所】直火に比べ安全であり，温度制御が可能である．数10℃から800℃程度までの温度で，様々な用途に適する製品が市販されている．

【短所】ヒーターと試料の距離や接触面積によっては加熱に時間がかかる．

【対象】あらゆる試料．

【注意】高温用のヒーターには大電流が流れるので，配線の発熱などには十分注意する．

iii) マイクロ波加熱　いわゆる電子レンジで，ISM (industry-science-medical) バンド内の2.45 GHzのマイクロ波により，試料自身の分子内に双極子の回転，振動を発生させ発熱させる．

【長所】試料内部から全体を比較的均一に加熱できる．加熱は速く，消費電力が少ない．

【短所】家庭用の電子レンジが便利だが，庫内の高さが低いなど，加熱するための容器の大きさが限られる．

【対象】ほとんどの試料．

iv) 定温乾燥器　いわゆるドライオーブンで，抵抗発熱体で庫内の空気を加熱する間接加熱．室温から300℃程度までの範囲で，温度を制御しながら加熱できる．1,200℃程度まで加熱できるものはマッフル炉と呼ばれる．

【長所】機種によるが，大きな器具を加熱することができる．ガラス器具の乾燥から，乾熱滅菌まで行うことができる．

【短所】加温とその後の冷却に時間がかかる．

【対象】ガラス製や金属製の器具．

【注意】内部に送風機を持ち，器具や試料の乾燥に特化した機種もある．自然対流の機種では，乾燥器として利用する場合には上部の排気口を開け，滅菌のために高温で使用する場合にはこれを閉じる．庫内が高温のときに扉を開けてはいけない．

2) 加熱操作の注意

　加熱される対象の種類や，必要とされる温度や制御の精度などにより用いる装置は異なる．加熱装置の構造は単純であるが，温度やタイマーなどのプログラムが組めるようになっている製品での操作には機種ごとのマニュアルが必要となっている．

　火傷や火災の危険があるので，高温での運転では不用意に触れない，扉のある装置では扉を開ける前に十分冷却していることを確認するなどの配慮が必要である．

b. 冷　　却

変性や自己消化，雑菌の繁殖などを防ぐための冷却も欠かせない技術である．機器の冷却や，蒸留器のコンデンサーでの冷却，エバポレーターのコールドトラップなども必要である．冷却法には，試料への寒剤の直接添加，寒剤や冷凍機での間接的なものに減圧などがある．なお，生細胞を凍結保存するためのプログラムフリーザーについては2.6節に記載されている．

1) 冷却の種類と方法

i) 水と氷による冷却　室温までなら水による冷却が簡便で安価である．蒸留器など高温になるものの冷却に適し，電子顕微鏡や超遠心機の冷却にも利用されることがある．水を垂れ流しにしないために，ラジエーターで放熱させた冷却水を循環させる装置もある．

水だけなら室温までの冷却，氷水では0℃，氷に50％エタノールを加えると−30℃までの低温が得られる．

ii) 水以外の寒剤による冷却　試料を凍結したり，凍結した状態で磨砕したりする場合によく用いられる寒剤は，ドライアイス（−78.5℃）と液体窒素（−196℃）である．

【長所】試料を一瞬にして凍結することが可能で，超低温において行うので分解酵素による自己消化を防ぐことができる．使用時に電力を必要としない．

【短所】短時間で昇華，蒸発するので，長期間の冷却では途中で冷媒を足す必要がある．

【対象】生体試料の冷凍，凍結保存．

【注意】狭い空間で液体窒素が一気に蒸発すると，酸素濃度が低下して酸欠事故の危険が大きい．液体窒素を使用する場合には，換気に留意しなければならない．

iii) 圧縮冷凍機　冷媒である代替フロンを圧縮しておき，その断熱膨張を利用して冷却する．冷凍庫，冷蔵庫，エアコン，恒温器，投げ込みクーラーなどに汎用される．室温から−150℃程度までの冷却が可能である．

【長所】電力によって，長期間にわたって一定温度を保つことが可能である．また，小型の装置から大規模な設備にまで応用できる．

【短所】電力の安定した供給が必要で，電源の保守点検時の停電などへの対応も考えなければならない．冷凍庫では扉付近への着氷が問題となる．

【対象】装置により，あらゆるものの冷却，冷蔵，冷凍．

【注意】一般に，圧縮機には空冷式ラジエーターが備えられており，そのフィルターを定期的に清掃しないと，装置の寿命を著しく短くさせる．

iv) ペルチェ素子　異種の導電（半導体）の接点に電流を流すと，ジュール熱のほかに，接点の一方で発熱，他方で吸熱が起きる．この性質を利用し，電流の向きなどを制御することで，加温と冷却が可能とした素子．

【長所】急速な冷却と加熱が可能である．到達温度，加温の速度などを精度良く制御できる．

【対象】機器の温度制御．もっとも身近な装置の代表はサーマルサイクラー．

【注意】運転終了時に，ペルチェ素子を十分冷ましてからファンを止めないと，素子の寿命を著しく縮める．

v) 減圧による冷却　水を含む試料を減圧することで，水を蒸発，昇華させ気化熱により試料自体を内部から冷却する方法である．凍結乾燥のほか，農産物を出荷する前の冷却に応用される．

【長所】一般的に凍結乾燥のためには，−20℃から−40℃程度に急速に凍結してから減圧するが，試料を真空中に置くだけで冷却の目的は達せられる．真空ポンプとデシケーターなど減圧容器があれば，ただちに冷却を開始できる．

【短所】油回転真空ポンプを使用する場合，トラップを使用しないとポンプ内の油に水が蓄積し真空到達度が低下する．さらに，酸を含む場合にはポンプ内部を腐食させ，有機溶媒などを含む場合には大気汚染の原因となる．場合によっては液体窒素を利用した低温トラップを利用するなどして，水分や溶媒の回収を徹底しなければならない．

【対象】水を多く含む生体試料，水溶液．
【注意】溶液に対して行うと突沸の恐れがあるので，遠心エバポレーションを行う．

vi) 液化炭酸ガスの断熱膨張　液化炭酸ガスを一気に蒸発させる断熱膨張による冷却は，超低温フリーザーの停電時のバックアップとして利用される．この装置を持つ超低温フリーザー内には，炭酸ガスが充満している可能性があるので，庫内に頭を入れるなど酸欠の原因となる行動は禁物である．

c. 恒　温

加熱と冷却により，試料や対象物を一定の制御された温度条件に保つこと．恒温に保つ対象の大きさは，微小なチューブから樹木を育てられる温室などまで，温度の範囲も-40℃から3,000℃程度までが考えられるが，ここでは極端なものは扱わない．浴槽，温度測定部，温度制御部，加熱・冷却部，安全装置などが構成要素である．

1) 溶液浴槽

空気が媒体の浴槽か，水を代表とする溶液が媒体の浴槽，アルミニウムなどで作られたチューブラックを媒体とする浴槽のいずれかが用いられる．空気を媒体とし，冷凍機を用いて室温以下の恒温を保つ浴槽では，結露に起因するカビが発生する可能性が高い．水を媒体とする浴槽の場合には，水道水中のカルシウムなどに起因する缶石がヒーターに付着したり，微生物が繁殖したりする可能性がある．いずれも，実験に大きな影響を及ぼすので，定期的なメンテナンスが必要である．

2) 熱　源

精度良く恒温を保つための熱源である抵抗発熱体や圧縮冷凍機は，加熱と冷却の項目に記載した．ここではそれ以外の事項について述べる．

i) ヒートポンプ　カルノー・サイクルの逆のような力学的操作により，低温の物体から高温の物体へと熱を移動させる装置．圧縮機の出力を可変にできるインバーター制御と組み合わせることで，通常の冷凍機と抵抗発熱体での冷暖房より効率が良くなるため，家庭用エアコンでは主流である．ただし，一般的な製品では冷房と暖房を手動で切り替える必要があること，外気温が低いときの連続暖房運転では室外機のコイルへの着氷の可能性があることなどから，実験用恒温室の空調ではあまり使われていない．

ii) 従来の恒温室のエアコン設備　実験用の恒温室ではヒートポンプではなく，冷凍機（冷房機）と電気ヒーターを併設する方法で目的の温度を得る．運転のコスト面では有利ではないが，冷暖房を切り替える必要がなく高い精度で温度を管理できる．温度制御を滑らかにするため，室内の到達温度に応じて冷凍機からの冷媒とホットガスを自動で切り替える機種もある．

iii) 換気扇の熱交換器　換気を行う際に，排気と導入外気との間に熱交換を可能にする媒体を置くことで，排気中の熱を外気に交換し，冷暖房の効率を高めることができる．ロスナイの商品名で普及している換気扇がよく用いられている．温度だけを交換する顕熱交換器と，勾配に逆らって水蒸気も交換する全熱交換器がある．室内外の気温と湿度差によって，どのような熱交換器を用いるかを選択する必要がある．

d. サーマルサイクラー

温度設定に関して自在なプログラムが組める恒温器で，PCR（polymerase chain reaction）などに用いられる．熱源にペルチェ素子を用いるものが主流だが，複数の恒温液槽を持ち，反応チューブを移動させるものもある．

e. 温度の測定

温度を測定するだけの目的では，ガラス製アルコール温度計や水銀温度計が広く使われている．温度制御を行う場合には，測定結果を電気信号として制御部に送ることが必要となる．水銀温度計内に電気的な接点を持ち，設定温度で電流のON/OFFを行うものが小型の水槽に使われることがある．また，単純な機構で大電流をON/OFFできる液体膨張センサーは，現在でも恒温装置のリミッターとして，主幹電源をカットする

ために用いられている．よく用いられる温度センサーは以下のようなものである．

1) 熱電対

接合された2種の金属あるいは半導体のそれぞれを異なる温度に置くと電流が流れる熱起電力を利用し，温度差を測定する素子．素子の一方の温度を一定に保てば，起電力から温度差として他方の温度を測定することができる．測定範囲は－200℃以下から2,400℃までと広い．

2) 測温抵抗体

金属の電気抵抗が温度に比例して変化することを利用した抵抗温度計．純金属では1Kの温度上昇で電気抵抗は約0.4％増加する．そのため1mKという高精度での測定が可能である．白金抵抗温度計では－200℃から500℃まで測定可能である．

3) サーミスタ

温度変化に対して電気抵抗の変化の大きい半導体を用いた抵抗温度計．温度変化にきわめて敏感な温度計で，一般には－60℃から150℃程度の測定に用いられる．

f. 温度制御

温度制御では，制御対象の持つ熱的な特性として，加熱の容易さである熱容量，ヒーター容量で決まる静特性，加熱初期の立ち上がりに必要とされる精度である動特性，温度を変化させる外的要因である外乱，の4つを知ることが必要だが，一般の装置では，これらはメーカーによって計算あるいは設定されている．温度センサーからの入力を受けて，ヒーターあるいは冷凍機運転のための信号を出力する方式は，以下のように数種類が存在する．いずれも，ヒーターで加熱する場合を想定して説明する．

1) ON/OFF 制御

温度が設定値より低いと出力をONにしてヒーターに通電，高いとき出力をOFFにする．もっとも単純な制御だが，設定温度を保つことは難しい．

2) 比例制御（P制御）

設定温度と現在温度との偏差を入力とし，これに比例する大きさで出力を得る制御．設定温度からのずれが比例帯の外では操作量100％，温度が上昇し比例対に入ると設定温度とのずれに応じた操作量，設定温度と一致すると50％となる．ON/OFF制御に比べて滑らかな制御が可能である．

3) 積分制御（I制御）

入力の時間積分値に比例する大きさを出力する制御法．比例制御だけだと設定値と実際の温度との間に差（オフセット）が生じるが，比例制御に積分制御を組み合わせることで，時間の経過に伴って設定値通りの温度を得ることができるようになる．

4) 微分制御（D制御）

入力の時間微分値に比例する大きさを出力する制御法．比例制御や積分制御が制御結果を訂正するため急激な温度変化への追随が遅いのに対し，ある時点での温度変化の傾斜に比例した操作量を出力するので外乱に対してすばやく対応することができる．

5) PID 制御

比例，積分，微分の制御法を組み合せた方法で，滑らかで精度も良く外乱に強い．現在では，目標値と外乱への応答を独立に制御することでさらに良好な出力を得る2自由度PID制御，さらにファジー制御を加えた制御法などが実用化されている．　　　　　　　　　　　〔野村港二〕

参　考　文　献

1) 日本分析化学会編：分析化学実験の単位操作法，朝倉書店 (2004).
2) 日本化学会編：実験化学講座2　基本操作Ⅱ（第4版），丸善 (1990).
3) 日本分析化学会編：分析化学実験ハンドブック，丸善 (1987).
4) 日本化学会編：実験化学ガイドブック，丸善 (1984).

1.9　容器・器具

ガラス器具や樹脂製器具の選択が重要となる実

験は少なくなったが，細胞やオルガネラを扱う場合には，器具の材質や形状が実験の可能性を広げることも事実である．また，不適切な素材が事故につながることもある．材質ごとの物理的強度や耐熱性，耐薬品性は製品カタログに掲載されていることが多いが，最低限の知識は持っておきたい．ガラス器具の工業規格は，JIS R3503 に記載されている．

a. ガラス製品
1) ガラスの特性・種類・用途

結晶化されることなく，固体と同じ程度の粘度になるまで冷却された液体をガラス状態という．窓ガラスなどに使われてきたソーダ石灰ガラスは，網目形成体としての酸化ケイ素（SiO_2）が作る網目状構造に，網目修飾体（網目修飾イオン）であるアルカリ金属やアルカリ土類金属が部分的に入り込んだ非結晶状態を持っている．ガラスの性質は，網目状構造に取り込まれた元素によって大きく異なる．

現在，フラスコやビーカーなど実験器具に使われるガラスは，一般に硬質ガラスと呼ばれるホウケイ酸ガラスで作られる．ホウケイ酸ガラスは，ホウ酸とケイ素が共有結合した網目を持ち，アルカリ金属の含量が少ないガラスで，硬く，膨張係数が小さく，耐食性が大きい．硬質ガラスのブランドには，パイレックス社の Pyrex，ショット社の Duran などが広く知られている．極端に細いキャピラリーを作成する場合など，特殊な用途には，さらに強いガラスであるアルミノホウ酸塩ガラスが利用されることもある．

一般のガラスは紫外線をほとんど透過させないが，SiO_2 の網目状構造だけで網目修飾体を含まない石英ガラスは，可視光から約 200 nm までの紫外線を透過させる．この性質から石英ガラスは，紫外域で使われる光学系や，分光光度計のセルなどに用いられる．

2) 使用上の注意

ガラスの膨張係数は小さいが，温度によって体積が変化する．そのため測容器は加熱しないよう留意する．ガラスは急激な温度変化や衝撃で容易に割れる．温度変化に弱いのは熱伝導度が非常に小さいためであり，部分的に加熱あるいは冷却することで歪みを生じさせてはならない．なお，傷のあるガラスが割れるのは，表面にある微細な傷が衝撃によって引っ張られ大きなひびになるためである．そのため，表面を収縮させ，傷を発達させるような冷やす変化には特に注意が必要である．また，ガラスは酸には強いが，アルカリに侵されるため，長時間アルカリ性の溶液に触れさせないようにする．

b. 樹脂製品
1) 材質ごとの特性と用途

実験器具として使われる樹脂の特性を，以下に記した．樹脂によって，物理的強度，耐熱性，耐薬品性などが異なる．製品カタログには，付録として樹脂ごとの特性をまとめてあるものが多いので，活用するとよい．樹脂の耐熱性はオートクレーブ滅菌の可能性で，耐溶媒性は有機溶媒を使用する実験で，耐アルカリ性は実験室で使われる洗剤による劣化でそれぞれ問題になる．

i) ポリオレフィン類（polyolefins） 高分子の炭化水素の総称で，いずれも比重は1以下である．壊れにくく，無毒性で，長時間でなければほとんどの化学薬品に耐性を持つ．一方，紫外線によって劣化する．

① ポリエチレン（polyethylene；PE）：直鎖状にエチレンが重合した高分子炭化水素．分子全体の側鎖の分岐が多く，結晶化度が低い低密度ポリエチレン，側鎖の分岐が少なく硬い高密度ポリエチレン，高密度ポリエチレンの分子鎖がさらに結合した超高分子体で強度の高い高密度ポリエチレンなどに分類される．透明あるいは半透明で，酸，アルカリ，溶剤に耐え，低温にも強い．フィルムや電線被覆など，様々な成型品に用いられる．タンクや洗瓶にも利用される．

② ポリプロピレン（polypropylene；PP）：プロピレンの重合体で，各ユニットにメチル基が付く．ストレスによるクラックが生じにくい．オー

トクレーブに耐えるが，0℃以下ではもろい．多くの有機溶媒に耐性がある．メカニカルピペットのチップやマイクロチューブ，15 mL，50 mL のコニカルチューブなど，半透明の実験器具の多くに利用されている．

③ ポリプロピレン共重合体（polypropylene copolymer；PPCO）：エチレンとプロピレンの繰り返し配列による直鎖状の共重合体．ポリエチレンとポリプロピレンの特長を併せ持つ．オートクレーブ可能で，低温でも強度を保つ．以前用いられていたポリアロマー（polyallomer；PA）に代わって使われている．

④ ポリメチルペンテン（polymethylpentene；PMP または TPX）：ポリプロピレンのメチル基を，イソブチル基に置き換えた樹脂．ポリプロピレンに比べ，酸化剤に影響されやすく，炭化水素と塩素系の溶剤で軟化する．黄色みを帯びるが透明で，多くの化学薬品への耐性，繰り返しオートクレーブに耐える耐熱性を持つ．断続的であれば175℃まで耐える．一方，衝撃には弱い．ビーカー，手つきカップ，メスシリンダーなどに使われる．TPX は三井化学社の登録商標である．

⑤ ポリスチレン（polystyrene；PS）：スチレンの重合体で，スチロール樹脂とも呼ばれる．硬く，透明性が高く，無毒性で安定な樹脂なので，培養用のペトリディッシュなどに利用される．有機溶媒への耐性は低い．また，衝撃に弱く，耐熱性は低い．

⑥ ポリ塩化ビニル（polyvinyl chloride；PVC）：塩化ビニルの重合体．構造はポリエチレンと同様だが，各ユニットに含まれる塩素原子のため，いくつかの溶剤に影響されやすい．パイプ，容器，板など多くの製品に用いられている．フタレートエステルの可塑剤を添加すると柔軟になり，実験用チューブとして利用される．

ii) エンジニアリングプラスチック類 (engineerring resins)　力学的に優れた耐性を持ち，熱にも強い樹脂で，機械部品の素材とされることが多い．ポリアセタール，ポリアミド，ポリカーボネートなどが含まれる．

① アセタール（acetal；ACL）（ポリオキシメチレン polyoxymethylene）：ホルムアルデヒドが重合した樹脂で，高温，有機溶媒，強酸，強アルカリに耐える不透明で丈夫な材質．

② ポリカーボネート（polycarbonate；PC）：ジヒドロフェノールが炭素を介して結合した一種のポリエステル．透明度が高く丈夫で，オートクレーブに耐える．一方，耐薬品性は低く，有機溶剤に侵され，アルカリで劣化する．高速遠心の遠心管などにも利用される．クラックの入った PC 製品は破損の危険が大きいので使用してはならない．

③ ポリサルフォン（polysufone；PSF）：イソプロピリジン，エーテル，サルフォンの3種類の官能基が結合したフェニレンから構成される．耐化学薬品性，耐熱性，耐衝撃性を有している．

④ ポリエチレンテレフタレート共重合体（polyehylene terephthalate G copolymer；PETG）：透明度が高く，気体の低浸透性に優れる．丈夫だが，オートクレーブには耐えない．動物細胞の培養に適する．

iii) フッ素樹脂類 (fluorocarbon polymers)　フッ素を含むオレフィンの重合体．テフロン（TEFLON）の商品名で知られるフッ化炭素樹脂であるポリテトラフルオロエチレンが代表例．

① ポリテトラフルオロエチレン（polytetrafuluoroethylene；TEFLON）：不透明な白色で，化学薬品に対する耐久性がきわめて高く，熱可塑性を示さない．また，摩擦係数がもっとも低い樹脂である．各種ガスケットや，ストップコックのプラグ，ホモジュナイザーなどに用いられる．TEFLON はデュポン社の登録商標である．

② フッ素ゴム（fluorocarbon rubber）：フッ化ビニリデンとヘキサフルオロプロピレンとの共重合体，含フッ素シリコーン系ゴム，テトラフルオエチレンとペルフルオビニルエーテルとの共重合体などを代表とするフッ素を含む合成ゴムの総称．耐熱，耐油，耐薬品性に優れる．

③ ポリビニリデンフルオライド（polyvinylidene fluoride；PVDF）：CH_2 と CF_2 が交互に並んだ

モノマーからなるフルオロポリマー．エルフ・アトケム社の登録商標である Kyner として知られる．高性能なメンブレンフィルターとして利用される．

iv) シリコーン（silicone） ケイ素と酸素が結合したシロキサン結合の繰り返し構造に，アルキル基やアリール基などの有機基を持つもの．重合度，側鎖，架橋の程度などによって，液状，グリース状，ゴム状，樹脂状など様々な状態が作り出せる．実験室で使われる白色のゴムはシリコーンゴムで，ポリジメチルシロキサンあるいはその共重合体の線状分子同士が中程度の架橋を持った構造．耐熱性，撥水性，耐薬品性，電気的絶縁性などに優れる．

v) アクリル樹脂（acrylic resin） アクリル酸，メタクリル酸などの重合体．透明で，耐油性に優れる．塩素系の溶剤に溶ける性質を利用して，容易に接着することが可能であり，電気泳動層などの工作に適する．

2) 使用上の注意

樹脂製品は，有機溶媒への耐性，耐熱性，アルカリへの耐性，物理的強度などが素材によって大きく異なる．一方，通常の実験室で用いられる素材は限られているので，初心者に樹脂を見分けさせるための教育を行うとよい．例えば，ポリプロピレン：半透明で，力を加えると多少変形する，ポリメチルペンテン：黄色みを帯びたほぼ透明で比較的重たい，ポリカーボネート：場合によってわずかに黄色みを帯びた透明で硬い，ポリスチレン：透明度が高く硬く肉薄の使い捨て製品，シリコーン：白色のゴム，アクリル：透明度が高く一般には数 mm の厚さを持つ製品，など実物で教育する．

c. 金属製品（ステンレス各種・チタン・アルミニウム）

1) 材質ごとの特性と用途

試料や溶液に直接触れるか，それに近い状況で利用される金属は，機械の構造材や旧式の蒸留器などを除けば，ステンレス鋼，アルミ合金，チタンなどに限られる．

i) ステンレス鋼 クロムを 12％以上含む鋼で，クロムの酸化皮膜によって耐食性を持つ．実験器具には，SUS410 や，より耐食性があって加工性にも優れる SUS430 などのステンレス鋼がよく用いられる．

ii) アルミとアルミ合金 アルミは軽量で熱伝導が良いのでヒートブロックの素材に用いられるほか，アルミ合金であるジュラルミン，超ジュラルミン，超超ジュラルミンは遠心機のローターに用いられる．酸やアルカリで侵されるので，使用後は点検と中性洗剤による洗浄を行う．

iii) チタン 軽量で，強度に優れ，耐食性が高いので，超遠心機のローター，眼科用（電子顕微鏡用）ピンセットなどに用いられる．最近は，一般的なものも含め様々な形状とサイズのチタン製ピンセットが作られている．チタンは熱にも強いため，繰り返し炎で焼いて使用する無菌操作用の器具としても優れている．

d. 細胞生物学実験に欠かせない器具とその選択

1) ピンセット

通常のピンセット以外にも，ルーツェ，眼科用，などの形がある．無菌操作では炎であぶりながら使うが，通常のステンレスでは先端がすぐに劣化するので，チタン製を用いる．

2) パスツールピペット，駒込ピペット

ガラス製品のカタログには，パスツールピペットや，駒込ピペットにもガラスの肉厚，先端の太さなど数種類が掲載されている．あまり細いピペットで細胞や DNA を扱うのは好ましくないので，先太のものを選択する．用途に応じたものをオーダーするのも1つの方法である．

3) メカニカルピペット

ピペットマンという商品名で知られている．先端に使い捨てのチップを装着し，空気をピストンで出し入れすることで，設定した容積の液体を量りとる．メカニカルピペットについては，1.6 節を参照のこと． 〔野村港二〕

1.10 容器の洗浄

フラスコなどの容器の洗浄には，原廃液の処理，バイオハザードなどの滅菌，酵素の失活など生化学・分子生物学的な不活性化，化学的・物理的な汚染の除去が含まれる．そのため洗浄においては，何をどこまで除去するのか，廃液や廃棄物の処理はどうするのかなどについての基本的な理解が必要である．

実験室では，つけ置き洗い用の洗剤と，一般の中性洗剤，クレンザーが併用されていることが多い．軽微な汚れや，ポリプロピレン以外の樹脂製品，金属製品は，使用後ただちに中性洗剤で洗う．細胞や血液，細胞の粗抽出液などで著しく汚れている器具は，大まかに汚れを取り除いたあと，実験器具用の洗剤につけ置いてから水洗する．具体的な洗い方は個々の実験室で異なるため，ここでは洗浄の原理について解説する．

a. 洗浄液と洗浄器
1) 界面活性剤の働き

水で汚れを落とす一般的な洗浄では，容器表面と汚れとの間，汚れと水の間の界面の自由エネルギー（界面張力）が問題になる．水を使って疎水性の汚れを除去することも求められる．界面活性剤は，分子内に親水基と疎水基を持ち，以下のような作用によって水を使った洗浄に効果を与える．第一に，界面活性剤は水と容器表面，容器表面と汚れの間の界面張力を低下させ，容器表面に水が行き渡るのを助け，水と汚れとを出合いやすくさせる．水溶性の汚れは，この作用で除去されやすくなる．第二に，疎水性の汚れを界面活性剤分子内の疎水基が取り囲み，親水基が水と接することで，汚れを水と混ざり合わせる．疎水性の汚れも，この働きで水中に保持される．さらに，汚れを水の中に分散させた状態に保ち，容器表面への再付着を妨げる．そのため，界面活性剤で洗浄して水ですすぐことで，水溶性と油性の汚れを落とすことができる．

2) 洗剤の種類と用途

石鹸は長鎖アルキル脂肪酸のアルカリ塩を指す．これ以外の界面活性剤を含むものを石鹸の含有率により複合石鹸，合成洗剤と呼び，いずれも界面活性作用で汚れを落とす．主に酸あるいはアルカリの作用で汚れを落とすものは洗浄剤と呼ばれる．

界面活性剤は，陰イオン系（アニオン系），非イオン系（ノニオン系），両性イオン系，陽イオン系（カチオン系）に大別できる．実験室ではタンパク質汚れの除去に効果のあるアルカリ性の合成洗剤，すなわち陰イオン系の界面活性剤を主剤とする合成洗剤，あるいは陰イオン系と非イオン系界面活性剤の混合剤が用いられることが多い．市販の洗剤中には，界面活性剤以外に，水軟化剤，アルカリ剤，再付着防止剤，分散剤，消泡剤，安定化剤などが加えられていると考えられる．

市販の実験室用洗浄剤としては，アルカリ性のつけ置き洗い用，泡立ちの少ない超音波洗浄用，中性の光学ガラスや金属用，タンパク質汚れに特化したもの，除菌効果の高いもの，血液の除染に特化したものなどがある．

3) 界面活性剤以外の洗浄液

i) 有機溶媒による洗浄 水に溶けない溶質や有機溶媒を使用した容器は，少量のエーテル，メタノール，アセトン，ヘキサンなどですすいだあと，通常の洗浄を行う．タンパク質の定量や染色に利用する色素なども，はじめに少量の有機溶媒で洗浄すると汚れの除去が容易になる．

ii) 希塩酸による洗浄 蒸留器のボイラーなど，カルシウムを含むスケールによる汚れが固着している場合には，希塩酸へのつけ置きが有効である．しかし，塩化水素の揮発などの問題があるので，ドラフト内で行うなど実験環境への配慮が必要である．

iii) 漂白剤による洗浄 実験器具そのものではなく，流しまわりの水切りかごの滅菌を兼ねた洗浄などには有効である．次亜塩素酸ナトリウム（アンチホルミン）を適当に希釈してつけ置

く．

iv) クロム酸混液　かつては濃硫酸に酸化クロム(VI)を溶解して酸化力をつけたクロム酸混液(クロム硫酸)を用い，汚れを分解する洗浄が行われていた．しかし，6価クロムを用いるという問題と，優秀な洗浄剤の登場により現在では用いられない．

3) 洗浄器

i) 超音波洗浄器　超音波洗浄器による洗浄は，衝撃波，加速度，直進流の3つの要素で行われる．水を20～100 kHzの超音波で激しく揺さぶると，局所的に圧力の低い部分が生じ，溶存する気体や，水蒸気による低圧の気泡が発生する現象であるキャビテーションが起きる．再び圧力が高くなり気泡が消滅する際に，周囲の水がぶつかり合い衝撃波が発生する．この衝撃波が容器表面の汚れを剥離させる．剥がされた汚れは，超音波によって液体分子が振動する加速度と直進流により持ち去られ，分散除去される．

超音波洗浄では周波数が重要である．理化学用の汎用器では40 kHz付近の超音波が利用される．30 kHz以下の低周波はキャビテーションが大きく，強い洗浄力を引き出せるが，洗浄物へのダメージも大きくなる．繊細さを要求される洗浄では，100 kHz以上の高周波も利用される．周波数を選択できる超音波洗浄器も市販されている．

ii) 全自動洗浄機　いわゆる食器洗い機の実験器具版．噴射ノズルにフラスコをかぶせるように置き，洗浄，すすぎ，純水での仕上げ，乾燥までを自動で行う．アダプターによって，様々な容器に対応できるようになっている．

iii) 水流による洗浄機　ドラム内に試験管やバイアルをセットし，水流によってすすぐもので，様々なものが工夫されている．

iv) ピペット洗浄器(サイホン式洗浄器)　主にピペットの洗浄に用いられる，サイホンの原理を利用してすすぐためのもの．超音波洗浄器を兼ねているものもある．

b. 洗浄の実際と留意点

一般的には，容器は使用後ただちに洗い，汚れたまま乾燥させることのないようにする．フラスコなどで軽微な汚れの場合には，原廃液を処理し，2回ほど少量の水か溶媒ですすぎ，これらも原廃液と同様に処理したあと，洗剤をつけたブラシでこすって洗う．容器の外側もスポンジなどで洗う．その後，水道水で10回ほどすすぎ，容器の内外を少量の純水ですすぐ．汚れがひどいものについては，目視で汚れが残っていない程度まで予備洗浄してから，一晩ほど洗剤につけ置き，再度ブラシをかけて洗う．

具体的な洗い方は実験室ごとに違うので，個々の実験室のルールに従う．他の実験室で実験を行う場合などには，そこでのルールに従うことを忘れてはならない．

1) 材質ごとの注意

アルカリ性の洗剤につけ置くと，ほとんどの材質で劣化が生じる．特にポリカーボネートやアクリルなどの樹脂にはクラックが入るのでつけ置き洗いをしてはならない．ガラスもアルカリに侵されるため，すり合わせを持つ器具，石英セルや光学系の一部になるようなガラス製品は中性洗剤で洗う．金属製品も同様である．

2) ガラス器具の形状による注意

ガラス器具のうち，ビーカーのように薄く壊れやすいもの，ポッター型ホモジュナイザーのように肉厚でもわずかな衝撃でひびが入るもの，スラブ電気泳動のガラス板などは，つけ置き洗い中に破損する可能性が高いので注意が必要である．

遠心管のうち，スピッツ管は菅底に水が残るので，すすぐ際にはよく振って完全に水を流し出すことが大切である．

c. 乾　　燥

ガラス器具は，水切り後110℃，オートクレーブ可能なポリカーボネートやポリプロピレンなどの樹脂製品は80℃以下の乾燥器中で加熱乾燥することが多い．メスシリンダーやメスフラスコなどの体積計，アクリルやポリスチレンなどの熱に

弱い樹脂製品は加熱を避け風乾する．

〔野村港二〕

参考文献
1) 日本分析化学会編：分析化学実験の単位操作法, 朝倉書店 (2004).

1.11 実験用の紙

バイオ実験に使用される紙の用途は，実験器具や手などの清掃だけでなく，実験に直接使用されるものから実験から得られた結果を記録するものまで様々である．中には本来の使用目的と異なった使用をされる紙製品もある．

a. 濾　　紙

ほぼ単一の材質からなる繊維で製造されたもので，形状や厚さ，密度が異なった種類がある．定性・定量濾紙にはJISによる規格が存在する．

1) 定性濾紙

綿からとられた，ほぼ100％のセルロース繊維からできており，細胞・粒子の濾過や水分の吸収に使用されるもっとも一般的な濾紙．紙層や密度により種類があり，No.2はNo.1より紙層が厚い．また円形ならびにシート状のものまで，形状も様々な種類があり，値段も安価である．一般的な用途においては定性濾紙で十分である．

2) 定量濾紙

物質の定量分析に用いられるため，繊維が化学処理されており，できる限り灰分を低く抑えられた濾紙．濾過速度や純度によって様々な種類がある．

3) ペーパークロマト用濾紙

ペーパークロマトグラフィーにおいて物質の展開などを行う支持体として用いられるが，強度・密度が高いため，バイオ実験，特にブロッティングの際に用いられる．よく使用されるものとして3MM Chl（ワットマン社）がある．

4) ガラス繊維濾紙

ガラス繊維で作られた濾紙．繊維密度が高く，強酸などに対する化学的安定性や物理的強度も高いため，RIの取り込み実験の際の液体シンチレーションカウンターによる計測に用いられる．

b. ティッシュペーパーとペーパータオル

ティッシュペーパーやペーパータオルは，市販の安価なものから，実験用に使用される純度の高いものがある．手などを洗浄・殺菌した際や簡単に水分を取り除くだけならば市販のもので十分であるが，繊維が短く微細な不純物が混ざっていることがあり，ガラス器具などを拭く際は傷が付く恐れがある．

1) ティッシュペーパー

キムワイプやケイドライ（いずれもクレシア社）はパルプから作成され，拭いた際に紙埃が出にくく，pHメーターの電極や光学セル・ゲル板などを拭くのに適している．ケイドライは3枚重ねで柔らかく，ゲル板などの面積が大きなものを拭くのに向いている．

2) レンズペーパー

光学機器のレンズを拭くための専用の紙．薄くて毛羽立ちが少ない．

3) ペーパータオル

ペーパータオルには1枚のものから吸水性を増すためにエンボス加工された紙が重ねられたキムタオル（クレシア社）などがある．比較的安価で吸水性が高いため，こぼれた試薬の拭き取りに便利であり，キャピラリーブロッティングなどにも使用される．また，化学的・物理的強度を増すために化学繊維が織り込まれたものもある．

c. 記　録　紙

記録紙は実験結果を記録するものから恒常的に使用している恒温器や冷凍庫のモニタリングに使用される．最近ではモニタリングは電子機器に記録する場合も多い．

1) 感熱紙

感熱紙は紙の表面に塗布されたロイコ色素と顕色剤が加熱により融解して反応可能となり発色する．感熱紙に記録する印字ヘッドは熱により印字を行うため，消耗品は紙だけである．紙自体に染

料が塗布されているため，熱や光・傷などの物理的影響や，一部の糊などに含まれる化学物質により変色や汚れが生じる．記録を保存する場合は描写後すぐにコピーをとるか，スキャナーを用いてデータをパソコンに取り込む必要がある．

2) 上質紙

紙がロール状になったものや折りたたまれたものがある．この紙への記録にはカーボンやインクテープを用いたドットインパクトプリンター，インクジェットプリンター，ならびにペンによって行われる．印刷された紙自体はほとんど変化しないが，紙以外にペンやリボンカートリッジなどの消耗品が必要となる．

3) インクジェットプリンター用写真画質紙

ポスターの作成やデジタル写真の印刷に用いる．表面の光沢や，用紙の厚さなど様々な製品があるので，必要な画質と好みに応じて使い分ける．

〔藤野介延〕

1.12 実験室廃棄物の管理

これまで，データを得ることで実験が終了するものとみなされ，市販のプロトコール集でも実験手順として実験後の廃棄物や廃液の処理に言及しているものはまれであった．しかし，細胞工学実験では，化学的に危険な化合物だけでなく，発癌性の物質や，生物の遺体，バイオハザード，あるいは法的には規制を受けないが適切な処理を必要とする廃棄物が生じる．実験廃棄物の分別や回収方法は，事業所ごとの内規などに従って行うため，ここでは原則や考え方について述べる．

a. 廃棄物の種類

実験廃棄物には，実験後の実験原廃液，器具を洗浄した実験排水，生物体，器具の廃棄物など，発生の経緯，物性，危険度などの点で多様なものが含まれる．

1) 無機系廃液

【どのようなものか】実験に使用した緩衝液や，抽出液など実験で直接生じた廃液と，実験に使用した器具の洗浄液（例えば2回目の洗浄液までなど）．

【分類】セレン系廃液，シアン系廃液，水銀系廃液，フッ素系廃液，ヒ素系廃液，クロム酸廃液，一般重金属廃液，写真廃液，発癌性があるものなど生物学的に危険な廃液，低濃度の酸およびアルカリなどに区分することができる．これらの区分は，廃液処理のプロセスに応じて事業所ごとに異なる可能性もある．また，実験内容によっては，複数の廃液区分にまたがるものも生じる．そのような場合には，事業所の廃液処理担当部署に問い合わせる．

【処理方法】一例として，筑波大学で行われている処理工程を図1.17に示した．この工程では，酸化処理，鉄粉を用いた還元反応と共沈澱反応によって有害物質を不溶化し，鉄粉とともに回収する．なお，この方法だと沈殿は精錬所で資源として再利用できる．

【処理までの保管】事業所ごとの区分方法に従って，一般的にはポリ容器に保管する．保管容器には廃液区分を明示した札を付ける．また，容器ごとに，含まれている薬品名とおよその濃度の記録を取る．複数の廃液区分に該当する混合系となってしまうときには，もっとも高濃度になる廃液区分の有害物質ごとに収集することもあるが，処理方法によっては，優先順位を付ける必要もあるので，処理担当部署に問い合わせる．

【注意】シアン系廃液はpHを高く保たねばならない．また，有機金属化合物は酸化分解してから保管することが望ましい．

2) 有機系廃液

【どのようなものか】実験で用いた有機溶媒や，これらと接触した水溶液，有害な有機化合物を発生する溶液と，実験に使用した器具の洗浄液（例えば2回目の洗浄液までなど）．

【分類】溶媒と含まれる溶質により，フェノール・芳香族アルコール溶媒，含水有機溶媒，含水有機溶媒，ハロゲン化物を含む溶媒，廃油，一般有機溶媒などに区分できる．無機系廃液と同様に，これらの区分は事業所ごとに異なる．

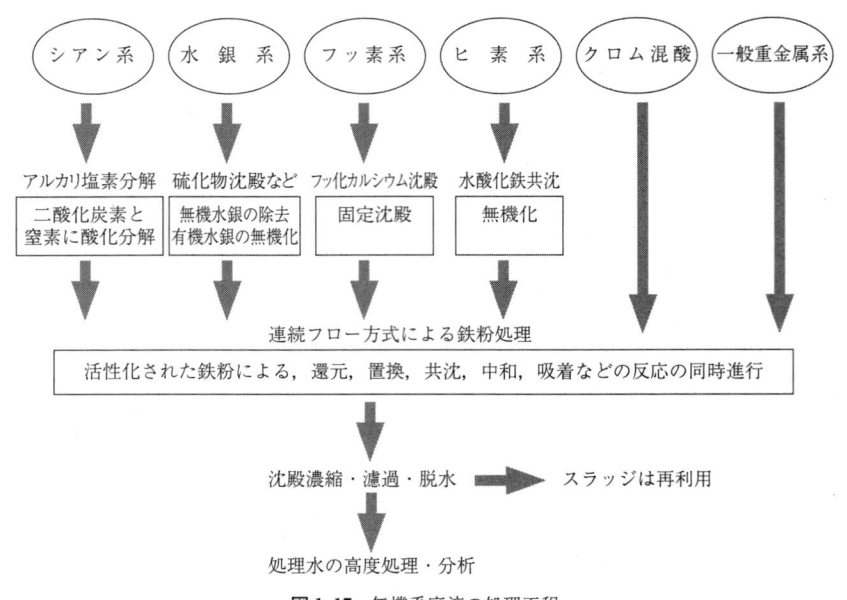

```
シアン系   水銀系   フッ素系   ヒ素系   クロム混酸   一般重金属系
  ↓        ↓        ↓         ↓         ↓           ↓
アルカリ塩素分解  硫化物沈殿など  フッ化カルシウム沈殿  水酸化鉄共沈
┌────────┐  ┌────────┐    ┌────────┐     ┌────────┐
│二酸化炭素と│  │無機水銀の除去│  │ 固定沈殿 │    │ 無機化 │
│窒素に酸化分解│ │有機水銀の無機化│ └────────┘     └────────┘
└────────┘  └────────┘
     ↓         ↓          ↓            ↓
              連続フロー方式による鉄粉処理
┌──────────────────────────────────────┐
│活性化された鉄粉による，還元，置換，共沈，中和，吸着などの反応の同時進行│
└──────────────────────────────────────┘
                      ↓
              沈殿濃縮・濾過・脱水  →  スラッジは再利用
                      ↓
              処理水の高度処理・分析
```

図 1.17 無機系廃液の処理工程

【処理方法】事業所で焼却炉を持つのが困難な現状では，処理を外部委託するのが一般的である．

【処理までの保管】事業所ごとの区分方法に従って，一般的にはポリ容器または金属缶で密栓して保管する．保管容器に廃液区分を明示した札を付け，内容物についての記録を取ること，混合物への対処などは無機系廃液の場合と同じである．

【注意】揮発性，引火性の化合物が多いので，廃液も危険物として適正に取り扱う．

3） 固形廃棄物

【どのようなものか】有害物質が付着した紙やアルミホイル，有害物質を吸着したシリカゲルや活性炭および樹脂など，有害物質を含む沈殿物，金属水銀など固体の廃棄物．

【分類】水銀を含むもの，不燃性か可燃性か，洗浄により有害物質が除去可能か否か，などにより区分が行われる．

【処理方法】洗浄により無害化できないものは，廃棄物の処理および清掃に関する法律（廃棄物処理法）によって，特別産業廃棄物あるいは産業廃棄物に該当するものは，法律を遵守して処理を行う．

【処理までの保管】漏えい防止のための措置を行い，内容物などを明示する．

【注意】法律に抵触する場合もあるので，事業所の担当部署と連絡をとり処理を行う．

4） 未規制物質類

【どのようなものか】実験で用いる化合物の中で，規制の対象となっていないが，人体や環境に悪影響を及ぼす可能性のあるもの．

【分類】ヌクレオチドのアナログ，エチジウムブロミドなどDNAに直接作用する色素類，生理活性を持つ化合物など，毒物，劇物，危険物などへの規制の対象にはなっていないが，発癌作用，突然変異原，アレルゲン性，何らかの毒性，環境への悪影響が予想されるすべての化合物．染色液として用いられている色素にも注意したい．

【処理方法】有機溶媒に溶けている場合などで，通常の実験廃液として処理することが望まれる場合には，問題となる化合物が廃液処理の工程で分解され無毒化されることの確認などを含め，事業所の担当部署に問い合わせる．イオン交換樹脂や活性炭で簡単に除去できる場合もあり，またエチジウムブロミドなど広く利用されている化合物に対しては簡便な除去装置が市販されている場合もある．

【注意】慣習的に行われている無毒化の処理法

が有効ではないことが判明する場合もあるので，各実験室で処理を行う場合には，最新の情報に基づくことが大切である．

5）バイオハザード廃棄物

【分類】バイオハザード廃棄物には，物学的危険性廃棄物，実験系感染性廃棄物，医療系廃棄物が含まれる．ここでは，遺伝子組換え実験で作成された組換え体について述べる．

【処理方法】実験を行った実験室においてオートクレーブなどにより滅菌，死滅処理を行ったあと，通常の廃棄物の区分に従って処理を行う．

6）有害物質を投与された生物の死体

【どのようなものか】重金属や病原菌などを投与された生物の死体．

【処理方法】微生物などに感染しているものについては，バイオハザード廃棄物と同様に滅菌処理を行ったあと，生物死体としての処理を行う．有害物質を投与されたものについては，事業所ごとの規則に従う．

7）法的には規制を受けない生物

【どのようなものか】モデル生物として維持されている実験系統で，バイオハザードに相当しないものなど．

【動物死体】動物死体で，有害物質や感染危険のないものは，不燃物を除き，外から見えないように紙などでくるんで，さらにポリ袋に密封して搬出する．搬出までは冷凍庫で保管し，腐敗などによる被害を防ぐ．

【生きたままの生物】近隣で採集された生物でない限り，実験後の生物を生きたまま環境に放つと，生態系に影響を与える．そのため，実験系統として維持されている生物は，必ず殺してから処理する．また，生物の死体などを埋めて処理することも，土壌生物のフローラを乱す可能性につながることなどを考慮しなければならない．

【注意】法的な問題がなくても，生態学的，倫理的な注意を怠らないこと．

8）コンピュータと情報メディア

【どのようなものか】コンピュータやMOディスクなど，また，紙媒体の不要品など．

【注意点】未公開データを含むものなどの廃棄にもルールを持っていることが望ましい．個人情報を含むもの（例えば研究室OBの名簿など）については，廃棄だけでなく配布にも事前に関係者全員の合意を得るなど，細心の注意を払いたい．パソコンを廃棄する際には，ハードディスクを破壊しておく．

9）希釈洗浄排水

【どのようなものか】実験室の流しで器具などを洗浄するときの排水．

【留意するべき点】流しで洗う前に，ビーカーなどは少量の水か溶媒で2回ほど洗浄し，この洗浄液は実験廃液として処理することで，下水道に高濃度の有害物質が流れ込むことを防ぐ．実験系の希釈洗浄排水を簡易浄化処理している事業所では，この排水についても内規を持つことがある．

10）気体廃棄物

【どのようなものか】塩酸や，有機溶媒などの試薬から蒸発するガス，実験によって発生する有害な気体．

【処理方法】ドラフトの排気系統では，活性炭による吸着，アルカリによるトラップなどが備えられている．エバポレーターの排気は，冷却トラップを設けることで溶媒の回収，環境への放出の軽減，真空ポンプの保護などを図ることができる．

〔野村港二〕

参考文献

1) 文部省編：大学における廃棄物処理の手引き，科学新聞社（1975）．
2) 大学等廃棄物処理施設協議会編：大学等における廃棄物処理とその技術，(1988)．

関連法規

1) 廃棄物の処理および清掃に関する法律（廃棄物処理法）
2) 労働安全衛生法

2. 生物材料の入手・同定と保存

　生物材料を選択する基準には，モデルとして広く利用され情報の蓄積が多い，実験系が確立されている，エレガントな実験系が構築可能である，応用や実用の可能性が高い，純系が確立されている，逆に遺伝的に雑駁であるなど，様々なものが考えられる．また，生物多様性の確保，バイオハザードの管理，動物の愛護と管理など遵守すべき事項も多い．一方，生体試料や抽出したサンプルを保存する必要もある．本章では，生物材料全般についての注意事項を中心に解説する．

〔野村港二〕

2.1 研究材料の選抜

　研究の目的に合った生物材料を選ぶことは，研究の成否に非常に大きなファクターとなっているケースが多い．それは，多様性と共通性という異なった2つの重要な性質を生物が持っているからであると考えられる．現在，ゲノムの全解読が完了したモデル生物について，様々な情報やリソースが提供されている．モデル生物を用いることで，生物間での共通性や，またその違いについて非常にたくさんのことが明らかとなってきている．一方，こういったよく知られているモデル生物ではなく，非常にユニークな生物を用いることで，モデル生物だけを用いることでは理解することができなかった現象を明らかとした例も数多くある．

a. モデル生物系生物材料

　一般にモデル生物と言ったとき，その定義は何なのか，また，どの範囲の生物までを含むのかということは議論の分かれるところである．モデル生物は，特に分子生物学とその周辺分野の発達に伴って生まれてきた言葉であると考えられる．代表的なモデル生物として挙げられるのは，大腸菌，酵母，ショウジョウバエ，ゼブラフィッシュ，マウス，シロイヌナズナ，イネなどであると考えられる．

　これらの材料では，多くの人が同一の生物材料を用いて深く研究を行った結果，全ゲノム配列の解読なども含め多くの知見の統合が行われ，またそのことにより突然変異体などの多くのリソースを共有することができるようになってきた．こういった材料を用いた研究や実験を行うことは，その材料に対する多くの知見やリソースを利用することで，他の新しい生物材料を用いるよりもはるかに速く研究を進めることができるという利点がある．ただし，同一の材料を多くの人が用いているという現実については，競争という研究の側面を考えると注意が必要であるともいえる．

　代表的なモデル生物については，ナショナルバイオリソースプロジェクトのホームページより情報を得ることができる[1]．

b. 個々の研究に適した生物材料

　研究分野やその実験系にとって，もっとも適した生物材料を選ぶことで，研究の進行が格段に変わることは，科学の歴史の中で多く見られてきたことである．メンデルは遺伝学の研究材料として，エンドウを用いていたことは有名である．し

かし，近代生物学において，もっとも遺伝学の進歩を支えた生物材料の1つは，ショウジョウバエであると考えられる．それは，ショウジョウバエが，エンドウのように人間にとって有用な作物ではないものの，生活環が短く，飼育が容易であり，染色体が少ないなど，遺伝学を行う上で様々な利点を有していたことが，大きな原因であるといえよう．また，植物の維管束形成の研究は，ヒャクニチソウを用いることによって近年飛躍的な進歩を遂げた．植物では培養系や傷害誘導実験系を用いることで，維管束細胞を *in vitro* で誘導できることが知られている．様々な材料の中で，ヒャクニチソウの葉肉細胞を用いた管状要素分化転換系は，もっとも維管束誘導の効率が高く，維管束細胞分化の研究の進歩に大きく貢献した材料であるといえる．知見の蓄積した実験材料を用いては困難な研究の場合，ヒャクニチソウのようにある研究目的に適合した研究材料を用いることが，研究の進行の近道である場合が多い．

c. 未同定生物材料

現在までに知られていない機能を有した生物を新たに同定すること，また種として同定済みのものより新たな機能や物質を発見することによって，大きな研究の進歩や新たな研究分野の創設に至ることがある．DNAを増幅するための技術であるPCR法は，分子生物学の研究から，医療や犯罪捜査など，非常に多岐にわたる分野において必要不可欠な技術であるといえる．このPCR法が一般的になった大きな転機は，耐熱性DNAポリメラーゼの発見であった．耐熱性DNAポリメラーゼとは，イエローストーン国立公園の温泉に生育している高度好熱性細菌（*Thermus aquaticus*）より単離されたDNAポリメラーゼであり，細菌の名前から *Taq* ポリメラーゼと呼ばれることが多い．この細菌およびこの酵素の発見によって，PCR技術は自動化が可能となり，多くの研究の進歩に貢献することとなった．この例に限らず，新たな生物を同定することは，抗生物質など様々な新規の物質を発見したり，新たな代謝系を発見したりする上で，欠かすことのできない実験手法の1つである．

〔岩井宏暁〕

関連ウェブサイト

1) ナショナルバイオリソースプロジェクト
 http://www.nbrp.jp/index.jsp

2.2 動物の飼育と管理

医学，薬学，農学，工学，教育学，心理学など様々な分野において研究，検定，診断，製造，教育などの目的のために動物実験が行われ，実験用動物が用いられる．実験用動物として用いられる動物は，実験動物，産業動物，野生動物に分類できる．動物実験において，実験用動物の素性，由来，育成環境が実験成績に大きく影響する．実験用動物によって遺伝的素因や環境因子の明確度が異なるため，動物実験の目的に応じて実験用動物を選択する必要がある．また，特にヒトへの外挿時には，細胞，組織，器官，機能レベルのある一部の比較であることを基盤として考慮する必要がある．

a. 実験用動物

実験用動物としては，研究上重要であるとして合目的に育成・繁殖・生産された実験動物，人類社会に重要であるとして合目的に育成・繁殖・生産された産業動物，自然界から捕獲した野生動物に分類される．実験成績に大きく影響する遺伝的要因および環境因子の明確度は，実験動物＞産業動物＞野生動物の順になり，また遺伝的要因と環境因子を人為的に統御する可能性の高さについても同じ順となる．したがって，研究目的によって産業動物や野生動物を用いる場合には，遺伝的要因や環境因子が実験成績に及ぼす影響について十分考慮する必要が生じる．実験動物は，様々な特性を持った系統が実験動物ブリーダーによって維持されており，研究の目的に合った性質，年齢，生理状態の動物を購入することができる．また，様々な病態モデル動物が開発されている．

b. 実験用動物の選択

体外からの刺激感作に対する動物特有の生物反応について，形態学，生理学，遺伝学に基づく観察および解析を行うために動物実験が行われる．したがって，使用する実験用動物の素性，由来，育成環境は実験成績に大きく影響する．そこで，研究目的に応じた実験用動物の選択が非常に重要となる．

実験用動物の選択基準として，取り扱いのしやすさ，経済性，数のそろいやすさ，過去の成績との比較のしやすさといったことがまず挙げられるが，目的に合った種，系統，質について，適正な実験用動物を選択しているかどうか十分に吟味する必要がある．さらに，1）交配，維持，生産方式，2）年齢，性別，生理状態，3）飼育環境について考慮する必要がある．

1) 交配，維持，生産方式

実験動物には特徴を持つ系統が分離育成されている．系統は，遺伝子組成の均質化をめざして分離育成したもののみならず，発育環境の違いが加わって現れる表現型，さらには近隣環境要因が加わって現れる演出型によっても分離育成されている．実験動物には，遺伝的均質性を求めて作られている近交系と，遺伝的不均一性が保たれるように配慮されているクローズドコロニーがある．

近交系とは兄妹交配を 20 世代以上繰り返して作られたものであり，1 つの近交系内ではどの個体も遺伝的に均一である．異なる近交系の間では明確な遺伝的差異がある場合が多く，薬剤，刺激，病気に対する反応性や感受性が大きく異なる．したがって近交系の維持生産には，遺伝的均一性および特性が保持されるように配慮する必要がある．近交系の維持生産方式は，維持集団→増殖用コロニー→生産用ストックという段階を経て行われる場合が多い．維持集団と増殖用コロニーは兄弟交配であり，生産用コロニーは血縁関係を気にせずにランダムに交配して繁殖させる．したがって，実験動物が生産用ストックの場合は，それ以上繁殖に用いずに実験に供する．

クローズドコロニーとは，5 年以上外部から種動物を導入することなく一定の集団のみで繁殖を続け，常時実験動物の生産を行っている群のことである．近交系に起源を持つが維持集団によらない方法で維持されている集団と，非近交系由来の集団がある．後者の場合の集団の特性は，遺伝的不均一性に基づいていることが多いため，ランダム交配によって遺伝的不均一性が保たれるように配慮されている．ランダム交配は，理想的には集団が十分に大きく集団のどの動物も機会均等に仔を残すようにすることであるが，実際は集団の大きさ（個体数）に限りがあるので，ある程度近親交配が起こることは避けられない．クローズドコロニーは，毎代の近交係数（個体の遺伝子座がホモとなる率）の上昇が 1% 以下に抑えられている必要がある．

2) 年齢，性別，生理状態

目的に応じて実験用動物の年齢や性別，体重などを考慮する．動物が生殖可能な状態になることを性成熟というが，性成熟に至るには一連の過程（春期発動）が必要となる．春期発動に達すると雌では卵胞の発育，成熟，および排卵が見られるようになる．雄では精巣の発育とともに精細管へ精子が出現する．春期発動は視床下部–下垂体–性腺系が成熟型になることを意味するため，内分泌系の変化が生じることを考慮に入れる必要がある．実験用動物の生理状態については次の飼育環境と関連するが，ある一定環境における生理状態について熟知しておくことにより，わずかな変化への迅速な対応が可能となる．

3) 飼育環境

実験用動物の生理状態に影響を与える飼育環境は非生物環境と生物環境の 2 つに分けられる．非生物環境として，飼育室の温度，湿度，換気量，照明，騒音，飼料，ケージの大きさや材質などが挙げられる．生物環境としては，同居する動物，実験飼育者，および微生物が挙げられる．飼育環境の衛生管理は実験用動物を飼育，利用する上でもっとも重要である．衛生管理を怠った実験用動物を用いた実験成績はまったく信用されないことがある．また実験用動物は人畜共通感染症を持つ

場合もあることから，実験飼育者の健康と安全の観点からも，実験用動物の飼育環境の管理は非常に重要である．

不顕性感染はもちろん重要な問題であるが，常在菌の生体に及ぼす影響も研究目的によっては無視できない．無菌動物の作出法の開発によって実験動物の微生物制御が可能となった．そのような微生物制御が行われた実験動物として，無菌動物（germfree），ノトバイオート（gnotobiote）がある．一方，指定された微生物感染がない動物として，SPF（specific pathogen free）動物が作られている．研究の目的によってどのレベルの微生物制御がなされている必要があるのか考慮して選択する必要がある．

無菌動物とは寄生虫，原虫，真菌，細菌，およびマイコプラズマが存在しない動物である．ほ乳類の場合は，帝王切開ないしは子宮切断術を行って仔（胎仔）を無菌的に取り出して無菌環境（アイソレーター）内で人工保育する．鳥類やその他の卵生動物の場合は，卵の外側を滅菌した上，無菌環境下でふ化，育成する．無菌動物作成には子宮内での細菌感染の可能性，消化管菌層のない動物に対する従来の conventional 動物に対しての栄養学に基づく飼料給与による成育不良の可能性について考慮する必要がある．

無菌動物に既知の微生物を定着させた生物をノトバイオートという．ノトバイオートは通常，実験の都度，無菌動物から作出する．

SPF 動物とは，特定のウィルス，細菌，寄生虫などに感染していない動物である．SPF 動物を作るには帝王切開にて無菌動物を得たのち，非病原性の指定された常在細菌を定着させる．これを清浄な環境で維持生産することによって作製する．定期的に指定された病原微生物の検査を行う必要がある．マウス，ラット，ブタにSPF 動物が作製されている．したがってSPF 動物はある一定の病原体に感染していないことは共通であるが，その他の指定されていない微生物の感染については飼育場によって異なる可能性がある．

おわりに

実験動物，産業動物の適正な飼養について世界的に再認識され始めているが，わが国においても，動物実験の適正な実施に向けた，動物実験などの実施に関する基本指針が提示され，動物の愛護及び管理に関する法律が2005年に改正されている．これらの指針をふまえ，研究の目的を十分考慮して適正な動物実験を行うように努めたい．

〔平林美穂〕

関連ウェブサイト

1) 動物実験の適正な実施に向けたガイドライン（日本学術会議）
http://www.scj.go.jp/ja/info/kohyo/pdf/kohyo-zo-kio-z.pdf

2.3 植物の飼育と栽培

バイオ実験において重要な点の1つは，実験の目的に適した材料，すなわち品種，系統，在来種などを使用することである．しかしながら同じ材料を再度入手することは一部の作物を除いては難しく，実験に用いる材料を自ら維持・保存することが望ましい．実験材料が多年生植物であれば栄養体として維持すればよいが，1～2年生の自殖性であれば採種する必要があるので，栄養，生殖成長の調節などが必要となる（栄養体として保存し，株分けにより増殖可能な種もある）．対象植物が他殖性の場合，その維持は育成者以外には不可能であるので，発芽能力のある種子を長期保存するとともに，植物体を無菌化して保存（2.5節参照）する．栄養繁殖性の場合は塊茎や塊根などが保存対象となるが，その状態での長期保存は難しいので，再度植え付けて栽培する．ここでは一般的な温室での栽培方法や栽培上の留意点を記載する．

a. 使用する資材

容器はワグネルポットや素焼きの鉢などを用いるが，イネのように湛水する必要がない場合はビニールポットの方が安価で，保管に場所を取らな

いので便利である．これらのポットで成育する植物体を，乾燥を嫌う場合は大きめのバット内に並べ，バット内に給水する（底面給水）．逆に過湿を嫌う植物はザル状のバット内に並べて管理する．ただし，長期間成育させる場合は根が底面の穴から出てくることがあるので，ポットに用土を入れる前に底面の穴をガーゼのような布で覆っておくか，根の伸長を妨げるシートをバットに敷いておくとよい．ポットは大きいほど植物体の成育は良いが面積を取るので，成育させる点数と温室の面積，成育させる植物体の大きさで調整する．使用後は洗浄，乾燥させて保管すれば再利用も可能である．

ポットに用いる土は，市販の用土は入手が簡単で再現性も高いが，雑草の種子が混入している場合が多いので，別容器に入れて高圧蒸気滅菌することが望ましい．使用後は栽培した植物ごとに分けて根などの残渣を除き滅菌すれば再使用は可能であるが，連作にならないよう注意する．なお，市販の用土には肥料が含まれているので，初期の肥料は不要である．

b. 播種，移植方法

入手した材料の種類により，次のように分けられる．

① 塊茎，塊根，球根などの場合：付着した土を洗い流した上でポット内に移植する．病虫害の汚染が考えられる場合は殺虫剤や殺菌剤に浸して乾燥させてから移植するとよい．それらの材料が収穫直後の場合，休眠している可能性が高いので冷暗所で萌芽するまで保存するか，ジベレリン処理して休眠打破しなくてはならない．これは収穫後も同様である．

② 根付きの植物体の場合：根の損傷を避けるため，溜め水に浸してゆっくりと洗浄する．これを怠ると雑草種子や害虫の卵，病原菌などを温室内に持ち込む可能性が高くなるが，野菜など市販の苗には不要である．その後，ポットに移植して多めに灌水する．

③ 種子の場合：エタノール，次亜塩素酸ナトリウムなどで軽く表面殺菌してポットに播種する．播種深度は種子径の3倍程度が標準となる．牧草や花きのように種子がきわめて小さい材料はシャーレ内の濡れた濾紙上に播種し，培養室などで発芽させ，成育した個体を馴化後（シャーレのふたを取り，温室内に放置する）にポットに移植する．種皮が厚く，吸水しないネナシカズラなど一部の植物種には硫酸処理など特殊な処理が必要となるので，雑草学などの本を参考にして播種する．

なお，①，②の材料を新規に持ち込む際は，温室内の別室または通路などで栽培してウイルス病の有無を確認する．

c. 栽培管理

施肥の基本は過剰に成育させないことである．最小限の成育で栄養体として維持するか，数倍から十数倍に種子数が増加する程度に留めないと，根圏も成育空間も制限された状態であるので倒伏や養分欠乏（過剰）による枯死につながることが多い．このため，①施肥は地上部の成育を見ながら市販の液体肥料を用い，②年に数回は根元に多量に灌水して土壌内に溜まった過剰な肥料分を洗い流す，などの注意が必要である．なお，地上部が過剰に成育した場合は大きめのポットに移植するか，可能であれば株分けした方がよい．

防除に関して，近年の農薬は毒性が低いので，製品に示された使用基準に従えば，処理時が高温である場合などを除き，薬害が発生することはまれである．使用量，使用回数は暖地や寒冷地で異なる場合もあるが，温室の設定温度，季節に合わせればよく，対象植物もイネ科なら麦や水稲に準じればよい（除草剤は除く）．ただし，密室内の処理のため植物ではなく人間に悪影響が出ることが考えられるので，換気に注意するよう心がける．また，耐性菌や耐性昆虫の発生を防ぐために農薬の反復使用は避けてローテーションを守る，高温時の防除は避ける，灌水前に防除しない，農薬の作り置きはしないなど，一般的な注意点は必ず守るようにする．

灌水の量や回数は植物種や使用するポットの種類によって大きく異なるが，灌水時期は地温の低下を避け，十分に光合成させるため早朝に行う．イネのような植物を除き，水をやりすぎて根を腐敗させるよりも，やや乾燥気味の方が成育にはよいことが多いので，冬期間は1～3日に1回とし，夏は朝，晩と用土表面の状況を見ながら灌水する．その際に地上部ではなく根元に灌水して倒伏を避ける．なお，灌水の際には害虫（オンシツコナジラミなど）の発生や病徴が確認しやすいので注意深く観察するとよい．祝日などの灌水を当番制にする場合が多いが，研究室共有の材料ならともかく，自分独自の材料は「他人に任せた段階で実験は失敗」という信念で，自分で管理した方が安心して実験に使用できる．

d. 空調と換気

基本的には熱帯性植物も亜寒帯性植物も25℃で十分に成育し，35℃以上の高温にも5℃の低温にも短期間なら耐えうる．このため，夏以外（月に関しては地域による）の温度は暖房で最低温度を維持し，側窓や点窓の開閉で温度調整は可能である．ただ，最低温度に関して，ダイコンなどのように低温により花芽分化し，長日によって抽台茎が伸長し開花する場合があるが，他殖性植物は種子では保存できない．このため花芽分化しない温度を維持する必要があり，この温度は植物によって異なるので注意する（極端な低温でなくても長期間低温に曝されることで花芽分化することもある）．

温度管理上の問題は盛夏の日中の高温で，冷房で温度を下げる方法がもっとも安全だが，経費や冷房機の故障への対応などの問題がある．簡単な方法としては南側の天井を遮光ネット（遮光率の選択は地域による）で覆って温度上昇を抑える方法と，側窓，天窓を開放した上で換気扇により排熱する方法があるが，いずれにせよ外気温より室温を下げることはできない．よって高温に弱い寒冷地の植物を除き，新規植物の搬入，播種は春までに行い，植物を高温に慣れさせて越夏させた方がよいだろう．

高い温度を管理する際の注意点として，①ポットの色を明色系にして日射による地温上昇を避ける，②過度な換気，灌水は植物体を倒伏させるので支柱やネット（花用の碁盤目上のネットが使いやすい）を使用する，③自殖性植物でも換気などで発生する風により花粉がコンタミネーション（混入）する場合があるので袋掛けするか，同一種は離して栽培する，などがある．

湿度は成り行きに任せるが，灌水のため高めに推移する場合が多く，高湿状態では病害の発生が多くなるので換気に注意する．逆に厳冬期には冷気のため換気が不十分になりがちで，暖房装置により乾燥する場合がある．

e. 照明

人工照明で植物に光合成させて成育させるには強い照度が必要で，それに伴う経費や温度上昇を制御する空気の攪拌，冷房装置の必要性などから，実験材料を冬期間に増殖，採種する目的以外には実用的ではない．このような場合は人工気象室を利用する方が効率的で，材料を維持，保存する温室の照明は日長を調節する際の補光程度と考えた方がよい．

冬期間に高緯度地域の植物を開花，採種するためには，長日条件として栄養成長させ，その後に日長調節を止めて生殖成長させる．このために照明装置は点灯・消灯時間が調節可能でなければならない．春から夏に短日条件が必要な場合はトンネル状に遮光シートで植物を覆うが，播種期などを調整して秋になる頃に短日条件が必要な状態に育てる工夫をする方が簡単である．〔平井　泰〕

参考文献

1) 島本功・岡田清孝：新版　モデル植物の実験プロトコール，秀潤社（2001）．

2.4　遺伝子組換え体の取り扱い

2003年9月11日に，遺伝子組換え生物などの安全な移送，取り扱いおよび利用に関する措置を

講ずることを目的とした「生物の多様性に関する条約のバイオセーフティに関するカルタヘナ議定書」が国際発効した．日本では，2004年2月に「遺伝子組換え生物などの使用等の規制による生物の多様性の確保に関する法律」（カルタヘナ法）が施行され，この法律により，一般使用のみならず試験研究の場合も遺伝子組換え生物などを用いることが規制されることとなった．これにより現在は，遺伝子組換え体の使用に当たっては，研究者一人一人が法令を厳守して実験を行うことが必須となっている．

a. 管理・規則

遺伝子組換え体の使用は，環境への拡散を防止しないで行う第一種使用，そして環境中への拡散を防止しつつ行う第二種使用の大きく2つに区分されている．ここでは実験室内での遺伝子組換え体の使用に重点を置き，第二種使用の遺伝子組換え体の管理・規則について中心的に述べることとする．

実験室内で遺伝子組換え体を扱う場合（第二種使用）でもっとも重要なポリシーは，遺伝子組換え生物に当たるものすべてを実験室より外に出さないということである．具体的には，遺伝子組換え体を扱う実験室，遺伝子組換え体を保管する場所，遺伝子組換え体を扱う実験についての申請が必要である．また，遺伝子組換え実験についての訓練を受けた人間しか実験および管理に携わることはできない．遺伝子組換え体を管理する場所については，P1，P2，P3 が通常用いられる実験室である．それに加え，遺伝子組換え動物を扱う場合は，P1A，P2A，P3A，植物の場合は，P1P，P2P，P3P などの規則に則った申請が必要となる．筑波大学遺伝子実験センターのウェブサイトでは，前述の遺伝子組換え体の譲渡も含め，遺伝子組換え実験関連の書式および作成上の注意について，詳しく紹介されている[1]．書式については，各研究機関内での取り決めにより決定されているが，書類作成をするに当たって便利である．

法律についての最新の詳しい情報は，文部科学省生命倫理・安全対策室ホームページ[2] から得ることができる．遺伝子組換え実験に関する法律は，施行されて間もないということと，非常に重要度の高いものであるということもあり，比較的短い頻度で最新の情報がホームページにおいて更新されているので，注意が必要である．2004年2月より遺伝子組換えに関わる実験に関する取り決めは，"指針"より"法律"になったが，それによって一番大きく異なる点は，違反時には罰則が科されるということである．もっとも重いもので1年以内の懲役もしくは100万円以内の罰金，またはこれの併科となる．注意しなければならない点は，この法律は少しの不注意で簡単に違反してしまう可能性が高いということである．遺伝子組換え体と野生のものとは，見かけ上はまったく区別がつかないことが多い．そのため重い罰則が科されている実験を行っているという自覚を持つことが非常に困難である場合もある．現在のライフサイエンスにおいて欠かすことのできない遺伝子組換え実験を行うためには，遺伝子組換え体に関しての正確な情報を取得し，一人一人の実験者の意識を高めることが必須である．

b. 入手先

遺伝子組換え体の入手先を検索するには，ナショナルバイオリソースプロジェクト（NBRP）のウェブサイト[3] が便利である．NBRP とは，産学官のもっとも能力の高い研究機関を結集し，総合力を発揮できる体制により取り組むことを目的として，平成14年度から文部科学省が新たに開始した委託事業の1つである．ポストゲノム研究に必要な遺伝資源を維持し，研究を支援する研究基盤体制を整備することが本事業の趣旨である．また，植物でのT-DNA挿入変異株などは，アメリカのSALK研究所などからも取り寄せることが可能である．

遺伝子組換え体の入手の場合，つまり本人が譲受者の場合，受け取り自体に関する義務はない．しかし，受け取ってからは譲受者の管理になることを注意しておく必要がある．反対に，遺伝子組

換え体の譲渡者には，譲受者に対して，適正な使用が可能であるために必要な情報提供の義務が生じている．つまり，法律違反が生じたとき，罰則が適応されるのは，譲渡する側であるということである．そのため，譲渡する側は，入手先から譲受者の遺伝子組換え実験申請の情報を確認したり，譲受者側の遺伝子組換え安全主任者の確認を取るなどの，十分な対応をするのが望ましいと考えられる．また，様々な形質転換体などからスクリーニングを行う場合，遺伝子組換え体種子を大量に輸入するケースが考えられる．その場合，大量であるときは植物防疫の法律も考慮しなければならないことを念頭に置く必要がある．

〔岩井宏暁〕

関連ウェブサイト

1) 筑波大学遺伝子実験センター遺伝子組換え実験各種学内書式
   http://www.gene.tsukuba.ac.jp/appli/index.html
2) 文部科学省生命倫理・安全対策室ホームページ
   http://www.mext.go.jp/a_menu/shinkou/seimei/main.htm
3) ナショナルバイオリソースプロジェクト
   http://www.nbrp.jp/index.jsp
4) 世界の遺伝資源関連情報サイト
   http://www.shigen.nig.ac.jp/wgr/top/top.jsp

関連法規

1) 遺伝子組換え生物等の使用等の規制による生物の多様性の確保に関する法律

2.5 組織の保存

バイオ実験において重要な点の1つは，実験の目的に適した材料（品種，部位など），すなわち「良い材料」を使用することである．そして，実験の再現性を維持するためには，「良い材料」を①実験に必要な量を常に確保し，②雑菌の混入や培養室の事故など不測の事態に備えて迅速に増殖できる状態で短期間保存し，③材料の枯死，変異発生に備えて長期間，安定的に保存する必要がある．研究者としてはすべての材料を常に使える状態に保ちたくなるが，それでは継代培養に要する手間と時間，貴重な培養スペースを浪費することになる．保存する材料や方法，期間は研究者の判断によるが，理想的には使用頻度の高い材料は継代培養と長期および短期保存，頻度が中程度の材料は長期および短期保存，頻度が低い材料は長期保存することで多くの状況に対応できる体制になる．ここでは，主に植物組織の保存について述べる．

a. 保存法

短期保存は低温（5～18℃）・低照明下での培養と，培地を成育抑制条件に変えての培養を単独もしくは組み合わせて行う保存法で，継代培養する回数を極力減らすことが主な目的となる．この方法は必要な材料を通常の新鮮培地に移植し，温度を上げることで容易に増殖が可能であるが，特に高浸透圧の培地で1～3年間という長期間にわたって培養し続けると染色体数に異常が発生するなど，変異の発生が報告されている．

長期保存には，液体窒素の気相部の温度である−150℃よりも低い温度で保存する超低温保存が，安定して長期間保存可能であり適している．特に近年，プログラムフリーザーを使用しない簡易な超低温保存法として，ガラス化法やビーズ乾燥法が確立された．これらの超低温保存法は操作性が良く，多くの経費を必要とせず，安定して植物組織を保存できるが，保存後に実験に必要な量に増殖させるのに時間を要する．ガラス化法とビーズ乾燥法を比較すると，後者はグリセリンやショ糖以外の試薬は不要で操作は簡便だが，保存後の生存率，再成育速度は低い．前者は生存率が高く，保存後の再成育も速いが，エチレングリコールなどの試薬を使用し，やや複雑な操作が必要となる．

b. 低温培養の操作

培地は継代培養と同じか，成育抑制のためにショ糖やマンニトールで浸透圧を上げたり，窒素成分量を下げたり，ABAを加えたりすることもある．培養温度は植物が耐えられる限界まで下げるが，具体的には温帯性〜亜寒帯性植物では4〜5

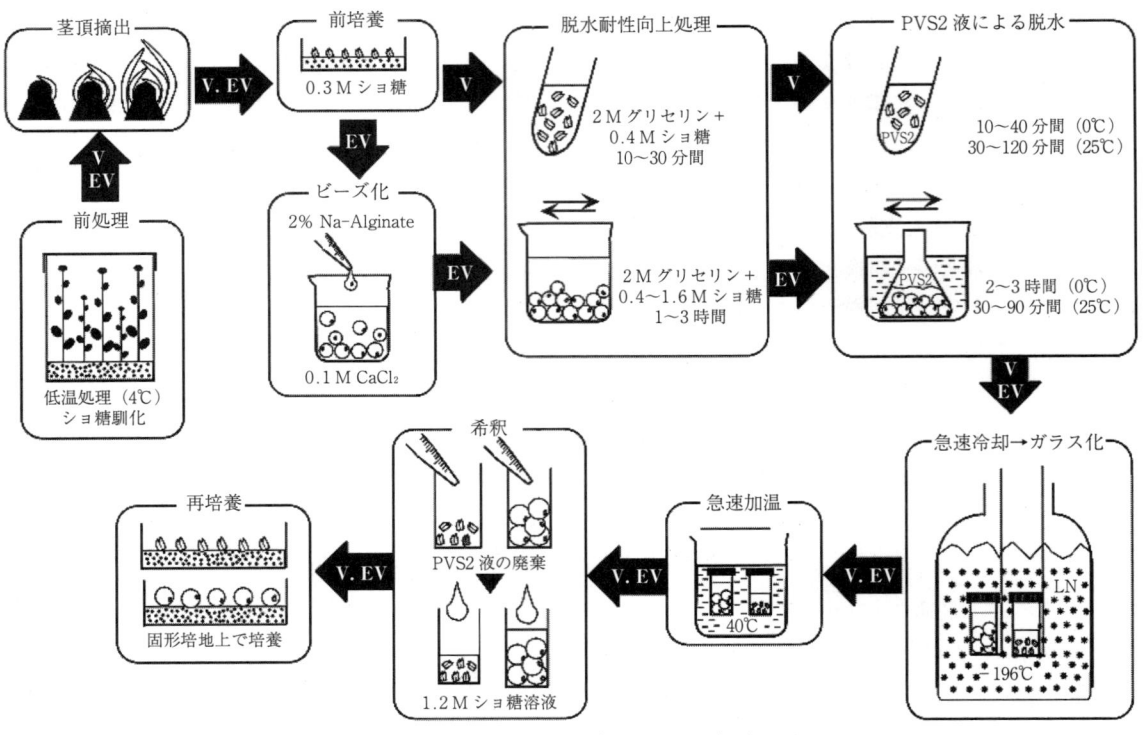

図 2.1 ガラス化法（V），ビーズガラス化法（EV）の流れ

℃，亜熱帯性〜熱帯性植物では 10〜18℃ で培養されることが多い．照明は最小限の照度で十分であり，日長は生理状態を変化させないために長日や短日条件にはしない．

注意点として，冷蔵室は乾燥しやすく，空気が循環しているために雑菌が混入しやすいので培養容器は完全に密閉する．また，冷蔵装置が故障した場合は保存した材料が照明の熱で全滅する可能性があるので，毎日の温度確認，警報装置の設置などが必要である．

c. 超低温保存の操作

PVS2 液[1]を用いたガラス化法と，保存する組織をアルギン酸ナトリウムゲルに包埋してガラス化するビーズガラス化法の手順を図 2.1 に示す．これらの方法は，①茎頂など 1 mm 程度の組織の PVS2 液による脱水への耐性を向上させ，②濃厚な PVS2 液で浸透的に脱水し，液体窒素に急冷することでガラス化，すなわち結晶が発達しない固体にして保存する．②に関しては脱水する温度（氷温か 25℃）と時間を検討すれば十分だが，①に関しては，i) 植物体の前処理方法，低温馴化，ショ糖高濃度培地での成育などの期間，ii) 摘出する茎頂の大きさ，分裂組織を覆う葉原基の数，iii) 摘出した茎頂の前培養条件（0.3 M ショ糖またはショ糖とグリセリンを含む培地）とその期間（16 時間〜3 日），iv) 脱水耐性向上処理のショ糖濃度（2 M グリセリンと 0.4〜1.6 M ショ糖）とその時間（1〜3 時間）などの検討を行う必要があり，それらの条件は植物によって異なる．

薬用植物を含む主な作物の条件は「植物超低温保存マニュアル」（新野孝男ら編，農水省農業生物資源研究所資料，2006）に詳しいが，ここではハッカを例として各処理段階について記載する．なお，ハッカは MS 培地（ショ糖 30 g/L，ゲルライト 2 g/L）を用い，25℃，16 時間日長を基本とする．

① 前処理：1 対の葉と 5〜7 mm の茎からなる節をシャーレに密に植え，継代培養と同じ条件で 24 時間培養して腋芽を分化させ，4℃，12 時間日

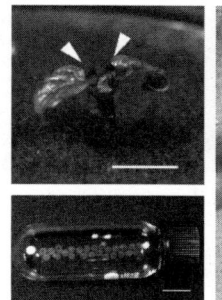

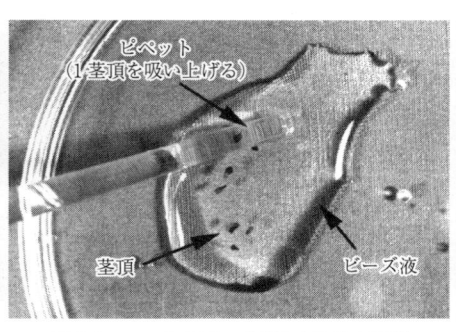

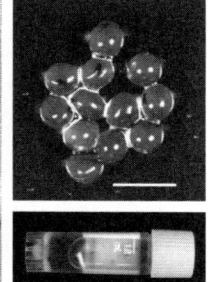

図 2.2 ハッカのビーズガラス化法の手順

長で 3 週間低温処理する.

② 茎頂摘出：1 節から 2 つの腋芽が分化し伸長するため（図 2.2 左上）双方とも節から切り取り, 展開した幼葉を腋芽から除いて長さ 1～2 mm 程度とし, 保存材料とする.

③ 前培養：ハッカでは前培養は不要である.

④ ビーズ化, 脱水耐性向上処理：塩化カルシウムを含まない MS 培地の無機成分, 2 M グリセリン, 0.4 M ショ糖, 2% アルギン酸ナトリウム溶液（ビーズ液）に茎頂を移し, 2 mL のピペットでビーズ溶液と 1 つの茎頂を吸い上げ（図 2.2 中央）, 0.1 M 塩化カルシウム, 2 M グリセリン, 0.4 M ショ糖を含む MS 液体培地にゆっくりと滴下する（図 2.2 右上）. このまま, 25℃で 1 時間振とうして（20 rpm）, ビーズ化（直径約 5 mm）と脱水耐性向上処理を同時に行う（図 2.2 左下）.

⑤ PVS2 液による脱水：カルシウムの溶液を廃棄し, 氷温にした PVS2 液（MS 液体培地, 0.4 M ショ糖, 30%（w/v）グリセリン, 15%（w/v）エチレングリコール, 15%（w/v）ジメチルスルフォキシド）を加え, 3 時間, 0℃ で振とうする（20 rpm）.

⑥ 急速冷却（ガラス化）：1.8 mL のクライオチューブに 10 個のビーズと 1 mL の PVS2 液を入れ（図 2.2 右下）, ふたをシールして液体窒素中に入れる.

⑦ 急速加温：液体窒素から取り出したクライオチューブを 38～40℃ のお湯に直接投入し, 1～2 分間振って急速に温度を上昇させる.

⑧ 希釈：PVS2 液を廃棄し, 1.2 M ショ糖溶液を加えて 10 分間放置して PVS2 液を置換する. この操作を 2 回繰り返す.

⑨ 再培養：継代培養と同じ培地に置床し, 同じ条件で培養する.

【注意点】

① 茎頂をビーズ化しないガラス化法では脱水耐性向上処理時間, 脱水時間ともに短縮できるが, 茎頂をピンセットで直接扱う回数が増えるため, 茎頂を傷付ける場合がある.

② 超低温保存に成功した茎頂は無処理の茎頂に比べて 1～2 日間遅れる程度で成育する. これ以上成育が遅れた場合, 分裂組織に異常が発生している可能性が高い.　　　　〔平井　泰〕

参 考 文 献

1) A. Sakai, S. Kobayashi and I. Oiyama : Cryopreservation of nucellar cells of navel orange (*Citrus sinensis* Osb. var. brasiliensis Tanaka) by vitrification, *Plant Cell Reports*, **9**, 30-33 (1990).

2.6　生細胞の保存

培養細胞は元の組織の細胞と比較して分裂がきわめて速く, 培養中に細胞の形状だけではなく遺伝子レベルでも変異が発生しやすい. 植物の場合, 実験材料として扱いやすい細胞培養系は同じ品種からカルス誘導, 培養すると再度得られるが, 実験に使用できる量まで増殖するためには最低でも 1 ヵ月は必要となる. このため, 実験の再現性を確保するためにも, 培養細胞を長期間安定して保存する必要がある. また, 実験材料として

だけではなく，遺伝子導入により大量に得られた形質転換株や，選別された細胞（例えば薬用成分が高生産性な細胞など）も，当面実験に使用しないのであれば変異の発生を避け，将来の研究に備えて保存しなくてはならない．

植物細胞は動物細胞に準じたプログラムフリーザーを用いる方法で超低温保存されてきた．しかし，2.5節で述べた超低温保存法のガラス化法[1]，ビーズガラス化法や新たに紹介する簡易凍結法[2]は，操作が簡単で，安定して植物細胞を長期保存できる．ここではこれらの新たに開発された超低温保存法を紹介するが，植物別の詳細な処理条件は，前出の「植物超低温保存マニュアル」（新野孝男ら編，農水省農業生物資源研究所資料，2006）などを参照されたい．

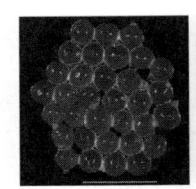

図2.3 ビーズガラス化法で超低温保存したニンジン細胞

a. 保存法
1) 簡易凍結法

凍結防御剤に指数増殖期の細胞を入れ，$-30℃$で予備凍結したあと，液体窒素に保存する．この方法では凍結防御剤が-15〜$-20℃$で凍結を開始して濃度が上がり，細胞を浸透脱水する．これを液体窒素で急冷することで細胞がガラス化し，生存する．予備凍結時間がもっとも重要な要因となり，ニンジン，タバコ，ブドウ，シロイヌナズナなどに適用されている[2]．

2) ガラス化法，ビーズガラス化法

処理の流れは2.5節と同じであるが，細胞を取り扱う場合は細胞をアルギン酸ビーズに包埋するビーズガラス化法が扱いやすい．なぜなら小さな細胞を粘性の高いPVS2液で直接処理すると，細胞を沈殿させて液を交換するための時間がかかるが，ビーズ化する場合は最初に手回し遠心器で1回遠心するだけでよいためである（次項参照）．

b. 実際の操作
1) 簡易凍結法

① 指数増殖期の細胞を遠心して集め，凍害防御剤（2Mグリセリンと0.4Mショ糖を加えた基本培地）を加えて撹拌し，遠心して上澄みを捨て，再度，凍害防御剤をPCV（packed cell volume）の1〜3倍加える．

② クライオチューブに一定量を移し，室温で10〜15分間凍害防御剤処理したら$-30℃$のフリーザー気相部に入れ，予備凍結する．この時間は大きな細胞塊の多いニンジンで10〜12時間，単細胞か小さい細胞塊（2〜数個）からなるタバコ（BY-2）は2〜4時間である．

③ 液体窒素に気相部に入れ，長期保存する．

④ 液体窒素から取り出したクライオチューブを35℃の温水中で急速加温し，試験管に移して5倍量の1.2Mショ糖を含む基本培地を加えて10分間放置する．

⑤ 固形培地で培養する場合は濾紙上に滴下し，4時間後に新しい固形培地に移す．液体培養する場合は，ショ糖を含まない基本培地を徐々に（30分ごと）に加えて希釈し，培養する．

2) ビーズガラス化法（ニンジン）

① 指数増殖期の細胞（培養10日後）を篩に通し，目的とする大きさの細胞塊を集める．脱水などの処理時間は細胞塊の大きさに依存するので，処理時間を決めるために一定の大きさに揃える．ただし1mm以上の大きさでは脱水が不十分になる．

② PCVを0.02mL/mLとなるようにビーズ液（2.5節参照）を加えて撹拌する．

③ パスツールピペット（1mL）で溶液を吸い上げ，0.1M塩化カルシウム，0.4Mショ糖を含む基本培地にゆっくりと滴下し，25℃で30分間放置してビーズ化（直径約3mm）する．

④ 0.3Mショ糖を含む基本液体培地でビーズを1日振とう培養する．培地量はビーズ1〜2個あたり1mLとする．

⑤ 培地を捨て，2Mグリセリン，0.4Mショ

糖を含む基本培地で30分間振とうして（20 rpm）脱水耐性向上処理する．溶液を廃棄し，氷温にしたPVS2液を加え，0℃で1時間振とうし，脱水する．

⑥ 1.8 mLのクライオチューブに10個のビーズと1 mLのPVS2液を入れ，ふたをシールして液体窒素中に入れる．

⑦ 液体窒素から取り出したクライオチューブを38～40℃の温水に直接投入し，1～2分間振って急速加温する．PVS2液を廃棄し，1.2 Mショ糖溶液を加えて10分間放置してPVS2液を置換する．この操作を2回繰り返す．

⑧ 継代培養と同じ固形培地に置床するか，液体培地にビーズを移して同じ条件で培養する．

〔平井　泰〕

参 考 文 献

1) A. Sakai, S. Kobayashi and I. Oiyama : Cryopreservation of nucellar cells of navel orange (*Citrus sinensis* Osb.) by a simple freezing method, *Plant Science*, **74**, 243-248 (1991).
2) 川原良一・秋田和子：培養細胞の簡易凍結法による超低温保存，組織培養，**22**, 348-352 (1996).

2.7 試料の乾燥と濃縮

個体や組織，細胞という生きている状態での保存と同時に，抽出したものや，抽出前の試料を安定に保存することも大切である．酵素やオルガネラなどの保存は，40～50％のグリセリンを含む緩衝液で冷凍保存するのが一般的だが，試料を乾燥させることで，安定に長期間保存することも可能である．ここでは，抽出した試料の濃縮と乾燥について概説する．

a. 乾　　燥

生体試料を乾燥させたり，付着水による湿りや，抽出と精製の過程で使用した溶媒を気化させて取り除くための乾燥法には，加熱による方法，減圧による方法，乾燥剤による方法がある．水分を大量に含む生体試料では，加熱と減圧の組み合わせ，タンパク質が対象となる場合には凍結乾燥法が用いられることも多い．特殊な例として，結晶を生長させるために常温常圧でゆっくりと乾燥させたり，液量が少ないときに金魚用の空気ポンプからの送風をニードルで液面に当てて蒸発を促す方法などがある．

1) 加熱を伴う乾燥

比較的高温で試料の水分を蒸発させる．ガラス器具の乾燥，実験後の生体試料の処理などに多用される．

i) 機 器　乾物重を測定するためには定温乾燥器，あるいは内部にファンを持つ定温乾燥器を利用するのが一般的である．生物試料を処理するためや，シリカゲルを再生する場合には電子レンジを用いることもある．

ii) 温度と時間　標準的な乾物重の測定以外では，試料や器具の乾燥プロセスは，研究室の慣習によるものが多い．一般的には80℃から140℃程度の温度が用いられるが，加熱時間などは様々である．

iii) 乾物重の測定　乾物重の測定には，試料を105℃の定温乾燥器に入れ，一定時間ごとに秤量する．試料の重さは乾燥とともに減るが，ある時点から酸化が始まり重さが増すようになる．この，重さが増加する直前の値を，試料の乾物重とする．しかし，これ以外にも，100℃で1時間置いてから80℃で重さが変化しなくなるまで乾燥する，70℃で72時間以上，105℃で24時間以上など，分野ごとの標準的なプロセスがある場合には，これを守る．

iv) 乾燥後の試料の保存など　試料は，デシケーターで保管するか，真空パックすることで吸湿を避けて保管する．

2) 減圧を伴う乾燥

大量の水を含む試料の乾燥には，減圧による気化や昇華を応用する．加熱を嫌う試料の場合には，気化熱を利用した凍結乾燥が有効である．凍結乾燥には試料への熱の影響がない，乾燥物の再溶解がきわめて容易である，乾燥物の組成が比較的均一であるなどの利点があるため，タンパク質試料などの乾燥に適している．主に濃縮の目的で

使用されるロータリーエバポレーターについては次項で述べる.

i) 機器 冷凍庫か冷媒で予冷した試料を真空容器に収め，真空ポンプで減圧することで目的は達せられる．なお，真空ポンプの性能を保つためには，ポンプへの水蒸気の浸入を防ぐトラップが必要である．

ii) 操作 生体試料は $-20 \sim -40$ ℃ に予冷してから減圧するのが一般的ではあるが，真空ポンプの能力が高い場合には，いきなり減圧しても気化熱によって試料は急速に冷却される．なお，溶液の状態から凍結乾燥を始めると突沸してしまう．これを防ぐために，真空容器中で試料を低速遠心しながら乾燥させる遠心エバポレーターも市販されている．

iii) 乾燥後の試料の保存など 溶液試料を乾燥したあと，再び元の濃度の溶液に戻す場合には，乾燥前に液量を測定しておくこと．

3) 乾燥剤による乾燥

試料を乾燥状態に保つためには，乾燥剤を用いる．乾燥剤には，試料と反応しないこと，乾燥速度が速いこと，乾燥容量が大きいこと，吸湿力の低下が容易に確認できることなどの条件を満たす必要がある．また，固体に付着している水を除去するのか，気体や液体中の水分を除去するのかによっても，乾燥剤を選択する．

i) 乾燥剤

① シリカゲル（$SiO_2 \cdot nH_2O$）：広く使われている乾燥剤．乾燥後の空気中に残る水は 1×10^{-3} mg/dm^3 であり，気体，液体，固体のいずれの乾燥にも利用できる．シリカゲルは多孔性で，2〜10% の水分を吸収し，脱水されたものほど吸湿力が大きい．塩化コバルトで着色されているシリカゲルは吸湿すると淡赤色になり，能力の低下が色で判断できる．吸湿したシリカゲルは，電子レンジで加温することで容易に再生できる．フッ素およびフッ化水素を含む化合物には使用できない．

② 塩化カルシウム（$CaCl_2$）：生物学での試薬としては二水和物が用いられるが，乾燥剤には無水のものを用いる．乾燥後の空気中に残る水は，0.1 mg/dm^3 であり，気体，液体，固体いずれにも利用できるが，酸，エタノールなどには使用できない．潮解性のため，吸湿後は流れやすくなる．

③ 五酸化リン（P_2O_5）：気体の乾燥に用いられることが多いが，液体や固体の乾燥にも使用できる．乾燥後の水分は 2×10^{-5} mg/dm^{-3} まで低下する．塩基や重合性物質には使用できない．

④ 濃硫酸（H_2SO_4）：洗気瓶を用いた気体の乾燥に利用され，残留する水分は 3×10^{-3} mg/dm^3 である．

ii) 操作 試料が固体の場合には，デシケーターなどに乾燥剤とともに試料を入れる．乾燥剤はシャーレなどに広げて入れると交換などが容易に行える．細胞生物学実験では，液体を乾燥することは少ないと考えられるが，エタノール中の水分を除く場合などには，溶液中に乾燥剤を入れて混合し，十分な時間をおく．固体の乾燥剤で気体を乾燥する場合には，気体の流路の途中に乾燥剤を充填したU字管などの乾燥器を取り付ける．濃硫酸など液体の乾燥剤を利用する場合には，気体と乾燥剤との接触面積を大きくできるような器具を用いる．

iii) 冷凍，冷蔵保存している試薬への結露防止 1.3節「試薬」の項目を参照．

b. 濃　　縮

試料の濃縮には，加熱と減圧によって水や溶媒を蒸発させる方法以外にも，透析膜や限外濾過膜の利用，沈殿による方法などが考えられる．通常は，含まれる物質の変性や失活を防ぎながら濃縮することが前提となる．

1) ロータリーエバポレーターによる減圧加熱濃縮

試料液を入れた容器を傾けながら回転させて，容器内面に薄く広げて表面積を大きくする．この状態で容器内を減圧し，さらに試料液を穏やかに加温して溶媒の蒸発を促進させる．容器や減圧と加温の程度を調節することで，様々な溶媒に対応できる．

i) 構造と操作 装置は，ナス型または円形などの試料フラスコと，これを回転させるモーターユニット，冷却管，凝集した溶媒を回収する受けフラスコなどを気密を保ち接続して組み上げ，試料フラスコの角度や高さを調節するためのジャッキに据え付けたロータリーエバポレーター，減圧するための水流アスピレーターまたは真空ポンプ，試料フラスコを加温するウォーターバス，必要に応じて排気中から溶媒を回収する冷却トラップなどを組み上げて構成されている．

濃縮は，組み上げたロータリーエバポレーターに試料フラスコをセットし，冷却管に冷却水を通す．アスピレーターを作動させたら，ゆっくりとコックを開けて装置内部を減圧する．このとき，試料が突沸することがないように留意する．穏やかに作動し始めたら，あらかじめ所定の温度に加温しておいたウォーターバスに適切な角度で試料フラスコを付ける．必要な濃度が得られたら，装置を止め，温度が下がるのを待って試料を取り出す．

ii) 注意 蒸発した溶媒は冷却管で凝集して回収できるように設計されているが，有機溶媒を用いる場合には，超低温の冷却トラップを設けて大気中に放出されないように留意することが必要である．

2) 透析膜や限外濾過膜を用いた遠心による濃縮

高分子を通過させない透析膜や限外濾過膜を用いて濃縮や緩衝液の交換を行う方法．セルロース膜やコロジオン膜での透析は古典的な方法だが，限外濾過膜を利用して分画分子量や液量に対応する製品が市販されている．冷却したままの状態で，迅速に試料液を濃縮できるので，タンパク質溶液の濃縮などに用いられる．

市販されている樹脂製の使い捨てユニットには，フィルターで溶液を濾過するのに遠心力を利用するものが多いが，注射筒を利用して容器内に空気で圧力をかけて濾過するものもある．遠心力を利用するものでは，濾液を受ける下部の遠心チューブに，底にフィルターが貼り付けてある上部のユニットをセットし，この上部ユニットに試料液を入れて遠心を行うものが多い．しかし，この方法では沈殿によるフィルターの目詰まりが起こりやすいため，溶液の上面にセットしたフィルターが落ち込みながら濾液を上部のユニットに排出するタイプの製品もある．処理できる液量も，$500\,\mu L$ 程度から $50\,mL$ 程度まで各種のサイズがあり，分画できる分子量にも一例として，3,000, 10,000, 30,000, 50,000, 100,000 kDa などが存在する．使用に当たっては，それぞれの製品のマニュアルの指示に従う．

3) 吸収体による濃縮

遠心ではなく，高分子吸着体などによって水分を吸収することで濃縮する方法．試料液に吸収体を直接添加する方法と，膜によって吸収体と試料のスペースが隔てられている使い捨てのユニットを利用する製品とが市販されている．分画分子量によって製品を選択したり，液量による吸収体の添加量が指定されている．

透析チューブに試料を入れて封じ，重合度の高いポリエチレングリコールなどの上で転がすことで，次第に水分が取られてチューブ内の溶液を濃縮する方法もある．試料の液量が多い場合などの簡便で安価な濃縮が可能な方法である．

4) 沈殿による濃縮

タンパク質は，試料液に約 2 倍容の冷アセトンを加えることで容易に沈殿させることができる．軽く遠心して沈殿を回収し，アセトンを気化させてから適当な緩衝液に溶解することで，濃縮と緩衝液の置換が可能である． 〔野村港二〕

参 考 文 献

1) 日本分析化学会編：分析化学実験の単位操作法，朝倉書店（2004）．
2) 日本化学会編：実験化学ガイドブック，丸善（1984）．

3. 観察と記録

　個体，器官，組織あるいは細胞などのマクロな形態から細胞内の微細な形態に至るまで，生物学では様々なレベルの形態を観察し，それらの特徴を記録する．また，必要に応じて，形態や構造の経時変化を記録し，成長や分化など動的変化の指標とする．記録には画像として記録する場合と数値として記録する場合とがある．画像を記録する方法として，現在では，CCDカメラにより取得したデータを電子画像として保存する方法が主流である．カラーCCDカメラを用いれば，色に関するデータも同時に記録され，画像解析ソフトウェアによって後で数値化することもできる．形状や色に関するデータを数値によって記録する場合，数値によって何を表現したいのかを決めることが重要であり，それによって測定のパラメーターが選択される．

〔増田　清〕

3.1 マクロな形態観察と測定

　マクロな形態を観察し，満足のいく画像として記録するには多少の経験が必要である．画像の良し悪しは，撮像装置の平面解像度，被写界（焦点）深度，諧調，被写体の色調，照明の方法，画像の取得範囲，背景色とのコントラストなど，多くの要素によって決まる．

a. 観察と記録法
1) 観察法

　個体・器官などを拡大して観察する場合には実体顕微鏡を用いる．実体顕微鏡の拡大の原理は通常の顕微鏡と同じであるが，実体顕微鏡では観察試料に対し上方から光を当て，表面の反射光を観察することが可能で，この使用法が実際の使用法として透過光源を用いることより多いと思われる．その意味で，肉眼による観察の延長と考えてよい．拡大率は40倍程度までであり，数mm程度の対象の観察に適している．

2) 記録法
i) CCDカメラ

　CCD（charge couple device）カメラは光を捕捉したホトダイオードが光量子数に応じて起電する現象（光電効果）を利用して画像を取得するカメラである．CCDカメラの受光部には，ホトダイオードと電荷転送素子が一体となったデバイスが二次元的に配置されている（図3.1）．CCDカメラの平面的解像度はホトダイオードの数に依存する．例えば1,280×1,024のデバイスを持つものであれば130万画素ということになり，一般的には画素数の多いカメラほど平面

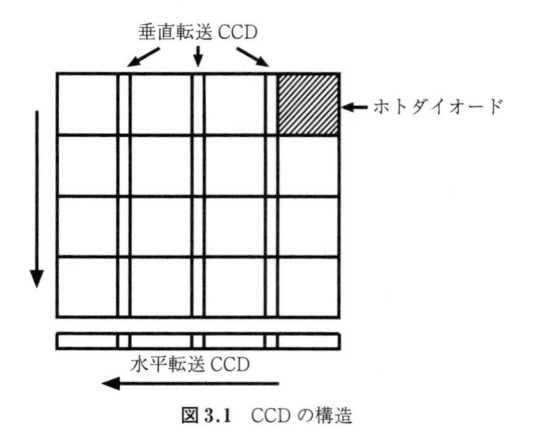

図3.1 CCDの構造

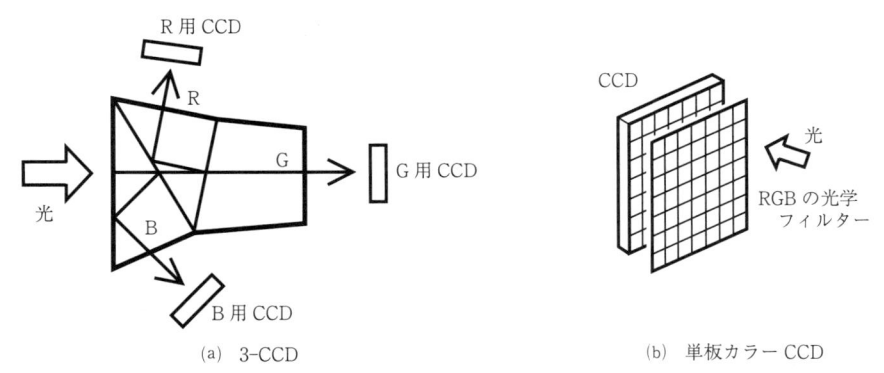

図 3.2 カラー画像取得装置
(a) 3-CCD
(b) 単板カラー CCD

解像度が高い．ホトダイオードで発生した電気信号は電荷転送素子によって読み出され，平面を構成する電気信号として送り出される．

送り出された信号をコンピューターに取り込み，画像としてディスプレイ上に表示して被写体を観察することができる．また，画像を電子ファイルとして電子媒体に記録することが可能である．観察した画像を電子ファイルとして記録する利点として，取得した画像をコンピューターで加工することが可能であること，画像解析ソフトウェアを用いれば画像に関する様々な情報を数値として抜き出すことが可能であること，ファイルの保存と管理が容易であることなどが挙げられる．

CCDカメラの性能として，ノイズの低さは高感度で撮影する上で重要である．ノイズには大きく分けて，ホトダイオードの暗電流に起因するノイズと読み出し過程で発生するノイズとがある．暗電流によるノイズは熱により発生するので，ホトダイオードを冷却することによって低減される．暗電流は7〜8℃下げることにより1/2に減少するといわれている．そのため，冷却温度を下げることで，より微弱な信号をノイズと区別して取り出すことができるようになる．生物学一般に利用するCCDカメラとして，目的に応じて10℃から−40℃程度にまで冷却するものが広く利用されている．

一方，読み出しノイズは信号を取り出す際に生じ，高速で読み出しを行うCCDではノイズが高い傾向にある．受光素子が荷電を蓄積できるタイプのカメラは1回の読み出しでホトダイオードの荷電を取り出すことができるので，微弱な光を捉えるのに有利である．また，ホトダイオードを連結（ビニング）してCCD上で電化を加算し，信号を増強する技術もある．この場合読み出しの回数は変化しないので，ノイズ成分は増加しない．

CCDカメラは基本的にモノクロである．カラー画像を取得するカメラには大きく分けて2つの方式がある（図3.2）．1つは，プリズムでR (red)，G (green)，B (blue) に分解した画像を3台のCCD素子で取り込み，取得した画像を重ね合わせて，カラー画像を再現する．このタイプのカメラでは，1台のカメラに3個のCCD素子が組み込まれている．もう1つは，個々のホトダイオードにR, G, Bの光学フィルターを取り付けた受光素子を用いるものである．この方式のカメラでは，R・G・Bそれぞれの信号を位置情報とともに読み出し，ディスプレイ上にR・G・B画面として表示する．ほかに，CCDカメラの前面に切替え可能なRGBの色フィルターを挿入し，1つの画像に対しフィルターを替えることによってRGBの画像を取り込む方法がある．この方式でカラー画像を取得する装置は，多くの場合，顕微鏡に取り付けて使用する．いずれの方式でも，ホトダイオードから読み出された信号を最終的にディスプレイ上でそれぞれに対応する色に変換し，1枚のカラー画像とする．

カラーでの撮影の場合にもCCD冷却の効果は十分得られる．特に個体や器官の化学発光を高品

位で記録したり，顕微鏡下での蛍光や化学発光を記録したりする場合には冷却CCDカメラの使用は必須である．また，冷却CCDカメラは露出時間を短く設定できるため，顕微鏡撮影の場合，フォーカスが滑らかに調節できるという利点がある．

　CCDカメラには通常レンズが付いていない．顕微鏡に取り付ける場合には顕微鏡とカメラをつなぐアダプターが必要である．一眼レフカメラの交換レンズを取り付けることもできるが，この場合もマウントサイズを合わせるアダプターが別に必要である．画像信号をコンピューターに取り込むにはフレームグラバーボード（画像取得ボード）をコンピューターに取り付けなければならない場合がある．

　以上のように，観察／測定装置は，CCDカメラ，フレームグラバーボードを取り付けたコンピューター，画像解析ソフトウェア，ディスプレイ，記録媒体で構成されている．日常生活でスナップ撮影などに用いるCCD（デジタル）カメラはそれらすべてを組み込んだものである．このような一体型CCDカメラの多くは，レンズ移動によってかなりの近接撮影ができるようになっており，設置も楽であるので使いやすい．しかし，マクロな形態の記録に用いる場合には，ある程度のマニュアル設定が可能であることが望ましい．

ii) 銀塩フィルムによる画像の記録

いわゆる写真用フィルムに記録する方法であり，画像の情報はプラスティック上の銀粒子として保存される．長期間安全に保存することができるが，複製により情報が失われたり，加わったりするので，原則としてオリジナルの1枚だけが利用される．画像処理が困難であるので，電子画像に変換して利用することが多い．銀塩フィルムは，電子顕微鏡の画像記録や，サザン／ノザンハイブリダイゼーションでのプローブの検出などでは依然多用されている．

b. 記録の実際

　市販の一体型CCDカメラを用いて近接撮影する場合の要点を以下に列挙する．

1) 露光時間と絞り

　露光時間と絞りをオート（カメラまかせ）にセットして撮影できなくはないが，被写界深度（鮮明な画像として撮影できる距離範囲）を調整したいときには，マニュアルに設定し，絞り優先で撮影する．絞りを小さくすれば（絞り値を大きくする）被写界深度が増大するので，奥行きのある試料の全体を鮮明に撮影したいときなどはそのように設定する．露光量を一定に保つとすると，その分だけ，長い露光時間が必要となる．露光時間が長くなったときの問題は手ぶれである．最近のカメラには手ぶれ防止機構が付いているものがあるが，効果については実際に撮影して判断すべきである．手ぶれ防止機構を持つかどうかは別として，三脚やスタンドにカメラを固定して撮影することを勧める．マクロ撮影では，適切な露出量の判断が難しいので，何段階かに変えて撮影しておき，大型のディスプレイに表示するかプリントして，適切な露出のものを選択する．

2) 照明

　照明の光源は写真撮影用のフラッドランプや蛍光灯などが，カメラの設定を変えることによって使える．いずれの場合でも光源からの発熱があるので，必要以外のときには電源を切るようにする．撮影光源によって影ができないように光照射の方向を変える．特に，プラスチックディッシュやガラス板に試料を載せた場合には反射による影に注意を払うことが必要である．カメラをスタンドに固定し，光源にライトボックスを用いれば，銀塩フィルムやCBBで染色した電気泳動ゲルを撮影することができる．

3) フォーカス

　オートフォーカスで撮影すると，目的の被写体にフォーカスが合わないことがある．そのような場合，マニュアルで撮影距離が設定できるものであるならば，フォーカスを試料との距離で設定することができる．

4) 背景色

　カラーで撮影した画像でも，論文として発表す

る場合など，モノクロに変換することがある．その場合，背景の色によって試料とのコントラストがなくなり，不明瞭な画像となってしまうことがある．それゆえ，できるだけコントラストの大きな背景色を選ぶようにする．多くの場合，黒あるいは白の背景を用いれば，どちらかのもので良好な画像が得られる．

5） スケールと大きさの測定

画像解析ソフトウェア上で，長さや面積，輝度，色調など様々な測定が行える．マクロな測定では，測定器による誤差が問題になることはないが，ミクロな測定では顕微鏡や撮影装置に起因する誤差が生じやすい．例えば，顕微鏡では個々のレンズによる倍率の違いや，光学レンズの周辺部の歪みなどが誤差の原因となる．正確な測定を行うために，標準となるスケール画像を取得しておくのも1つの方法である．特に，マクロ画像の取得では，同じ条件でのスケール画像の取得は必須である．

c． 画像の保管

取得した画像は，JPEG，TIFF，あるいはPICTフォーマットで保存する．Photoshopで加工したあとはPSDフォーマットで保存されるかもしれないが，特に問題はない．容量が大きく，扱いに困るとき以外はファイルを圧縮しない．画像に何らかの処理を施すときには，取得したオリジナル画像には手を加えず，必ず複製した画像を処理するようにする．コンピューターに取り込んだ画像のファイルは，必要に応じて，ハードディスク，CD，DVD，光磁気ディスクなどの媒体にコピーして保管する．

d． 測定器の保守

CCDカメラを取り外したときには，内部の素子に触れないようにし，マウントから埃が入らないようにふたをして保管する．内部の掃除が必要な場合には，メーカーに依頼したほうがよい．

〔増田　清〕

3.2　ミクロな形態観察

ロバート・フックが細胞に関する最初の報告をして以来，顕微鏡は生物学の主要な研究道具であり続けてきた．現在の光学顕微鏡の原型は，アッベやツァイスの時代にはすでに完成し，拡大率も現在のものに近いものがすでに開発されていたが，切片ではない細胞や生きた細胞の微細構造を観察するという目的には，必ずしも満足のいく機能を持つ道具ではなかった．光学顕微鏡を超える分解能を持つ電子顕微鏡も，分子と形態とを結び付ける研究領域において多くの貢献をしたものの，生きた細胞の観察という点では無力であったのである．しかし20世紀に入り，微分干渉顕微鏡，共焦点顕微鏡，蛍光顕微鏡などの光学系が開発され，それとともに画像の取得や処理技術が進歩し，生体分子を標識する蛍光プローブが容易に入手できるようになって，光学顕微鏡は，特定の分子の細胞内分布やダイナミックスを視覚化するための欠くことのできない道具となった．これらの研究領域は，新たな光学顕微鏡関連技術の開発に支えられ，今後ますます発展するものと期待されている．光学顕微鏡とそれに関連する機器は膨大にあり，それらを利用する目的や，取り扱う技術を網羅して解説するのは至難である．目的に即した具体的な事項については優れた書物が刊行されているのでそちらに譲るとして[1,2]，本節では光学顕微鏡を実際に使用する上で必要な最小限の知識を記述する．

a． 光学顕微鏡

1） 原　理

i） 拡大の原理と分解能　　凸レンズは焦点距離内の物体を拡大して虚像を作る．一方，凸レンズの焦点距離より遠くに置いた物体は拡大して実像を作る．対物レンズは焦点距離の外にある像を拡大して実像を作るレンズであり，接眼レンズは焦点距離内に置いた像を拡大して虚像を作るレンズである．原理的に光学顕微鏡は2枚の虫めがね

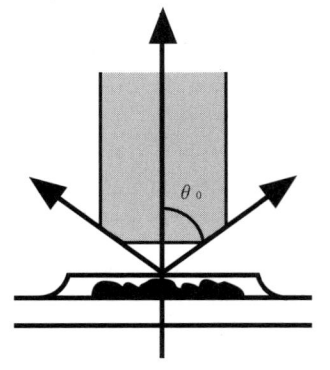

図 3.3 対物レンズが捉えることができる回折光の最大振れ角（θ_0）

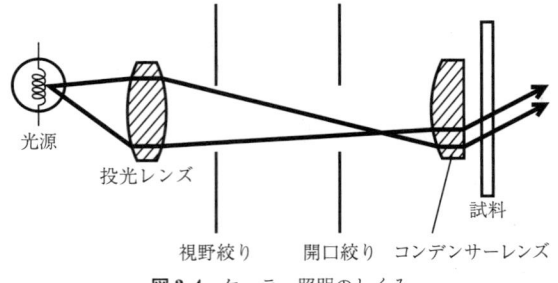

図 3.4 ケーラー照明のしくみ

レンズを組み合わせ，実像と虚像を作って，拡大率を上げたものである．対物レンズなどには1本の中に多数のレンズが組み込まれているが，その目的は主に像の歪みを除き，観察像での色のズレを防ぐことにある．

生物の組織は透明で，多くの場合ほとんど無色である．しかし，染色を施していない細胞や組織でも，顕微鏡にセットすれば何らかの像が見える．その理由として，試料を通過した光が，試料の中で回折し，干渉し合って明暗として見えるとする考え方が一般的である．つまり，試料は無数の回折格子であり，光に波動性があるために拡大されると考えるのである．しかし，顕微鏡による拡大に限界があるのも，光に波動性があるからなのである．

回折格子を通過した光は，屈折して様々な方向の回折光を作る．そのうちある一定の振れ角を持った回折光だけが，波動が強められて進む．このとき，格子の間隔と振れ角との関係は次の式で表される．

$$\delta = \frac{\lambda}{n} \cdot \sin\theta$$

（θ：回折光の振れ角，δ：格子の間隔，λ：光の波長，n：媒体の屈折率）

格子の間隔がδの場合，上の式が成り立つ角度で回折した光（とその整数倍の光）だけが波として強め合うことになる．式から，格子の間隔が狭まれば，回折角は大きくなることがわかる．顕微鏡で見えるためには，回折光や直進する光が結像面で干渉し合うことが必要で，もし干渉がなければ，いくら対物レンズの倍率を上げても見えるようにはならないのである．生体試料を光の進行を防げる無数の格子の集合体と考えると，限界以下の距離にあるものが識別できない理由は以上のように説明される．

このような原理に従うと，振れ幅の大きな回折光を捉えられる対物レンズはそれだけ小さい物体が見えるということになる（図3.3）．レンズが捉えられる最大振れ角をθ_0とし，回折格子の間隔δと振れ角θとの関係を示す式に，実際の数値を入れると顕微鏡の分解能（2点が区別できる最小の距離）が計算できる．いま，波長：546 nm，媒体の屈折率：1.0，θ_0：75°とすると，式から約$0.3\,\mu m$の分解能が計算される．

ii) ケーラー照明 現在の生物顕微鏡には例外なくケーラー照明が採用されている．この照明装置では，光源ランプを出た光は，次のような経路を経て試料を照射する．光源ランプの光はまず投光レンズによってコンデンサーレンズ絞りの位置に焦点を結ぶように集められる．コンデンサーレンズ絞りを通過した光はコンデンサーレンズを通って試料を照射する（図3.4）．コンデンサーレンズはコンデンサーレンズ絞りの位置に焦点を持つように配置されているので，結果として，試料は様々な角度の平行光束で照射されることになる．投光レンズとコンデンサーレンズ絞りの間にもう1つ絞りが置かれている．この絞りは視野絞りと呼ばれる．

ケーラー照明の優れた点は，試料がムラのない均質な光で照射されること，視野絞りを調節し観

察領域を変えても光量が変化しないこと，コンデンサーレンズ絞りの口径を変えることによって，視野面積を変化させずに明るさが変えられることである．しかし，実際には，コンデンサーレンズ絞りを変えると，観察像のコントラストなど画質も変化する．それゆえ，コンデンサーレンズ絞りを変化させたとき，観察像がどのように変わるのかを知っておくことが必要である．

2) 種類

光学系の違いによって，暗視野顕微鏡，（微分）干渉顕微鏡，蛍光顕微鏡，位相差顕微鏡，実体顕微鏡などに分類される．これらの特殊な光学系を装備していない顕微鏡を明視野顕微鏡と呼ぶことがある．また試料に対し上に対物レンズがあり，下から観察光を照射するように光学系が組み立てられているものを正立型顕微鏡，逆に上から照射するように光学系が組み立てられている顕微鏡を倒立顕微鏡と呼ぶ．暗視野顕微鏡，（微分）干渉顕微鏡，位相差顕微鏡は光の干渉によって生じる明暗のコントラストを利用して観察するためのものであり，それゆえ無染色の試料の観察に威力を発揮する．

3) 観察の実際

i) 明視野照明装置の調整 使用前にケーラー照明の調節をする．これはコンデンサーの上下位置と光軸の調整であり，以下の手順で行う．一度調整すれば，原則として再調整する必要はないが，重要な観察や，画像の取得をする場合には，事前にチェックしておいた方がよい．

① 試料をステージに載せ，対物レンズを $10\times$ にセットする．

② コンデンサーを上に移動させ，スライドグラスぎりぎりにまで近づける．

③ 試料にフォーカスを合わせ，コンデンサーをゆっくり下げる．鮮明な視野絞り像が見えるので，その位置に合わせる．

④ 視野絞りが視野の中央からずれていたら，コンデンサー調節ねじを回して絞りが中央にくるように調整する．

⑤ 調整が終わったら，視野絞りを開き，絞りが視野に内接するようにする．

ii) コンデンサーレンズ絞りと光量の調整

コンデンサーレンズ絞りを対物レンズの開口数の80％程度に合わせる．そうすることにより，コンデンサーレンズ絞りを開放にしたときの状態より視野が若干暗くなる．したがって，経験的には視野の明るさを見ながらコンデンサーレンズ絞りを調節することもできる．この調整は対物レンズや試料を変えたときには必ず行う．

コンデンサーレンズ絞りは，基本的に視野の明るさを調節するためのものであるが，画質にも影響する．コンデンサーレンズ絞りを小さくすると，視野が暗くなると同時に，コントラストが増大する．同時にフォーカスの幅も広くなり，対物レンズに近い部分から遠いところまで見えるようになる．極端に絞ると，コントラストが増大し，像が見やすくなるが，逆に解像度は低下する．

試料の厚みにもよるが，画像の記録も同時に行う場合，冒頭に述べた絞り設定値から極端に変えない位置にコンデンサーレンズ絞りを合わせる．もし画像にコントラストが必要なら，取得後の画像をコンピューターソフトウェア上で処理し，コントラストを増強する方法を勧める．

光源には，多くの場合ハロゲンランプが使用されている．ハロゲン光源の色調は自然光より赤みがかっている．色調（色温度）は光源ランプにかかる電圧によっても変わるので，顕微鏡によって指定された光量つまみの位置に設定し，さらに青色のフィルターを挿入して色補正をしなければならない．しかし，最適な光量に設定すると，視野が明るすぎることがある．その場合には，減光用のフィルターを挿入して光量の調節を図る．このような光源の色調調整はカラー画像を取得する場合には必ず行う．一方，モノクロ画像を取得する場合には，緑色のフィルターを用いる．これらのフィルター類は通常顕微鏡に内蔵されている．

iii) その他の光学系の調整と観察 落射型蛍光顕微鏡の調整は主に光軸合わせと焦点位置の調整である．調整は光源ランプを挿入する際に行う．それ以外の場合は通常必要ないが，ランプハ

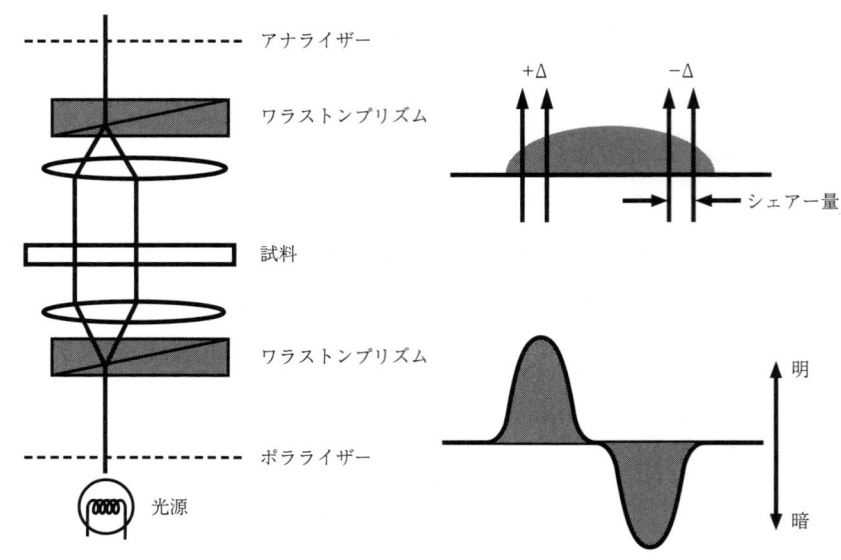

図 3.5 微分干渉顕微鏡の原理

ウス内部は高温になるので，温度により位置がずれることがあるかもしれない．水銀ランプの耐用時間より前に画像が暗くなった場合や，視野にムラが出るようになった場合には，焦点の位置と光軸を調整してみる必要があるだろう．

光源ランプは，点灯後約15分間は消灯しない．また消灯後15分間程度は再点灯しない．微分干渉光学系が装着されている顕微鏡では，蛍光観察を行う際，ポラライザーとアナライザーを解除する．落射型蛍光顕微鏡では，対物レンズの倍率を上げると光束が集中するので，励起光が強くなると同時に退色も早くなる．退色防止のため，必要以外の時には照射を遮断する．

位相差光学系と微分干渉光学系の調整部位は，比較的手に触れやすいところにあるので，蛍光光学系より頻繁に調整する必要があるかもしれない．また，コントラストが極端に強かったり弱かったりしたときには調整を試みる．

4) 清掃と保守

正立型ではコンデンサーレンズと視野絞り上面のガラスに埃が付きやすいので，使用しないときにはステージにダミーのスライドグラスを載せ，視野絞り上面のガラスにはプラスチックシャーレなどを置き，埃の付着を防ぐ．倒立型ではステージにダミーのスライドグラスを載せ，対物レンズに埃が付かないようにしておく．レンズの清掃はサービスマンが訪問したときに依頼する程度の頻度でよいが，緊急の場合には，顕微鏡メーカーが指定した処方のクリーニング液をしみ込ませたレンズペーパーあるいはケイドライで拭く．キムワイプや市販のティッシュペーパーで拭いてはいけない．クリーニング液としては，エチルアルコールが指定されている場合が多いが，カールツァイス社は，メチルエーテル：エチルアルコール：ジエチルエーテル＝65：30：5（％）を指定している．ランプハウスにも埃よけのためのカバーをかけておく．

b. 様々な光学系の原理

1) 位相差

試料を通過する光が，生体内の屈折率の違う物質や厚みの違う物質の中を通過するときに生じる位相の差を干渉によって明暗のコントラストとして観察できるようにした顕微鏡．

2) 微分干渉

明視野光源の光を，偏光板（ポラライザーと呼ぶ）を通すことによって一方向の振動面を持つ光とし，それをワラストン（ノマルスキー）プリズムと呼ばれる特殊なプリズムで2本の光束に分離する．この光束で試料を照射すると，それぞれの

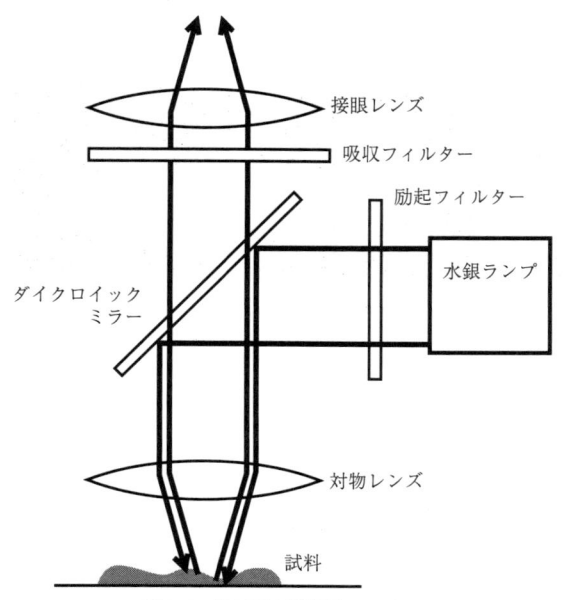

図 3.6 落射蛍光顕微鏡のしくみ

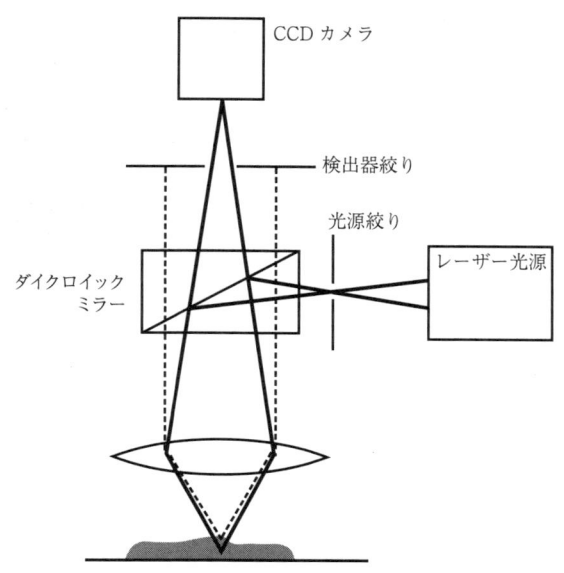

図 3.7 共焦点顕微鏡のしくみ

光は空間的に異なる試料位置を通ることとなり，試料の屈折率や厚みの違いに応じた位相の差を生じる（図3.5）．試料を通った光は対物レンズで拡大され，逆に取り付けたワラストン（ノマルスキー）プリズムを通して垂直の振動面を持つ1本の光束に戻される．合成された光はそのままでは直行した振動面を持つ．そこで，偏光板（アナライザーと呼ぶ）によってそれぞれの光の振動から共通する成分（ベクトル）を抽出し干渉させる．このような光学系を用いると，試料のごくわずかな位置の違いによって生じる光の位相の差が空間的な明暗のコントラストとして観察される．明暗やコントラストの強弱は，分離した光束間距離での位相の差（＋／－および傾き）を表す．これが微分干渉と呼ばれる理由である．

微分干渉光学系から蛍光や明視野光学系への切り替えは，対物レンズ側のプリズムを着脱するだけなので容易である．位相差顕微鏡と異なりゴーストを生じることもなく，分解能も高い．

3) ホフマンモジュレーション

ペトリディッシュの底のような比較的厚いプラスチックを通して培養細胞を見るのに適した干渉光学系である．

4) 落射蛍光

標本試料の蛍光を観察するための顕微鏡である．試料内の目的の物質と選択的結合する物質を蛍光色素で標識しておき，それをプローブとして目的の細胞内物質の挙動や分布を調べる場合などに用いられる．落射型蛍光顕微鏡の励起光光源から出た光は光軸に対し45°にセットされたダイクロイックミラーに反射し，対物レンズを通って試料を照射する．生じた蛍光は対物レンズを逆に向かいダイクロイックミラーに達する．ダイクロイックミラーは特定の波長より短い波長を反射し，それより長い波長の光を通過させるように設計されている．蛍光の波長はストークスの法則に従って必ず励起光の波長より長くなるので，ダイクロイックミラーの波長を蛍光と励起光の間に設定すれば，蛍光のみが接眼レンズ方向に導かれることになる．一方，試料表面で反射した励起光はそこで遮断される．ダイクロイックミラーにはバックグラウンドを低減させるための色フィルターが組み込まれており，蛍光色素に対応したアッセンブリーを選択することにより，目的の波長の光だけが観察できるようになっている（図3.6）．

5) 共焦点とデコンボリューション

i) 共焦点 試料の光源側，観察側光軸のそ

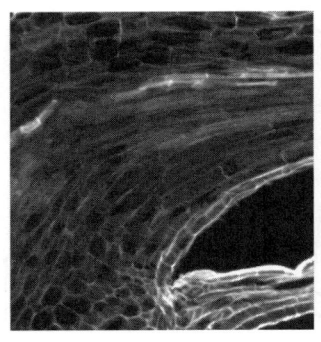

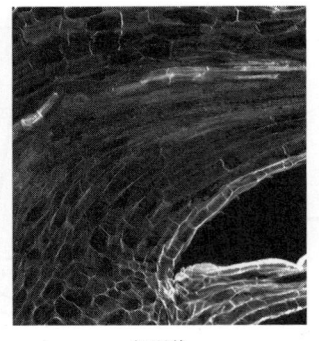

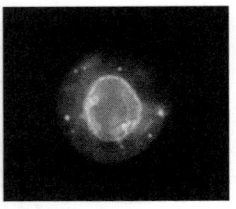

(a) アスパラガスの花被（カルコフロー染色） 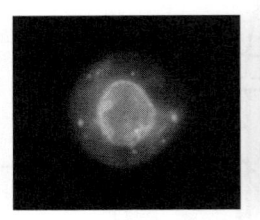
処理前　　　　　　処理後

(b) セロリ培養細胞
（Nup98 をローダミン-UEAI で染色したもの）
処理前　　　　　　処理後

図 3.8 デコンボリューションの実例

れぞれの集光点にピンホールを置き，フォーカス面以外の試料部位から生じた蛍光を遮断するように設計された落射型蛍光顕微鏡．光源にはレーザーを使う．レーザービームで試料を二次元的に走査（スキャン）し，試料からの蛍光を連動した検出器が捉え，画像をディスプレイ上に表示する．Z 軸上の解像度がきわめて高いので，精度の高い光学的断層像が得られる（図 3.7）．

ii) デコンボリューション　厚みのある顕微鏡試料はフォーカス面からの距離に応じて，にじみを持つ画像として観察される．にじみの発生には一定の法則があるので，別の焦点面で取得した画像のにじみを参照しながら，光学的なにじみを除去することができる（図 3.8）．

この操作は数学的アルゴリズムに従って，コンピューターソフトウェア上で行う．この画像処理技術をデコンボリューションと呼ぶ．Z 軸の微動モーターを顕微鏡に取り付けて標本の厚さ方向にセクショニング画像を取得し，標本の三次元的な全体像をレンダリングすることも可能である．

デコンボリューションは通常の蛍光顕微鏡で取得した画像にも行うことができる．すなわち，コンフォーカルレーザー顕微鏡では使用できない励起波長が使用でき，またレーザーのように強い励起光を照射する必要がない．そのため，生細胞画像やタイムラプス画像のにじみ取りに効果的である．

〔増田　清〕

参考文献

1) D. W. Galbraith *et al.* (Eds.)：*Methods in Plant Cell Biology*, Academic Press (1995).
2) J. E. Celis (Ed.)：*Cell Biology : A Laboratory Handbook*, Elsevier Academic Press (2006).

3.3　微細構造の観察

a.　電子顕微鏡

電子顕微鏡は電子線を用いて結像させ高い分解能を得る顕微鏡で，試料内部の構造を観察する透過型電子顕微鏡と，試料表面の構造を観察する走査型電子顕微鏡に分けられる．

1) 顕微鏡の分解能

顕微鏡の分解能，すなわち物体上のわずかに離れた 2 点が 2 点として見分けられる最小間隔は，使用する光の波長 λ，媒質の屈折率 n，光軸とレンズのもっとも外側を通る光のなす角度 a，および定数 k から次の式によって求められる．

$$\delta = k\left(\frac{\lambda}{n} \cdot \sin a\right)$$

（定数 k は，光学顕微鏡で 0.61，電子顕微鏡で 0.8）

そのため，分解能を高めるためには，波長 λ を小さくするか，$n \cdot \sin a$ で与えられる値である対物レンズの開口数を大きくする必要がある．しかし，可視光の平均波長などから，光学顕微鏡の実用的な分解能の限界は 270 nm 程度である．一方，

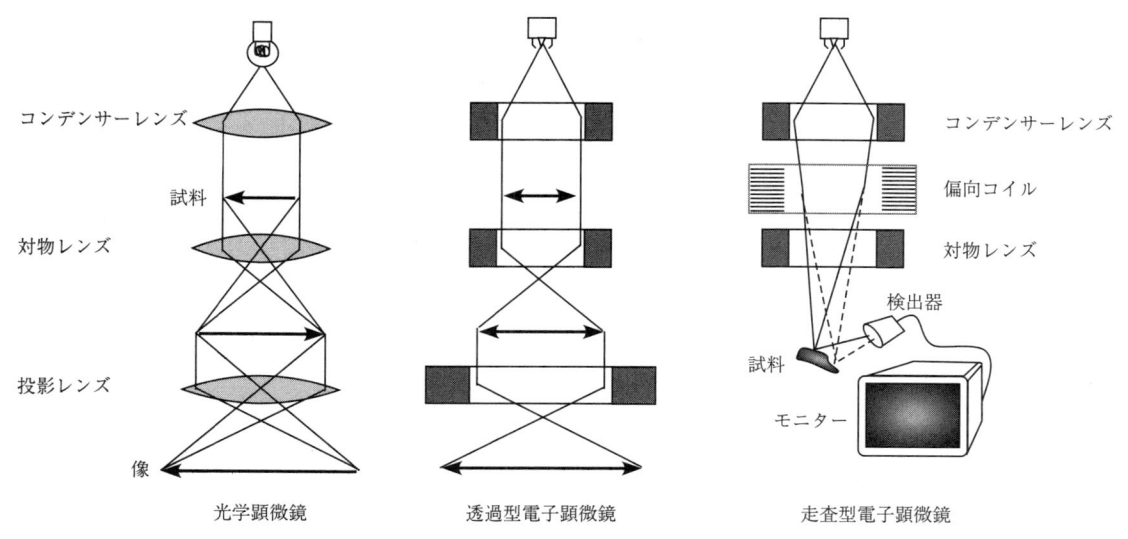

図 3.9 光学顕微鏡と電子顕微鏡の光学系

波長の短い電子線を用いた電子顕微鏡では，もっとも高度なものでは分解能が 0.2 nm に近い性能が得られる．

2) 光学系

電子顕微鏡の光路は図 3.9 に示す通り，光学顕微鏡ときわめて類似している．しかしガラスのレンズではなく，磁場レンズあるいは電子レンズと呼ばれる磁場を用い，フレミングの左手の法則に従って（ただし電子線の流れは電流とは逆向き）電子線の軌道を曲げる点でまったく異なる．なお，磁場レンズでは凸レンズしか作れないため，収差の補正の方法も，光学レンズとは異なる．

電子線の波長は，加速電圧の平方根に反比例する．そのため 100 kV や 200 kV など加速電圧で，その電子顕微鏡の大まかな性能が比較されてきたが，分解能を決める要因は，加速電圧以外にもあることには注意したい．

3) 電子銃

陰極から放出された電子を陽極で加速する電子線発生装置．光学顕微鏡の光源に相当する．従来，加熱したタングステンフィラメントや，六硼化ランタンチップなどを細く尖らせた陰極（エミッタ）から熱電子を放出させる熱電子放出型電子銃（thermionic-emission electron gun）が使われてきた．近年では，電界放出型電子銃（field-emission electron gun）を使用する顕微鏡も多くなっている．これは，エミッタの先端に高電圧をかけて強い電界を作り，トンネル効果やショットキー効果を利用して電子を放出させる電子銃で，タングステンフィラメントの約 1,000 倍の電子流密度を持つ微小な電子線を発生し，高分解能を得ることができる．また，タングステンフィラメントの約 50 時間という寿命と比較すると，事実上半永久的に使用できるというメリットを持つ．一方，10^{-3} Pa で使用できた従来の電子銃とは異なり，10^{-8} Pa 程度の超高真空が必要となる．

4) 真空系

電子顕微鏡では，真空到達度 10^5〜1 Pa の油回転ポンプ，10^{-1}〜10^{-8} Pa の油拡散ポンプ，10^{-4}〜10^{-9} Pa という超高真空を得られるイオンポンプを用いて鏡筒内の真空を保つ．鏡筒内は，常に高真空を保つ必要のある電子銃室や，鏡筒，試料を出し入れするために一時的に真空到達度が低くなる試料室，カメラ室などに分けられ，必要に応じて，それぞれを遮断して高真空を維持している．

油回転ポンプは，偏心軸を持つローターが，油を溜めたハウジング内を回転することで，吸気口からガスを吸入圧縮し，排気弁から放出する．予備的な排気に用いられる．油拡散ポンプは，ジェット（細いノズル）から高温の油蒸気を一定方向

に高速で噴き出し，その流れでガス分子を捕集し回収する．排気速度が大きいが，使用は 10^{-1} Pa 以下の真空度からなので予備排気が必要となる．さらに高真空を必要とする場合には，イオンポンプを用いる．イオンポンプは電界と磁界でガスを電離し，生じたイオンのチタンカソードへのスパッタ現象によって，アノード表面にゲッタ膜を作り，活性ガスをゲッタ膜に，不活性ガスをイオンとしてカソードに吸着する．十分な予備排気は必要だが，10^{-9} Pa までの超高真空が得られる．

5）観察系

電子線は直接観察できない．透過型電子顕微鏡では，電子によって励起され可視光を発する蛍光物質によって明暗の画像を得て観察し，写真などの方法で記録するのが一般的である．一方，走査型電子顕微鏡では，電子検出器によって電子を得てブラウン管で表示する方法がとられている．

b. 透過型電子顕微鏡（TEM）

1）構造と原理

光学系は図 3.9 に示した通り，コンデンサー，対物レンズ，投影レンズという 3 つの磁場レンズを用い，試料を透過した電子線を蛍光板に結像させて観察する．原理は異なるが，光路自体は通常の光学顕微鏡と酷似している．電子線は，試料に衝突することで回折波となる．回折の程度は試料の厚さや密度などによって異なってくる．対物レンズの後ろに絞りを置くことで，大きく回折された電磁波をカットし，試料の状態に応じた明暗のコントラストを得ることができる．結像した電磁波を直接観察することはできないので，焦点面に蛍光板を置き，鏡筒外から蛍光像を観察し，記録は写真フィルムなどに直接電子線を結像させ感光させることで行う．

2）試料の作成

電子線の透過能はきわめて小さいため，試料は超薄切片とする必要がある．従来の方法では，試料をエタノールやアセトンのシリーズで脱水し，さらにエポキシ樹脂などのモノマーに置換して，重合硬化させる．その後，ウルトラミクロトームを用い，ガラスの割断面を利用したガラスナイフ，さらにダイヤモンドやサファイアのナイフによって数十 nm～100 nm の厚さの超薄切片を作製する．また，生物試料では電子線の回折は小さく，十分なコントラストを得ることが難しい．そのため，四酸化オスミウムで固定し，切片を酢酸ウランとクエン酸鉛などで電子染色を行うなど，重金属によってコントラストを高める必要がある．

c. 走査型電子顕微鏡（SEM）

1）構造と原理

試料の表面構造を観察するための顕微鏡．もっとも性能の高いものでは 1 nm 以下の分解能を持つという電子顕微鏡としての特徴と同時に，数倍という低倍率から観察が可能で，光学顕微鏡の 100 倍ほどの焦点深度を有するなどの特徴も持つ．そのため，ショウジョウバエの頭など，大きさが 1 mm 以内の試料なら全体に焦点の合った画像が得られる．また，検出器の選択により低真空での観察も可能なこと，逆に 0.5 nm 程度までの高解像度も得られるようになったこと，様々な分析に応用できることなどから，広い分野で利用されている．

走査型電子顕微鏡の原理は図 3.9 の通りである．透過型電子顕微鏡とは 2 つの点で異なっている．第 1 は，コンデンサーと対物レンズの間に偏向コイルを持っていること．第 2 は，蛍光板ではなく検出器で電子を捉えて画像にすることである．対物レンズ前の偏光コイルは，電子線を上下左右に走査させるためのものである．偏光コイルを通過した電子線は，対物レンズにより直径数 nm のスポットに絞られて，試料の表面を走査しながら照射する．一般の走査型顕微鏡では，照射された電子線からエネルギーを供与されて試料表面から飛び出す二次電子を，検出器で捉えて画像を得る．試料表面の凹凸は電子線の入射角に影響を与え，二次電子の発生量と検出効率を変化させ，コントラストのある画像を与える．電子線の入射角が明るくコントラストの良い画像を得るた

めに重要なので，試料を傾斜させて観察する．捉えた二次電子の情報を走査線としてブラウン管に表示することで，像が観察できる．

照射した電子線を逃がすため，試料には伝導性が必要である．そのため，生物試料では表面に金や白金のスパッタリング処理を施す必要がある．

2) 試料の作成

水分を含んだ試料は，鏡筒内の高真空を破るとともに，電子線のエネルギーで焼けてしまうため，一般の電子顕微鏡で観察することはできない．このことは，超薄切片として観察する透過型電子顕微鏡観察では問題にならないが，立体的な構造を観察する走査型電子顕微鏡では大きな問題になる．通常の方法で乾燥させると，蒸発する水の表面張力で試料は大きく変形する．これを防ぐには，表面張力のない状態で乾燥させればよい．従来は，圧力容器内で液化炭酸ガスを加温することで，液相と気相の界面が消失し，表面張力がなくなる臨界状態を得て乾燥させる臨界点乾燥が行われてきた．近年は，簡便な方法として，試料を t-ブタノールに置換し，これを -10℃ 程度で昇華させることで，臨界点乾燥と同じように表面張力を受けずに乾燥できる効果を得る方法も用いられている．

3) 低真空走査型電子顕微鏡（ウエット SEM）

試料室だけを低真空にすることで，水分を含む試料を無処理で観察できるようにした顕微鏡．試料表面に残留するガスによって電子線によるチャージアップが回避されるため，表面をコーティングする必要もない．反射電子によって観察するウエット SEM では，高真空下で二次電子を検出する一般の検出器とは異なる検出器（ロビンソン検出器）が用いられる．

d. 走査型プローブ顕微鏡

走査型トンネル顕微鏡（scanning probe microscope；STM）と原子間力顕微鏡（AFM）に代表される顕微鏡で，試料の表面構造を原子レベルの分解能で観察できる．光学系は持たず，加える電圧によって体積が変化する素子であるピエゾ素子で三次元に駆動できる探針を用いて画像データを得る．

走査型トンネル顕微鏡では，試料表面から 1 nm ほどまで近づけた探針と試料の間に微小な電圧をかけ，生じるトンネル電流の変化から試料の表面構造を観察する．探針は，加える電圧によって体積が変化する素子であるピエゾ素子で三次元に駆動でき，試料上を走査させる．

原子間力顕微鏡では，物体間の距離が遠いと引力，近いと斥力が働くことを利用するものであるため，現行の装置では斥力を一定に保つよう探針と試料表面の接触を保ち，探針の位置から試料表面の形状データを得る． 〔野村港二〕

参 考 文 献

1) 田中通義・出井哲彦：透過電子顕微鏡用語辞典，工業調査会（2005）．
2) D. L. Spector, R. D. Goldman, L. A. Leinwand : *Cells : A Laboratory Manual*, Cold Spring Harbor Laboratory Press (1997).
3) J. E. Celis (Ed.) : *Cell Biology : A Laboratory Handbook*, Elsevier Academic Press (2006).

3.4 顕微鏡観察の試料

a. 固定と包埋の原理

固定には次の目的がある．①生体膜の透過性を高め，細胞内に色素やプローブを導入しやすくする．②構造に埋もれている分子を露出することにより，色素やプローブが結合できるようにする．③タンパク質を変成・固化させ，細胞から生体分子が流出するのを防ぐ．

固定剤として広く用いられているのがホルムアルデヒド（ホルマリン）とグルタルアルデヒドである．アルデヒドはポリペプチドに架橋を作り，固定する．いずれも 2〜6％ になるように 0.02〜0.2 M のリン酸緩衝液や Good 緩衝液（pH 6.8〜7.2）に加え，組織を沈めて 2〜12 時間固定する．市販のホルムアルデヒドには安定化のため保存剤が含まれているので，固定に用いるホルムアルデヒドはパラホルムアルデヒドから作成する方がよいとされている．電子顕微鏡観察の試料ではオス

ミウム酸固定を併用することが多いが，オスミウム酸もタンパク質に架橋を作り固定する．

植物の組織標本を作成するための代表的な固定液であるFAAは次の組成の液である．

エタノール（50%）：氷酢酸：ホルムアルデヒド（37～40%）＝90：5：5（容積比）

この固定液では，エタノールと酢酸を加えることによって液の浸透性を高めており，比較的大きな組織でも十分に固定する能力がある．エタノールと酢酸は固定の効果もあるが，固定に可逆性が残るので，単独ではあまり用いられない．

組織や器官のような厚みのある試料を顕微鏡で見るためには，薄い組織片に切り，光や電子線を透過できるようにしなければならない．細胞は崩れやすく，そのままでは薄い組織切片を作成することはできないので，細胞を樹脂で置換し，固化して樹脂ごと切片にする．樹脂の多くは疎水性であり，容易には細胞内に浸透しないが，エタノールやアセトンなどで脱水し，樹脂に親和性のある有機溶媒（透徹剤）で置換することによって，浸透できるようになる．この過程が，脱水と樹脂置換である．Epon, Araldite など超薄切片作成用の樹脂に包埋するための透徹剤としては，プロピレンオキサイド（propylene oxide）が広く用いられている．パラフィンに包埋するための透徹剤としてはブタノールが用いられる．パラフィンの場合，脱水に用いるエタノールの一部をブタノールで徐々に置き換えれば，脱水終了のあとすぐにパラフィンの置換に移ることができる．いずれの場合もエタノール/アセトンから透徹剤，さらに樹脂液へと交換し，最後に完全に樹脂液で置換することが必要である．Epon, Araldite は加熱（50～70℃，1～3日）により固化させる．一方，パラフィン包埋では，組織とパラフィンを融点より高い温度に保つことにより樹脂に置換し，冷却して固化する．

光学顕微鏡用の試料と電子顕微鏡用の試料とでは，用いる樹脂が異なるものの，固定と包埋の基本的な原理に違いはない．樹脂を使い分ける理由は顕微鏡の特性の違いによる．厚い切片が必要な光学顕微鏡用切片にはやわらかい樹脂が用いられ，薄い切片が必要な電子顕微鏡には硬性の高い樹脂が用いられる．なお，樹脂にはほかに親水性のものがあり，ある程度水を含んでいても固化できる樹脂もある．また紫外線重合により4℃で固化するものもある．これらの樹脂は主に免疫学的研究に利用されている．

b. 凍結切片の原理

試料を凍結したまま顕微鏡観察用の切片を作成する技術である．免役組織化学を行う場合，パラフィン包埋切片法では脱水・包埋の過程で抗原性が著しく低下する．そこで，試料を凍結することによって切片作成に必要な固さに固化し，冷却したチャンバーの中で切片を作成する．標準的な方法では，細胞内の微細構造を維持するため，まず組織を固定し，1.75 M ショ糖に置換したあと，ドライアイスで凍結する．次いで，冷却した凍結切片作成装置の試料台に試料を固定し，目的の厚さの切片を作成する．試料の調製方法によっては10 μm 以下の切片も作成できる．作成した切片は剥離防止処理を施したスライドグラスに貼り付け，適当な緩衝液で洗浄したあと，酵素組織化学や免疫標識に移す．凍結切片法は酵素の活性や抗原性の維持に有効であるが，細胞の微細構造を観察する目的には適していない．

c. ウエット SEM

ウエット SEM という名称は，組織を固定・乾燥せずに観察できる走査型電子顕微鏡に由来する．走査型電子顕微鏡の内部を低真空に保ち，主に試料によって反射されるエネルギーの高い電子線を検出して画像とするので，低真空走査型電子顕微鏡とも呼ばれる．低真空の状態では試料表面の荷電はイオン化したガスによって有効に除かれるので，通常のSEM試料のように，荷電を逃すための金属蒸着は不要であり，そのため脱水，乾燥など試料調製の前処理を行う必要がない．高倍率の観察には向かないが，走査電顕特有の焦点深度の深い画像が得られる．

d. 薄　切

　包埋した試料や未包埋の試料の切片作成にはミクロトームを使う．電子顕微鏡用の薄い切片（超薄切片）を作成するミクロトームをウルトラミクロトームと呼ぶ．ミクロトームには滑走式のミクロトームと回転式のミクロトームがある．前者は試料を固定しナイフを滑走させて切る．後者はモーターあるいは手動による回転運動を上下運動に変え，固定した試料を上下させて切片を作成する．

　回転式ミクロトームには回転に合わせて試料を送り出す機構が付いており，一定の厚みの組織切片がリボン状に連なってできてくる．ナイフは，パラフィン切片の場合にはステンレス製のものが，電子顕微鏡用樹脂切片の場合にはガラス製やダイヤモンド製のものが使われる．一方，樹脂に包埋していない組織から切片を作るミクロトームとしてビブラトーム（vibratome）がある．これは微振動する刃によって固定あるいは未固定組織から切片を作成するもので，$50\mu m$以上の厚さの切片を得ることができる．

e. 臨界点乾燥

　液体はある温度・圧力条件の下で気体と区別できなくなる臨界状態になる．この条件では液体としての表面張力がなくなるため，組織を外液とともに臨界点に保ち，徐々に圧力を低下させれば，表面構造を変形させずに組織を乾燥させることができる．この乾燥法は走査電子顕微鏡試料の作成に利用されている．水の中の試料でも高温高圧条件（$374℃$，21.8×10^6 Pa）にすれば臨界点乾燥させることができるが，通常は，より低い臨界点を持つ二酸化炭素や含ハロゲン炭素化合物が用いられる．

f. 染　色　法

　ここでは，比較的頻繁に行われる染色法を紹介する．
　水溶性の染色液を用いる場合，まず次の手順で，切片からの樹脂の除去と水加（hydration）を行う．スライドグラスに貼り付けたパラフィン切片をキシレンに浸け，パラフィンを完全に除く（脱パラフィン）．スライドグラスを99.5％エタノールに入れ，75％，50％エタノールに順次移し，最後に蒸留水につける．

1) アクリジンオレンジ染色

　脱パラフィンし水にまで移した切片を5％アクリジンオレンジ水溶液で3〜5分間染色する．軽く水で洗い，水溶性封入剤でマウントする．青色励起の蛍光顕微鏡で観察するとDNA（緑），RNA（赤），ペクチン（赤），リグニン（黄）の蛍光が染色される．

2) セルロースのカルコフロー染色

　脱パラフィンし水にまで移した切片を0.01％Calcofluor M2R水溶液で5分間染色する．軽く水洗したあと，水溶性封入剤でマウントし，UV励起の蛍光顕微鏡で観察する．セルロース（青白色）が染色される．

3) DAPI染色

　脱パラフィンし，水にまで移した切片を0.01％DAPI（4′,6-diamidino-2-phenylindole）水溶液で10分間染色する．軽く水洗したあと，水溶性封入剤でマウントし，UV励起の蛍光顕微鏡で観察する．DNA（青白色）の蛍光が観察される．

4) PAS染色

　切片を脱パラフィンし水にまで移す．0.5％（w/v）過ヨウ素酸水溶液で30分間処理する．よく水洗したあと，Schiffの試薬で20分間染色．その後2％（w/v）亜硫酸ナトリウム（$NaHSO_3$）溶液で数回洗い，さらに水で数回洗う．水溶性封入剤でマウントするか，または，エタノールのシリーズで脱水し，バルサムで封じる．明視野顕微鏡で観察すると，赤紫に染色されたデンプン粒と細胞壁が観察される．
〔増田　清〕

参　考　文　献

1) 駒嶺穆・野村港二編：生物化学実験法41　植物細胞工学入門，学会出版センター（1998）．

4. 組織・細胞の培養

　培養という言葉の厳密な定義はないが，培養と飼育・栽培とは生物学的，化学的，物理的な環境の違いとして捉えることができる．一般には容器内で，①目的外の生物種の混入がない，②養分や生育因子など生育に必要な培地が化学的に把握されている，③温度や照度などの物理的環境要因が制御されている，という3つの条件を満たして器官や組織，細胞を生育させることを培養と呼ぶ．これらの条件のうち，①のためには滅菌と無菌操作に専用の設備や装置が，③のためには，温度や照度，炭酸ガス濃度などを制御できるインキュベーターが必要となる．

　多細胞生物での培養は一般に組織培養と呼ばれるが，器官培養や細胞培養という用語も用いられる．器官培養は，器官としての特徴や機能を維持した培養であり，細胞培養は高次元の機能から離れた細胞レベルでの実験のためのモデル系としての培養であることが多い．培養によって，季節や栄養などの環境や，生物間の相互作用の影響を受けない，再現性の良いシンプルな実験系を構築できる．

　以上の利点から，培養細胞は代謝や生理学の実験，分子レベルでの解析に欠かせない．一方，培養環境での解析では，組織や細胞の能力の一部だけが発揮される可能性があることを考慮しなければならない．

〔野村港二〕

4.1 無菌操作

　雑菌の混入を阻止するには，雑菌をすべて死滅させる滅菌と，実際の作業である無菌操作の両方が必要である．滅菌は機器や薬品に依存して行われるので，基本的には誰にでも同じように行える．一方，無菌操作は，クリーンベンチなど機器を利用しても操作を行う個人の技能によって結果が異なる．古典的な無菌操作では，作業環境を清潔に保つのは無論，空気を撹乱して埃や雑菌を舞い上げないために大きな動作を避け，操作に要する時間を最小限にするなど，実験技術によって空間的，時間的に雑菌を近付けない努力がされてきた．簡単に無菌環境が得られるクリーンベンチが普及しても，そのような無菌操作の基本を無視してはならない．

a. 無菌操作の設備

　無菌の環境を作り出すために，古くは作業空間を清浄に保った無菌室や，小規模な実験では無菌箱が利用されてきた．現在では，大型の動物への手術などを伴う実験以外，一般の実験室にクリーンベンチを設置するのが一般的になっている．その場合に，クリーンベンチ内に外気が入り込むことがないよう，室内の気流に配慮して実験室のレイアウトを決めることは重要である．無菌操作を行う場所には，波長258 nmの紫外線ランプを殺菌灯として利用することが多かった．短波長の紫外線はDNAにピリミジンダイマーを生じることで微生物を殺すが，ヒトにも発癌性があるので不必要に点灯してはならない．また，埃や微生物を

表 4.1　各清浄度クラスでの粒子サイズごとの上限濃度（個/m^3）

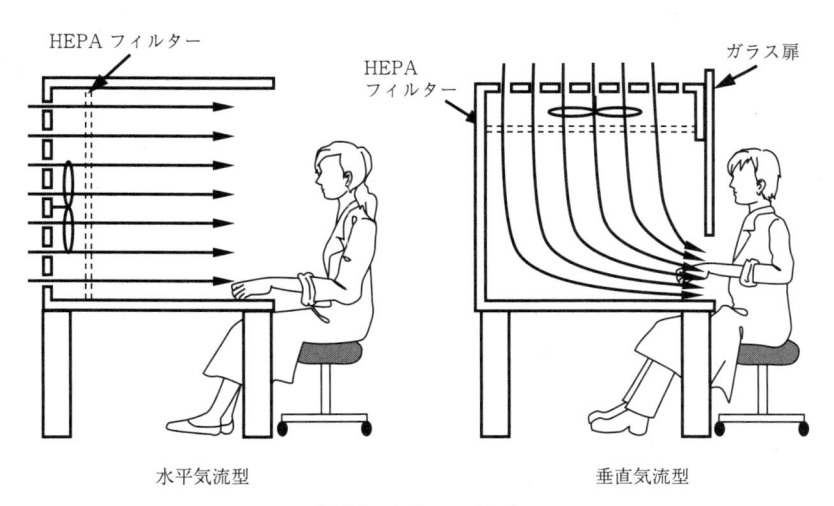

Federal Standard 209Dによるクラス	1	10	100	1000	10000	10000
JIS B9922によるクラス	3	4	5	6	7	8
粒径 0.1μm	10^3	10^4	10^5	10^6	10^7	10^8
粒径 0.5μm	3.5×10^1	3.5×10^2	3.5×10^3	3.5×10^4	3.5×10^5	3.5×10^6
清浄度クラス粒径範囲	0.1〜0.5			0.3〜5.0		

図 4.1　クリーンベンチ

巻き上げないため，無菌室の換気法には注意が必要である．HEPA フィルターで無菌化した外気を導入することもある．なお，組換え DNA 実験を行う場合には，実験中の換気を行ってはならないので注意する．

b. クリーンベンチの構造

クリーンベンチは，送風機と HEPA あるいはULPA フィルターを用いて無菌・無塵にした空気によって，作業空間を一定の空気清浄度に保つ装置であり，バイオ実験に限らず無塵環境を作り出す簡便な装置として用いられている．クリーンベンチの作業空間の空気清浄度は，Federal Standard 209D（Clean room and work station requirements controlled environments）（209E M3.5）においてクラス 1 から 100000 に分類されており，JIS B9922 でも同等の規格を設けている（表 4.1）．バイオ実験で用いられる一般的なクリーンベンチは，クラス 100（JIS B9922 のクラス 5）を満たしている．

クリーンベンチの形式としては，操作者の正面全体から実験台と水平な気流を送る水平気流型と，実験台の天井部分から垂直に気流を吹き降ろす垂直気流型が代表的だが（図 4.1），任意の気流を持つ両用型もある．水平気流型のクリーンベンチは前面が開放されている．一方，垂直気流型には上下動するガラス扉が備えられているが，これは気流を整えるためのフードであり，使用時の清浄度において両者に差はない．一方，クリーンベンチ内で作業を行う際には，フラスコなどによって清浄な空気の流れをさえぎることのないよう，気流の向きに応じた配慮が必要である．

クリーンベンチには，フード内の空気がすべて作業者側に排気されるものもあるが，作業者の手元にあたる部分から空気が吸い込まれ，再び HEPA フィルターを通過してフード内を循環す

るものもある．後者では，外気に比べ清浄な空気が循環することになり，また吸い込まれる気流がエアカーテンとなる効果も期待される．しかし，どのような形式であっても，クリーンベンチは作業者を守るための装置ではない．クリーンベンチで，不用意に危険な試薬やバイオハザードを扱ってしまうと，作業者がそれらの危険物に暴露されることになる．内部が陰圧に保たれるセーフティキャビネットなど，作業者の安全を守るように設計された装置との使い分けが必要である．

c. クリーンベンチを利用した無菌操作の実際と留意点

① 操作中のトラブルに備え，器具や培地は必要な本数よりわずかに多く準備しておく．

② 手を洗い，無菌操作用の白衣を着用する．着衣の袖口は埃や雑菌を飛散させやすいので，必要に応じて実験用手袋で覆うなどの対策をとる．

③ クリーンベンチのスイッチを入れ，しばらく待って作業スペースの清浄度を高める．この間に必要に応じて，ベンチ表面などを消毒用エタノールで拭く．

④ ガスバーナーは，エタノール蒸気が充満していないことを確認してから点火する．

⑤ ベンチ内に必要な器具を並べる．垂直気流型のクリーンベンチでは，容器の開口部の上に手をかざすことのないよう，水平気流型のクリーンベンチでは，風上にあたる奥の方に大きな容器を置いて気流を乱すことのないよう留意する．

⑥ 白金線やピンセットを使う場合は，あらかじめスタンドを火炎滅菌する．

⑦ フラスコやメディウム瓶のふたを開ける前に，雑菌を焼くため炎で軽く焙ることが多い．

⑧ フラスコや試験管など，傾けることができる容器の場合には，溶液の出し入れの際には傾けることで，開口部の上方向の投影面積を小さくし，雑菌の落下を避ける．同じ理由で，ピペット類も真上からではなく，斜めに差し入れるようにする．

⑨ クリーンベンチを使用していても，操作が長引けば雑菌が混入する確率は高くなる．容器を開放している時間を短縮するため，手早く滑らかな操作を心がける．

⑩ クリーンベンチ使用後は，持ち込んだすべての器具類を片付け，清掃を行う．

d. 設備の保守

クリーンベンチは，作業台の上などを清掃して作業を終える．特に培地をこぼしたままにするようなことのないようにする．空気清浄度は細菌用の培地を用いての検定も可能であるが，定期的に専門家の点検を受けるのが望ましい．

〔野村港二〕

参 考 文 献

1) 日本工業標準調査会 JIS B9922（クリーンベンチ）．

4.2 滅　　菌

バイオ実験では，目的以外の生物種の混入が致命的な問題になる．そのため，器具の表面や，溶液中に存在する微生物を殺菌あるいは除去する滅菌は重要である．滅菌，殺菌，消毒，除菌などの用語が区別されて用いられることも多いが，滅菌処理後の微生物の死滅を定量的に把握できる方法を最終滅菌法，滅菌用フィルターで微生物を除去する方法を濾過法と呼び，両者とも滅菌に含める日本薬局方のような解釈もある．滅菌法には，加熱，電離放射線の照射，薬剤による変性や脱水などの方法があり，対象物の材質，性質，さらに問題となる微生物などに応じた方法が選択される．

バイオ実験では，雑菌だけではなく，組換え体や病原菌などは滅菌してから廃棄しなければならないし，生態系への影響を考えれば，バイオハザードではなくても実験に用いた微生物はすべて滅菌してから廃棄するべきである．したがって，滅菌は実験の前後に必要な操作であると考えなければならない（1.12節を参照）．

加熱などによる最終滅菌は，微生物や培養細胞の死骸などの生体分子による汚染を除去するもの

ではない．そのため，容器や器具の洗浄，純水や試薬の管理，実験室の清掃などの基本を守らなければ，実験の精度は保てない．また，ピペットやメスシリンダーなどの容量器を繰り返し高温にさらすことは，精度を保つ上からは好ましくないため，滅菌して利用する容量器は一般のものとは区別することが望ましい．

a. 滅菌法の種類と方法

1) 火炎滅菌

ピンセットや白金耳，乾いたガラス器具を，バーナーの炎にかざして焼く方法．

【長所】酸化炎で数秒焼けば雑菌は死滅する．すべての有機物を炭化することも可能．

【短所】炎で焼ける器具は限られ，チタンと白金以外の金属では素材の劣化が著しい．

【対象】金属かガラス製器具の表面．

【注意】器具をいきなり高温の炎にかざすと，付着している細菌などが飛散汚染を起こす．

2) 乾熱滅菌

160℃以上のオーブン中に2時間ほど置くことで，雑菌を死滅させる方法．

【長所】簡単で確実に滅菌でき，180℃以上で熱に強いRNaseなどの酵素も失活可能．

【短所】比較的時間がかかる．

【対象】金属製やガラス製など熱に耐える乾いた器具全般．滅菌したい器具は，金属製の滅菌缶に入れるか，アルミホイル，あるいは紙で包んで滅菌器に入れる．

【注意】滅菌器が乾燥器を兼ねている場合には，滅菌時には換気窓を閉じる．また，滅菌後は温度が十分に下がってから器具を取り出す．特に紙や綿栓など可燃物を乾熱滅菌した場合には，高温時に外気を導入すると危険である．

3) 高圧蒸気滅菌（オートクレーブ滅菌）

圧力容器内の水蒸気圧を約 10^5 Pa に保ち121℃の水蒸気で満たした状態に15～20分保つことで行う．バイオ実験でもっともよく用いられている滅菌法．この水蒸気圧下では水が沸騰しないため，熱変性を起こさない溶質を含む水溶液の滅菌に応用される．

【長所】器具だけでなく，熱に安定な溶液を確実に滅菌することが可能．

【短所】水蒸気中で滅菌するので，器具が湿気を帯び，溶液の濃度は微妙に変化する．

【対象】10^5 Pa での121℃に耐えられる器具と，この状態で安定な溶液．樹脂製品でもポリカーボネート，ポリアロマー，低密度ポリエチレンなどの滅菌も可能である．

【注意】大容量のヒーターと，高温高圧の水蒸気を利用する圧力容器のため，整備不良や操作ミスが重大な事故の原因になるので，十分なトレーニングが必要．

4) γ線滅菌

コバルト60などのγ線によって，細胞内の分子を破壊することで滅菌する方法．

【長所】常温常圧で滅菌が行え，薬品などの残留がないため器具自体の安全性が高い．

【短所】装置が大掛かりになるため，通常の実験室で行われることはない．

【対象】樹脂製フィルムで包装された使い捨ての樹脂製品の製造工程で利用される．

5) エチレンオキサイドガス滅菌

エチレンオキサイドガスは，湿度40％，40℃程度でアミノ基などをアルキル化する毒性の高い爆発性ガスだが，水と作用してグリコールを生じるため回収は容易である．これらの性質から，エチレンオキサイドガスを利用した滅菌は，密閉容器内に滅菌すべき器具を収め，空気の排出，CO_2を混合して滅菌用に調製されたガスの注入と加温，ガスの排出と水中への回収からなるサイクルを繰り返すことで行う．

【長所】比較的簡単な設備で，熱に弱い器具にも損傷を与えず完全な滅菌が行える．

【短所】滅菌に時間がかかる．

【対象】加熱できない樹脂製品や，医療用器材が対象．ガス交換が可能な形状で滅菌する必要があり，工業製品では包装の一部に紙やタコ糸など通気孔を持っている．

【注意】ガスが危険物であるとともに，用途に

よっては残留が問題になる場合がある．

6) 薬剤による表面殺菌

エタノールを15℃で76.9〜81.4％（v/v）含む消毒用エタノールや，最終塩素濃度で0.5〜5％ほどに希釈した次亜塩素酸ナトリウムを用いた表面殺菌法．

【長所】設備が不要で，生物材料の表面殺菌が容易に行える．

【短所】滅菌は不確実であり，処理時間などにより生物材料に障害を与えることがある．

【対象】生物材料の表面殺菌，実験台などの環境の除染．

【注意】表面張力を下げる目的で，微量の界面活性剤を添加することもある．

7) 濾過滅菌

ニトロセルロースやナイロンで作られた孔径$0.22\mu m$あるいは$0.45\mu m$のメンブレンフィルターによって溶液を滅菌する方法．

液を加圧するか，濾液側の容器内を減圧することで濾過を行う．

【長所】溶液を短時間で滅菌できる．

【短所】細菌や胞子は除去できるが，ウイルスはフィルターを通過してしまう．

【対象】酵素や血清など熱に不安定な物質を含む溶液の除菌．

【注意】操作をクリーンベンチ内で操作を行うなど，空気からの雑菌の混入に注意する．

8) 空気の除菌

空気の濾過にはHEPAフィルター（high efficiency particulate air filter）が利用される．JIS Z8122には，HEPAフィルターは定格風量で粒径$0.3\mu m$の粒子に対して99.97％以上の粒子捕集率を持つことが定義されているが，メンブレンフィルターと同様に，これより小さい粒子の捕捉を保証するものではない．

9) 手指の洗浄と消毒殺菌

実験中に手袋を着用していても，実験の前後には殺菌力もある石鹸で手洗いを行う．現在，医療機関などでの手指洗浄用には，イルガサンDP300（2,4,4′-トリクロロ-2′-ヒドロオキシジフェニールエーテル）を含む石鹸がよく用いられている．消毒用エタノールによる殺菌も広く行われている方法である．

b. 滅菌された器具や培地の管理と，装置の保守

滅菌後の器具をオートクレーブや乾熱滅菌器などから取り出すときには，清潔な手袋を着用するなどの注意が必要である．熱を用いて滅菌した場合には，急激に冷却すると容器内の気圧が下がり，外気とともに雑菌が入り込む原因となるので，80℃以下になってから取り出す．器具や培地は，使用する直前に滅菌するのが原則であるが，保管する場合には，埃などを避けるため専用のクリーンな保管庫を利用する．

一方，オートクレーブなどの滅菌器は，いずれも高温や高圧，危険なガスを用いる装置であるため，使用の前後には装置の取り扱い説明書に従って点検を行い，異常がある場合にはただちに使用を停止して，専門家の点検を受ける．また，保守点検のためにも，運転記録簿を完備することが望ましい．

〔野村港二〕

参 考 文 献

1) 日本工業標準調査会 JIS B9922（クリーンベンチ）．
2) 駒嶺穆，野村港二編：生物化学実験法41 植物細胞工学入門，学会出版センター（1998）．

4.3 微生物の培養

微生物は，大腸菌，枯草菌や放線菌などの細菌（原核生物）と，酵母や糸状菌などの真菌（真核生物）に大別されるが，基本的な取り扱い方法は同様といえる．もっとも留意すべきことは，目的の細菌，または真菌を培養増殖する際に，他の雑菌が混入（コンタミネーション）してこないための無菌操作を確実に行うことである．

微生物の培養方法としては，平板培養法と液体培養法がある．平板培養はシャーレまたは試験管を傾けて作製した斜面培地を用いる方法で，約1ヵ月から1年間ほど分譲された微生物を保存でき

る．

　通常，微生物のストックセンターなどから分譲された菌株は，シャーレに作製した平板培地上で培養して，菌株が純粋であるか否かを検定する必要がある．単一なコロニーを作製して，そのコロニーのサイズ，光沢，色，形質などが均一であることを確認後，数個〜10個程度のコロニーを混ぜ合わせて，純粋な菌株として保存する．思わぬ雑菌の混入や突然変異などが生じていると，目的とする形質以外を対象とすることになり，以後の実験に大きな影響を及ぼしかねないので，実験前には上記の操作を必ず行うことを勧めたい．

　液体培養で使用されるガラス器具として，試験管，三角フラスコ，坂口振とうフラスコ，L字型試験管などが挙げられる．最近では，滅菌済みのプラスチック製ディスポーザブルタイプの試験管なども汎用されるが，オートクレーブ処理後に廃棄できる利便性から遺伝子組換え微生物の培養に好んで使用されるケースが多い．

　微生物を液体培養するスケールは，その目的により異なる．例えば，一般的な遺伝子クローニング実験をする場合，大腸菌を宿主菌として用い外来遺伝子をプラスミドDNAに結合させて増殖させることを目的とするが，1.5〜2.0 mLの培地容量で十分である．大量のプラスミド（100〜300 μg）や，外来タンパク質発現を目的とした培養を行う場合は，培地容量を 100 mL〜1 L にスケールアップするケースが多い．

　液体培養において留意すべき点は，使用する微生物の特性を把握して，もっとも効率的な条件で培養を行うことである．例えば，大腸菌は通性嫌気性なので酸素があればより良く増殖するため，振とうによる効率的なエアレーションが重要となる．通常，培地量はフラスコの容量の3分の1，すなわち1Lの三角フラスコを使用する場合は200 mL程度まで，500 mLの坂口振とうフラスコであれば150 mL程度までの培地量とし，振とう速度は200 rpm程度で培養する．

　培養温度と時間に関しては，大腸菌の場合は37℃で一晩，酵母であれば28℃で2〜3日間培養を行う．ただし，組換えタンパク質を発現させるときは，そのターゲットとなるタンパク質の組成に依存して，20℃前後まで温度を下げ，また酵母などでは4℃条件下で培養させることもある．一般に糸状菌を含め菌類は35℃以上ではほとんど増殖できなくなり，一方，大腸菌は28℃程度であれば増殖が遅くなる．この適切な温度差と増殖速度の差があるので，両者が同一な培地上で混在するのを避けることができる．　〔森山裕充〕

参 考 文 献

1) P. Sambrook, D. W. Russell : *Molecular Cloning* (3rd ed.), Cold Spring Harbor Laboratory Press (2001).

4.4　動物組織と細胞の培養

　一般に組織培養（tissue culture）とは，取り出した生体の組織を培地内で生育させる技術であるが，組織を個々の細胞単位に分離したものを培養させる細胞培養（cell culture），また器官の形をそのままに培養する器官培養（organ culture）も含めて広義の組織培養と呼ぶ場合もある．ここでは，主に動物由来組織からの細胞培養を述べる．

a.　細　　胞
1)　初代培養と樹立細胞系

　動物細胞の培養は，動物から取り出した細胞を比較的特性を保ったまま短期間培養する初代培養（primary culture）と，長期間増殖・継代が可能なように形質を変化させた樹立細胞系（established cell line）に大別される．

　初代培養の方がより生体内の状態に近いが，分離・培養条件を整える必要があり，また実験に供することのできる期間は数日程度である．一方，樹立細胞系は比較的簡便に長期間培養できるが，形質の変化，すなわち正常細胞由来の株も癌化などを起こしている．細胞株は各動物種由来・組織由来ごとにあり[1]，ヒト子宮癌由来 HeLa，イヌ腎臓上皮由来 MDCK などが有名だが，各特性により目的に応じて選択する．

表 4.2 培養容器の種別

種類	容量 (mL)	用途
10 cm ディッシュ	10	細胞を起こす,増殖,維持など
6 cm ディッシュ	3	タンパク質サンプル・RNA サンプルの調整,培養実験・観察
24 well plate	1/well	多クローンの培養（セレクションなど）
12 well plate	2/well	多クローンの培養,観察など
6 well plate	3/well	サンプルの調整,観察など
10 cm シャーレ（大腸菌用と同）	10	浮遊細胞培養
培養用フラスコ	50〜など	浮遊細胞培養

2) 単層培養と浮遊培養

細胞が培養容器の底面に定着して増殖する場合は単層培養（monolayer culture），これに対して培地内で浮遊したまま増殖する場合を浮遊培養（suspension culture）と呼ぶ．ほとんどの細胞培養は単層で行われるが，血液系の細胞などが浮遊系で培養される．また浮遊培養は大量培養が目的でも行われる．

b. 培　地
1) 一般的な培地組成

動物細胞培養で多く用いられるのは，合成培地（組成を合成された培地）に天然培地（血清など）を添加した半合成培地で，壁着性の細胞には Eagle's Minimum Essential Medium（MEM）/5〜10％血清（FBS：ウシ胎児血清）が多く用いられる．細胞・用途ごとに基礎培地や血清（ウシ，仔ウシ，ウマなど）は異なる場合があるので実験前に確認する．

市販滅菌済でない培地，ないし培地作成に使用する溶液は，高熱滅菌，耐熱性がなければ濾過滅菌（それぞれ 4.2 節を参照のこと）して用いる．

2) 血　清

血清は，栄養素や微量の生理活性物質の供給などを担い，いまだ解明されていない細胞増殖の必要因子を提供するが，反面，組成が完全には特定されておらず，現にそのため血清のロットによって大きく結果が異なることも多い．そのため，事前に血清のロットごとの培養状態を調べるロットチェックが不可欠である．特に初代培養のような細かい条件を必要とする場合，血清を加えない系を用いることも多い．実験系ごとに前処理（補体除去，55℃で 30 分間加熱などの非動化）の有無も確認する必要がある．

3) 抗生物質

培地にはペニシリンなどの抗生物質を加えることで，他の微生物や非耐性細胞の増殖を抑える．また，細胞を形質転換した際のセレクションにも用いられる．しかし，微生物には抗生物質で防げないものも多く，無菌操作は不可欠である．

c. 培養容器
1) 容器の種別

培養容器とそれぞれの適切な培地容量を表 4.2 に示した．いずれもコーニング社などから市販されている．プラスチック製容器は原則的にディスポーザブルである．滅菌は主にクリーンベンチなどの紫外線で行うが，扱うに当たって高熱や薬品への耐性などは確認しておく．

2) コーティング

単層培養の場合，細胞および組織を付着させるため，ディッシュは目的に応じてゼラチンやコラーゲンなどでコーティングを行ってから用いる．筆者らは，増えやすい細胞株の増殖・維持目的の培養の場合，安価で簡易な 0.1％ゼラチンコートを用いている．

ゼラチンコート：0.1％ゼラチン（超純水にゼラチンを溶解し，オートクレーブにかける．4℃保存）を，ディッシュ容量の半分程度入れ，クリーンベンチ内で3時間紫外線に当て，その後ゼラチンをサクションして除く．コートしたディッシュは室温保存が可能である．

d. 培養環境

多くの培養細胞はCO_2インキュベーター内で，37℃，5％CO_2の条件で培養されるが，細胞・実験ごとに異なる場合もあるため確認する．

培養条件とは異なる環境に長期間置くことは避けたい．例えばCO_2濃度が変わると培地のpHが変化する．器具や試薬を準備し操作自体は手早く行うほか，慣れないうちは一度に多数のディッシュやクローンを培養環境外で扱わず，少しずつ行うといった工夫が有効である．

e. 動物細胞の培養

ここでは筆者らの用いているマウスF9細胞（マウス胚由来癌細胞）の培養について実例を挙げる．

1) 細胞を起こす

チューブに細胞保存液で凍結保存されている細胞を，新しいディッシュで培養を開始する．

器具：10 cmディッシュ，ピペット各種，50 mLファルコンチューブ

試薬：DMEM液体培地-DMEM（Dulbecco's Modified Eagle's Medium, SIGMA）/10％非働化済FBS，1％ペニシリン-ストレプトマイシン（SIGMA））．

① 細胞を起こすディッシュに所定量（10 cmディッシュなら10 mL）の培地を入れておく．
② 凍結保存されている細胞のチューブを取り出し，恒温槽などで素早く溶かす．
③ 10 mL培地入りのファルコンチューブの中に，パスツールピペットなどで②の溶かした細胞を移し，ピペッティングする．
④ 1,200 rpm，5分間遠心分離する．凍結保存用の液を希釈後，取り除く目的である．
⑤ 上清をサクションして除く．
⑥ 新しい培地を1～2 mL加え，よくピペッティングし攪拌する．
⑦ 培地の入っているディッシュ（①）に細胞を分注する．
⑧ 縦に数回，次いで横に数回揺すり，まいた細胞が均一にディッシュに広がるようにする．30分おきに1～3回，同じように縦横に揺する．
⑨ 1～2時間後に，起きた細胞がディッシュの底に定着しているのを位相差顕微鏡で確認する．一晩置いてから一度培地交換し，以後は2日ごとに培地交換をする．

2) 細胞の培養

i) 培養・培地交換　インキュベータ内で培養し，2日ごとに培地交換（古い培地をサクションし，新しい培地を10 cmディッシュなら10 mL加える）する．細胞がディッシュの底いっぱいに増殖した状態であるコンフルエント近くなれば3）の継代を行う（細胞が増えてくるとpHの変化により，普段は赤い培地が黄色くなってくる）．継代を何度まで行えるかも細胞株によって異なるが，一度起こした細胞の継代は1～2ヵ月程度までが普通である．

培地交換しない日も含めて，毎日位相差顕微鏡で観察し，増え具合や形状などを確かめる習慣をつける．見慣れると細胞の形態から，性質の変化や増える速度などの異常にも気付くようになる．

ii) コンタミネーション　MEM培地でよく起こるコンタミネーションでは，白く濁っているのがディッシュを見ても確認できる．増えすぎたり死んだ細胞が増えても濁ってくることがあるが，いかにも細かい粒子（位相差顕微鏡でよくわかる）なのでそれとわかる．普通は除去できず，他所に汚染する危険もあるのでディッシュごと速やかに廃棄する．

操作に不慣れだとコンタミネーションが起きやすいが，たとえ熟練しても不慮の事故などを完全に防ぐ手段はないといわれている．無菌操作の注意点は4.1節，4.2節などを参照されたいが，重要な実験では常に，同じ条件の細胞を2枚以上培

3) 細胞の維持，継代

継代（passage）は，コンフルエントになった細胞をトリプシンで剝がし，その一部のみ新しいディッシュにまきなおす．以下は 10 cm ディッシュの場合である．

試薬：DMEM 液体培地，0.05％トリプシン−EDTA 溶液（GIBCO）（4℃保存），滅菌 PBS

① ディッシュの培地をサクションする．

② PBS をディッシュ容量の半分程度入れ，サクションして，培地を洗う．これは，DMEM 培地の成分がトリプシンの活性を阻害するため，洗い流す目的である．

③ トリプシン溶液を 1 mL（およそディッシュの培地容量の 1/10）入れ，3〜5 分間 37℃のインキュベーターに入れ（1〜2 分間隔でディッシュを 180 度回しながら）細胞を剝がす．

④ トリプシン溶液（剝がれてきた細胞を含む）をパスツールピペットで，10 mL の培地を入れたファルコンチューブに移す．0.05％トリプシンの活性はおよそ 10 倍量の培地成分で阻害されるため，その条件下に移して反応を止めるためである．

⑤ 1,200 rpm，5 分間遠心．上清をサクションし，2〜3 mL の新しい培地を入れ，ピペッティングで攪拌する．1/10〜1/3 などの適量（細胞数を測定してもいい）を新しいディッシュにまき（(1)の⑧〜⑨を参照）培養を続ける．

〔酒井直行〕

参考文献

1) 瀬野悍二：研究テーマ別動物培養細胞マニュアル，共立出版 (1993).
2) 日本組織培養学会編：組織培養の技術―基礎編―，朝倉書店 (1996).
3) 堀尾武一：分子細胞生物学基礎実験法，南江堂 (1966).

4.5 植物組織と細胞の培養

植物組織や細胞を材料とした培養の試みは 19 世紀末から始まった．近年は多種多様な植物種において様々な技術が確立され，均一な研究材料の確保や有用物質の大量生産，クローン個体の大量増殖や遺伝子組換え植物体の作成などに利用されている．

一般的に植物の培養細胞は培養条件に応じて根や芽，胚などの多様な器官へと容易に変化し，個体を再生することもできる．この性質を分化全能性と呼ぶ．組織培養においては，培養条件を変えることで，植物細胞が有している分化能を人為的に引き出し，コントロールすることが必須である．そのためには下記に示す様々な培養条件を適切に設定することが重要となる．

a. 細　　　胞

植物細胞の最大の特性は，高い分化能を有することであり，そのため，基本的にはどのような組織の細胞でも培養の材料として用いることができる．中でも特に高い分化全能性を有するのが，茎頂と根端の頂端分裂組織や形成層などの側方分裂組織，および，芽生えなどのごく若い植物体を形成する組織であり，これらの組織は培養材料として適する場合が多い．

b. 培　　　地

培地は培養条件の中でもっとも重要な要素であり，培養物に対して必須な栄養素を供給するのみではなく，組織の分化状態や細胞の増殖に対しても大きな影響を与える．MS 培地（Murashige-Skoog 培地）など，一般的に使用されている培地類については基本塩類の混合品が市販されており，この市販品に対して他の要素を添加することで容易に培地が作製できる．

1) 培地を構成する基本的な要素（培地の組成例は表 4.3 参照）

- 水：イオン交換水か超純水を用いる．
- 無機要素：窒素源，リン，カリウム，鉄，微量金属など．多くは成長に必須．
- 有機要素：ビタミン類，ミオイノシトールなど．必要に応じてアミノ酸や天然物質などを添加することもある．

表 4.3 MS 培地の組成例

		mg/L	
無機要素	NH_4NO_3	1650	
	KNO_3	1900	
	$CaCl_2 \cdot 2H_2O$	440	市販の混合塩類 4.6 g または I 液（10 倍液）100 mL
	$MgSO_4 \cdot 7H_2O$	370	
	KH_2PO_4	170	
	H_3BO_3	6.2	
	$MnSO_4 \cdot 4H_2O$	22.3	
	$ZnSO_4 \cdot 7H_2O$	8.6	
	KI	0.83	市販の混合塩類 4.6 g または II 液（100 倍液）10 mL
	$Ma_2MoO_4 \cdot 2H_2O$	0.25	
	$CuSO_4 \cdot 5H_2O$	0.025	
	$CoCl_2 \cdot 6H_2O$	0.025	
	Na_2-EDTA	37.3	市販の混合塩類 4.6g または III 液（100 倍液）10 mL
	$FeSO_4 \cdot 7H_2O$	27.8	
ビタミン類	ニコチン酸	0.5	
	ピリドキシン・HCl	0.5	ビタミン液（100 倍液）10 mL（ストック液の作成時には NaOH を適量加えることですべての試薬を溶解させる）
	チアミン・HCl	0.1	
	グリシン	2.0	
ミオイノシトール		100	
ショ糖		30000	

市販の混合塩類は 14 種類の無機要素を含んでいる．混合塩類を使用しない場合は，I 液については終濃度の 10 倍液を，II・III 液については 100 倍液を作成して用いる．

- 炭素源：ショ糖やブドウ糖など．細胞の成長と増殖に必須．

2) 液体培地/固形培地

培地成分を調合したものを液体培地，それを固化剤で固めたものを固形培地と呼ぶ．液体培地は振とう培養に，固形培地は静置培養に適する．液体培地を用いた場合には細胞の増殖が速い傾向があるが，細胞の状態が変化しやすく，深刻なコンタミネーションが起こりやすいので，扱いは難しい．一方で，固形培地においては固化剤の種類や濃度が培養物の形状に大きな影響を与える．固化剤としては，寒天（使用濃度 0.6～2%）やゲルライト（0.2～0.4%）などが用いられる．

3) 植物ホルモン

植物ホルモンは培養組織の分化状態をコントロールする上でもっとも重要な要素である．もっともよく使用されるのはオーキシンとサイトカイニンであり，一般的にオーキシンは根の形成を，サイトカイニンは芽の形成を促進し，両者を同時に添加した場合にはカルスが誘導される．実際にオーキシンとして使用する物質としてはインドール-3-酢酸（IAA），1-ナフタレン酢酸（NAA），2,4-ジクロロフェノキシ酢酸（2,4-D）などが，サイトカイニンとしてはゼアチン，ベンジルアデニン（BA），カイネチンなどがあり，通常 0.001～5 mg/L 程度の濃度で使用する．しかし，物質ごとに作用に違いがあることから，実験前には最適濃度を確認する必要がある．また，光や熱で分解されるものもあり，調製には注意を要する．

4) 培地の作製法

ここでは市販の混合塩類を用いた MS 培地（1,000 mL）の作り方の例を示す（組成は表 4.3 参照）．

準備：ミオイノシトールとビタミン類について，ストック溶液（最終濃度の 100 倍液）を作成する．また，市販の混合塩類を使用しない場合は，表 4.3 の I 液（最終濃度の 10 倍液）および II・III 液（最終濃度の 100 倍液）を調整する．

調合した各液は冷蔵庫にて保存する．

① イオン交換水 800 mL にショ糖 30 g と MS 混合塩類 4.6 g，および，ミオイノシトールとビタミンの 100 倍液を各 10 mL 加え，溶解させる．溶解後，イオン交換水を加えて 1,000 mL とする．

② 1N の NaOH を用いて pH を 5.6～5.8 に調整する（2,4-D や BA など熱に強い植物ホルモンは pH 調整前に添加する）．

③（固形培地の場合は 8 g 寒天，または 2 g ゲルライトを添加し）フラスコなどに入れて 120℃で 15 分間オートクレーブ滅菌する．突沸による事故を防ぐため，培地の量は容器の 8 割以下とする．

④ 小型の無菌容器に分注する場合，および，抗生物質など熱に弱い物質（フィルターによる濾過滅菌）を添加する場合には，培地が 50℃程度まで冷めてから作業を行う．

c. 培養容器

培養容器としては，①滅菌が可能または無菌状態で販売されている，②無菌状態が長期間維持できる，③培養組織の観察が容易，の 3 点を満たすものが適する．一般にガラス製またはプラスチック製のシャーレ類，各種の瓶やポット類，三角フラスコなどが用いられる．また，ここでは紹介しないが，大量培養時には専用の培養槽を用いる．

1) シャーレ/プレート類

【形状】底面積が広く，高さが低い．多孔のマルチウェルプレートも使用できる．

【対象】静置培養に適する．組織片の培養や，多数の小さな植物，多種類のカルスの培養に有用．また，細胞を薄く広げて培養する場合や，細胞を維持する場合にも適する．振とう培養の際には，ごく低速で振とうする．

【密封方法】底とふたの間をパラフィルムやサージカルテープなどで密封する．

【滅菌・取り扱い】ガラス製の場合は乾熱滅菌する．プラスチック製品はガスまたは γ 線で滅菌されたものが市販されているが，植物によってはガスの残留が気になることもある．培地作成時には滅菌済みの培地溶液をクリーンベンチ内でシャーレに分注する．培地は雑菌の混入と乾燥を防ぐために袋などに入れて密封し，ふたを下にして保管する．

2) 瓶，ポット類（棒瓶，マヨネーズ瓶，カルチャーポットなど）

【形状】底面積は比較的狭いが高さがある．細い瓶類はスタンドを使用する．

【傾向】静置培養に適する．少数の植物を大きく生育させる場合に有用．

【密封方法】専用のふたが市販されているが，二重にしたアルミホイルでもふたができる．通気を良くする場合は，綿栓やミリラップを用いる．ふたがスクリューキャップ以外の場合はパラフィルムやビニールテープでふたと瓶の間をシールする．

【滅菌・取り扱い】大型の瓶は，個々に調整済みの培地溶液と固化剤を分注してオートクレーブ滅菌し，固化前に瓶を振ってよく混合する．試験管や棒瓶を用いる場合には，培地溶液に固化剤を加えて電子レンジなどで加熱し，溶解したあとに分注，ふたをしてオートクレーブ滅菌する．シャーレと同様に，培地と容器を別に滅菌し，無菌的に分注してもよい．

3) 三角フラスコ，コニカルビーカー

【形状】高さがある．口が狭いことから作業が多少難しい．

【傾向】静置培養にも用いられるが，特に振とう培養に適する．

【密封方法】市販の綿栓やゴム栓，二重にしたアルミホイルなどを用いる．

【滅菌・取り扱い】液体培地を作製する場合には，調製済みの培地溶液を分注し，ふたをしてオートクレーブ滅菌する．エアレーションを良くするために液体培地の量はフラスコの容量の 3 分の 1 程度にする．

d. 培養環境

温度・照度などの条件は細胞の増殖や器官分化に影響を及ぼすことから，培養中はこれらを適正

に保つことが重要である．一般的には，植物育成用インキュベーター，または，厳密な温度管理が可能な部屋に照明装置を備えた棚を設置するなどして培養を行うことが多い．また，培養環境をクリーンに保つことも重要である．土植えの植物など，カビの混入が明らかなものと同じ空間での培養はなるべく避ける．

1) 温　度

一般に適温は20〜30℃の間にあり，それを逸脱すると増殖や分化が妨げられる．

2) 光

組織ごとに好む照度が異なる．一般に緑色の組織は明所で，根や塊根などは暗所でよく増殖・分化する．暗所を好む組織の培養時には容器をアルミホイルで覆って遮光する．また，一部の植物の器官分化においては光周期も重要となる．

3) 振とう

液体培地を用いた培養時には，組織に酸素などを供給するため常に容器を振とうする必要がある．旋回型や往復型の振とう機を用いる場合が多く，振とう方法，速度，振幅によって細胞の増殖や分化が影響を受ける．一般に振とうが激しいほど細胞増殖は良くなるが，器官分化は妨げられる．

e. 植物細胞の培養

実際の培養の手順を以下に示す．無菌操作の詳細については4.1節を参照．

1) 殺　菌

手は石鹸などで洗い，エタノールで肘から下を殺菌する．培地などは容器表面をエタノール殺菌する．植物材料は種子を表面殺菌して無菌的に育てるか，次亜塩素酸などで表面殺菌する（方法は6.2節を参照）．ピンセットやメスなどの金属器具はガスバーナーなどで火炎滅菌してエタノールにつけておき，使用直前に炎でエタノールを飛ばし，冷ましてから使用する．ピペットは無菌で販売されているプラスチック製のものを用いるか，ガラス製のものは専用の缶に入れる，あるいは，アルミホイルに包んで乾熱またはオートクレーブ滅菌する．

2) 外殖片の作成と植え込み

滅菌したガラス板，またはシャーレのふたなどの上で植物組織を適切な大きさに切り取り，適切な培地上に置く．植物組織の乾燥や雑菌の混入を防ぐために，作業はなるべく手早く行う．

3) 培養・観察

組織を植え込んだ容器に封をし，培養する．培養開始後1週間頃までは植え込み時に混入した雑菌の増殖があるため，頻繁に観察を行い，雑菌の増殖があれば即座に培養物を新しい培地に移植する．その後も頻繁に裸眼または実体顕微鏡で観察を行い，常に培養物の状態を把握することが好ましい．

4) 移植・維持

増殖速度にもよるが，培養開始後2週間から1ヵ月程度で培養物の一部を新しい培地に移植する．この操作を繰り返すことによって，植物培養組織を長期にわたって維持することが可能である．

〔池田美穂〕

参　考　文　献

1) 原田宏・駒嶺穆編：植物細胞組織培養，理工学社 (1979)．
2) 駒嶺穆・野村港二編：生物化学実験法41　植物細胞工学入門，学会出版センター (1998)．
3) 長田敏行編：植物工学の基礎，東京化学同人 (2002)．
4) 島本功，岡田清孝，田坂哲之監修：モデル植物の実験プロトコール（第1版，改訂3版），羊土社 (1996, 2005)．

4.6　生育の評価

生物の生育は様々な指標で測られるが，細胞生物学の分野で共通に用いられる指標は，細胞数，細胞容積，重量や細胞成分の増加である．例えば，植物の培養細胞は，植え継ぎ後短いラグを経て活発に分裂する時期に入り，やがて細胞分裂活性が低下し細胞が肥大する相に移る．細胞が活発に分裂している時期の細胞はあまり肥大しないため，細胞分裂活性が低下し肥大成長している時期にもっともよく成長しているように見える．どん

な指標でも生育の一面を表しているにすぎない．それゆえ，できるだけ多くの指標で測定することが，生育の評価にとって大切である．

多くの指標を比較することによって，細胞の性質を理解し，生育している細胞の中で何が起きているのかを知る手掛かりを得ることができる．

a. 細胞数の測定と成長曲線の作製法

1) 道具と試薬

- 直径6 cmのプラスチックディッシュ
- 先端を切り落としたメスピペット（2 mL, 5 mL）
- 倒立型蛍光顕微鏡
- 数とり器
- 表計算ソフトウェア（DeltaGraph, Excelなど）
- PBS（phosphate-buffered saline），セルラーゼ，Pectolyase Y23

2) 方 法

液体培養している細胞でも，ほとんどの植物細胞は細胞塊を作りながら増殖する．細胞塊が小さく，塊の内部まで見えるようなら，エタノールやホルマリンで固定し，適当な蛍光染色剤でDNAを染色すれば（染色については5.2節を参照），蛍光顕微鏡観察により，核の数として細胞数を測定することができる．もし，細胞塊が緻密で，この方法で細胞数が数えられない場合には，固定した細胞をPBSで数回洗い，1％セルラーゼ，0.1％ Pectolyase Y23で30～60分間処理したのち軽くピペッティングして細胞塊を崩してから，DNAを染色する．

細胞数の測定は次のように行う．細胞を懸濁し（酵素処理した細胞塊はピペッティングして細胞を分散させておく），その10 μLをとり裏返したプラスチックディッシュのふたにとる．そこにディッシュの身を載せると，ディッシュの間に挟まれて，細胞の懸濁液は3 mmほどに広がる．これを倒立蛍光顕微鏡に載せ細胞数を数える．細胞数が200～500になるように懸濁液を希釈し，10 μLに含まれるすべての細胞をカウントする．1回に10 μ×3回の測定を行い，その平均値をから1 mL培養量あたりの細胞数を計算する．統計処理が必要な場合には，この操作を繰り返す．細胞数の測定には，しばしば血球計算盤が用いられるが，上に紹介した方法はより簡便で正確であり，道具代も安い．

フラスコなどから一定量の培養液を採取するには，先端を切り落としたメスピペットを使うと正確に採取できる．細胞量の誤差も少ない．筆者らは市販メスピペットの先端を0 mLの位置で切り落とすようにガラス工房に依頼して作製したものを使用している．先端まで同じ太さになるが，容量5 mLまでのピペットなら操作によって液がこぼれることはない．

細胞数の増加を図示する場合には，DeltaGraphやExcelなどの表計算ソフトウェアを用いる．数値を入力し，数値計算を行ったあと，横軸（リニアー）に日数あるいは時間をとり，縦軸（対数目盛り）に細胞数をとってグラフに表示する．

b. 同調培養

細胞はゲノムを複製し娘細胞に分配することにより連続的に増殖する．細胞がゲノムDNAの複製を開始してから，再びゲノムDNAの複製を開始する直前の過程を1つのサイクルとみなして，細胞周期と呼ぶ．細胞周期で起こるできごとを研究する上で，細胞周期のそろった増殖系は欠くことのできない実験材料である．この目的のために細胞周期をある時期にそろえる処理が細胞周期の同調化，あるいは同調培養である．

細胞周期には細胞自身が次の過程に移ってもよいかを判断する点（チェックポイント）がある．環境が増殖に不適当であったり，生理的に不完全な状態にあったりしたとき，細胞はチェックポイントより先のステージに進むことができず，その点で細胞周期は停止する．細胞周期の同調化は細胞のそのような性質を利用する．

同調化の評価には以下のような方法がある．

1) 細胞数の増加と分裂指数の変動

同調系であれば細胞数は段階的に増加する．し

かしそれだけで同調化の程度を推定するのは困難である．細胞数の増加に分裂指数（mitotic index）の変動を重ね合わせ，分裂指数の極大値がどのくらいの値を示すかによって同調性を評価する．

2) S期細胞の計測

細胞を短時間ブロモデオキシウリジン（BrdU）を含む液で培養し，固定する．BrdUはチミジンのアナログとしてDNAに取り込まれるので，細胞を抗BrdU抗体で処理し，蛍光標識した二次抗体で染色すればその時点でS期にあった細胞の割合が測定される（染色法は5.1節および8.5節を参照）．染色された細胞の割合を経時的に記録し，極大値をもって同調性とする．

3) セルソーターによるDNA量の測定

経時的に細胞を採取し，DNAに結合する蛍光色素で細胞を染色し，蛍光強度から個々の細胞のDNA量を測定する．DNAは複製開始とともに増加し始め，4Cを維持したあと，娘核の形成とともに2Cに戻る．この測定は同調性の程度よりも細胞の集団がどの時期にあるのかを知る方法として有効である．

4) 放射性チミジンの取り込み

一定量の細胞を経時的に採取し，放射性チミジンで短時間標識したあと，オートラジオグラフィーに供する．核の上に銀粒子が確認された細胞をもってS期細胞とする．2)に準じた方法でS期にある細胞の割合（labeled index）を計算し同調性を評価する．

〔増田 清〕

参考文献

1) 駒嶺穆・野村港二編：生物化学実験法 41 植物細胞工学入門，学会出版センター（1998）．

5. 生物試料の染色と標識

　個体，組織，細胞，分子の識別に，染色や標識が有効なテクニックとなることがある．識別の目的は様々であり，必要に応じて方法を選択する必要がある．例えば，様々な家畜の中からヒツジをより分けるのか，ヒツジを個体識別するのかによって方法は異なるだろうし，個体識別でも，顔や毛色などの特徴，人工的なタグ，子孫にも及ぶような遺伝的な特徴の導入など，方法は1つではない．さらに，ヒツジの持つ代謝系を経時的に追う場合など，標識化合物を用いる場合には，どのような分子のどの原子を標識するのかなども問題になる．何と何を識別するのかと，どのような方法で標識するかについて，以下のような観点からの考慮が必要である．

　① 対象となる生物材料のレベル：その種類の個体，組織，細胞，分子のすべてなのか，あるいは特定の1つの細胞や分子なのかなど，識別すべき対象により標識の方法は異なる．

　② 標識される対象の状態：生きたままの状態か，固定された組織か，あるいは抽出した試料か，代謝や，ある細胞や分子の運命を知りたいのか，さらに特定の部位や時期に生産された分子だけを標識するのかなどにより，分子プローブを用いるか標識化合物を用いるかなど方法が異なってくる．

　③ 具体的な標識方法：本来の化合物の類似物の利用，分子の修飾，蛍光色素による標識，融合タンパク質の生産，同位体の利用など．

　④ 検出方法：放射能，重量，分子間の特異的な結合，顕微鏡観察など．

　実際の実験では，これらの観点が組み合わされて実験が行われ，標識方法も常に改良されているため，すべての事例について具体的に言及することは難しい．ここでは，標識する対象ごとに留意するポイント，放射性同位元素による標識，非放射性化合物による標識という観点から解説する．

〔野村港二〕

5.1 標識法の選択

　組織や細胞，分子を標識する方法には，色素などによるマーキングと細胞自体の遺伝的な性質の利用に大別できる．対象が細胞や組織でも，実際に標識するのは生体内の分子であるため，ここでは分子の標識を中心に述べる．

a. 標識の方法と考え方

　組織や細胞を標識する方法は，色素などによるマーキングと細胞自体の遺伝的な性質の利用に大別できる．

1) 色素による生体染色

　フォークトによる局所生体染色以来，細胞や組織に毒性の低い色素を用いた組織や細胞の染色による標識は発生学を支えてきた．蛍光色素や蛍光標識ビーズやプローブの開発で染色の応用範囲は広がっている．代表的な色素については5.2節に

記載した．

2） 発光指示薬や光活性化前駆体によるイオンの追跡

個々の分子を追跡する方法ではないが，生きた細胞内のイオンの分布や濃度を蛍光の波長と強度から観察，測定するための指示薬として，カルシウムイオン測定用の Fluo 3, Fura 2, Indo 1 など，水素イオン濃度（細胞内 pH）測定用の BCECF，塩化物イオン用の MQAE などが利用されている．また，細胞内にあらかじめ取り込ませておき，光照射によってカルシウムイオンや ATP などを放出する光活性化前駆体（caged 化合物）が，細胞内のイオン環境の変化の影響を追跡するために用いられる．

3） 類似物（アナログ）の取り込みによる高分子の標識

本来の生体分子に構造が類似しており，誤って代謝系に取り込まれたり，核酸など高分子の合成に利用されるアナログのうち，検出が容易なものは標識に応用される．チミジン（thymidine）アナログであるブロモデオキシウリジン（BrdU）による DNA の標識が代表例である．

4） 生体分子，特に抗体など分子プローブの修飾や酵素などとの結合による標識

分子を検出可能なマーカーと結合させることで標識する．標識される分子は，核酸，タンパク質（特に抗体）が代表的である．これらの分子プローブを，色素，ビオチン，酵素，金属などで標識する．よく用いられる標識法としては，形態の観察には，蛍光色素（顕微鏡観察用），金コロイド（電子顕微鏡観察用）があり，酵素標識として西洋ワサビパーオキシダーゼ，アルカリホスファターゼ，汎用の標識としてビオチン，特殊な例としては超常磁性高分子ポリマーが用いられる．超常磁性高分子ポリマーは，磁場内でだけ一過性の磁気を帯びるため，プローブと標的分子が結合したあとで，これを磁石によって回収できる．

5） レポーター遺伝子や融合タンパク質の利用

導入されたレポーター遺伝子の発現からトランスジェニック細胞を追跡する方法．例えば GFP 遺伝子を用い，共焦点レーザー顕微鏡などで組織を光学切片として観察すれば，小型の生物なら生かしたままでその発現を追い続けることも可能である．また，細胞や組織の識別だけでなく，あるプロモーターが個体内のどの部位でいつ発現するかを知るための手段にもなる．

6） キメラ胚

細胞レベルで遺伝的に異なる表現型を示す 2 系統を用いて作成したキメラ胚から発生した個体で細胞の分布を解析し，発生における細胞系譜や細胞間の相互作用を知ることができる．

7） 安定同位体の利用

^{13}C, ^{15}N, ^{31}P などの安定同位体は，タンパク質，炭水化物，核酸などの分子構造を変化させることなく標識する．これらの安定同位体は，質量分析，赤外分析，核磁気共鳴などにより検出することが可能であり，原子レベルでの構造解析や代謝研究に用いられている．

b. 生体分子，細胞，組織ごとの標識法

1） 核　酸

核酸の標識は，細胞内での in vivo あるいは PCR を利用して DNA 合成を伴い標識する方法と，ニックトランスレーションによる標識化合物の取り込み，DNA 分子を化学的に修飾する方法に分けられる．in vivo では，他のヌクレオチドに比べて，サルベージされやすいチミジンかそのアナログが用いられ，^3H, ^{14}C, ^{32}P, ^{35}S などの核種による放射性ヌクレオチドの取り込みによる標識が一般的に行われてきた．非放射性標識としては，安定同位元素やチミジンアナログであるブロモデオキシウリジン（BrdU）が用いられ，試験管内でのニックトランスレーションや PCR を伴う標識では色素やビオチン標識したヌクレオチドも用いられる．5′ あるいは 3′ 末端の化学的な修飾にはジゴキシゲニン（DIG）や，西洋ワサビパーオキシダーゼを用いるキットがよく用いられる．

2） タンパク質

i）抗体　顕微鏡観察用には FITC や RITC などの蛍光標識，ウエスタンブロッティングには

アルカリホスファターゼや西洋ワサビパーオキシダーゼといった酵素による標識がよく用いられる．ビオチン標識も汎用性の高い方法として用いられている．電子顕微鏡観察のための金コロイド標識抗体，磁石で抗原を回収するための超常磁性高分子ポリマー標識抗体なども市販されている．^{125}I などによる放射性標識も行われる．

ii) 一般のタンパク質 ^{14}C，^{35}S などによる放射性標識アミノ酸はトレーサー実験や，パルス・チェース実験には欠かせない．非放射性標識としては，アセチル化，アミド化，ビオチン化などが行われる．組換え DNA 技術によってグルタチオン S トランスフェラーゼ（GST）や，GFP との融合タンパク質を作製させ，これらをタグとして雑種タンパク質を得る方法も広く行われている．細胞内におけるタンパク質の局在を顕微鏡で観察する目的では，GFP との融合タンパク質を生産させるのが一般的になっている．

3) 脂質，糖などの生体分子

トレーサー実験では放射性同位元素を用いる．非放射標識としては，糖の場合には蛍光化合物，リン脂質はビオチンで標識可能である．

4) 細胞，組織

組織中の特定の細胞について，細胞分裂を経ても細胞を追跡できることが必要な場合には，遺伝的な標識を行う必要がある．数回の細胞分裂であれば，蛍光色素あるいは蛍光標識されたラテックスビーズを注入する方法もある． 〔野村港二〕

5.2 組織や細胞の染色による標識

顕微鏡観察，電気泳動，蛍光標識プローブの作製などで染色は欠かせない．一般的に色素は，そこに存在している対象すべてを染色して標識する．ここでは，よく用いられる色素の概要を述べる．色素の中には，染色の原理が不明なもの，毒性や変異原性について調べられていないものが多い．そのため，色素を使用するときは，皮膚に付けたり吸い込んだりしないように気を付けることが大切である．

a. 可視光で観察する色素

顕微鏡観察やゲルの染色などに，よく用いられる色素について解説する．それぞれの色素を含む染色液の調製法は，目的に応じた実験書を参照されたい．なお色素を利用する際は，毒性や変異原性について，あらかじめメーカーのウェブサイトなどで，危険有害性情報（MSDS）などを確認すること．

① Basic Fuchsine：ローズアニリン塩酸塩，パラローズアニリン塩酸塩などの混合物．Schiff の試薬の主成分として用いられる．Schiff 試薬は，アルデヒドと反応し赤紫色に呈色する．塩酸で加水分解した DNA を可視光で染色する Feulgen 反応や，過ヨウ素酸で酸化させた多糖類を染色する PAS 反応に用いられる．Feulgen 反応には定量性があり，例えば顕微測光によって核内の DNA 量を測定することができる．

② Bromophenol Blue（BPB）：染色用としてよりは，電気泳動時に移動度を観察するマーカーとして利用される．

③ Carmin：グリコーゲンを赤く染める．アルミニウムを媒染剤として核を染色する．アセトカーミンとして利用することも多い．

④ Coomasii Brilliant Blue（CBB）：タンパク質の染色に用いる．R250 と，その dimethylated form である G250 がある．CBB R-250 はポリアクリルアミドゲル中のタンパク質染色に用いられる．CBB G-250 はタンパク質中のアルギニン残基と芳香族アミノ酸の側鎖へ結合する色素で，CBB R-250 より背景の脱染が容易である．また，CBB G-250 はタンパク質との結合により λ_{max} が 465 nm から 595 nm に変化することから，595 nm の吸光度よりタンパク質定量を行う Bradford 法に用いられる．

⑤ Eosyn Y：負の荷電を持ち，タンパク質の陽性荷電部に結合する．一般的な顕微鏡観察法として，ヘマトキシリンとともに用いられる．

⑥ Gimsa：ギムザ液は，メチレン青，アズール A，B，C，チオニンなどの塩基性色素と，酸性色素であるエオジンとの混合物の名称．核酸のリ

ン酸基を赤紫色，タンパク質を青色に染色する．光学顕微鏡観察でもっとも一般的な色素である．

⑦ Heamatoxylin：酸化した状態で金属イオンを介して核酸中のリン酸の負性荷電部と結合し，主に核を染色する．エオシンと併用されることが多い．

⑧ Methylene Blue：核を染色する．毒性が低く生体染色に利用することができる．

⑨ Methyl Green：顕微鏡観察における手軽な核酸染色法としてピロニンとともに利用される．DNAを含む核内部が青緑によく染まるが，染色の原理と特異性は不明である．

⑩ Ponceau S：ウエスタンブロットされたタンパク質を一過的に赤く染色するのに用いられる．抗体との結合を阻害しない．

⑪ Pyronin G（Y）：顕微鏡観察における手軽な核酸染色法としてメチル緑とともに利用される．RNAを赤く染色するとされるが，染色の原理と特異性は不明である．

⑫ Sudan（III，Black B）：顕微鏡観察において脂質を染色する．ズダンIII，ズダン黒Bは水に不溶であり，アルコールに溶かした色素は組織中の脂質内部に移行することで染色が行われる．

⑬ Silver Nitrate：硝酸銀水溶液を用いジアミン銀を形成させる．これをホルマリンによって金属銀に還元する．タンパク質や核酸を染色するために用いられる．電気泳動後のゲルの染色や，場合によっては顕微鏡標本の染色に用いられる．

⑭ Toluidine Blue O：顕微鏡観察，特にエポキシ樹脂に胞埋された切片を光学顕微鏡観察するために用いられる塩基性色素．核酸と核酸とタンパク質の複合体，酸性ムコ多糖が強く染色されるが，染色の特異性は低い．

b. 蛍光色素

蛍光色素の電子は，光（励起光）の光子エネルギー λ_{ex} によって励起状態になる．そのあと，電子が励起状態から基底状態に戻る際にエネルギー λ_{em} を光子（蛍光）として放出する．励起状態中のエネルギー消費によって，λ_{em} は λ_{ex} より小さくなるため，蛍光は励起光より長波長にシフトする．

蛍光標識は，蛍光顕微鏡や冷却CCDカメラなどによって高感度で検出できる．また，抗体の標識，組織化学，シークエンスのためのDNA標識など応用範囲はきわめて広い．また，蛍光色素で染色したラテックスビーズが市販されており，細胞系譜の追跡に利用された例もある．以下に主要な蛍光色素について解説し，表5.1には励起光と蛍光の最大波長，用途などをまとめた．

① Acrydine Orange：DNAとRNAに結合するが，どちらと結合したかに応じて波長の異なる蛍光を発する．二重鎖DNAにインターカレントに結合し，DNAを播き戻す．

② Calcofluor White ST：セルロースを特異的に染色する．

③ Cy（Cy3，Cy5）：ローダミンと似た色素で，赤色のCy3，長波長のCy5などがある．遺伝子チップ（DNAアレイ）において，cDNAの標識に用いられる．さらに，芳香環を加えるなどの方法で波長を調節した，Cy3.5やCy5.5などがある．

④ Carbocyanine系色素（DiD，DiI，DiO）：オクタデシル（C18）インドカルボシアニン系の色素で，DiI（橙赤色）および（DiD）近赤外，オキサカルボシアニンのDiO（緑）は脂溶性が高く，生体膜の染色に用いられる．

⑤ 4′,6-Diamidino-2-phenylindole Dihydrochloride（DAPI）：DNAのAT対を強く染色する．生細胞の細胞膜を透過しにくい．皮膚や眼に繰り返し長時間触れると刺激があり有害．

⑥ Ethidium Bromide（EtBr）：DNAを強く染色する塩基性の色素．二重らせんの間に入り込みDNAの二重らせん構造に影響を与えるため，密度勾配遠心で環状DNAと線状DNAの浮遊密度に変化を与え分離を容易にする．強い変異原性物質であり，加熱されると有毒なヒュームを生成するため，廃棄も含めて取り扱いには厳重な注意が必要である．

⑦ Fluorescein Diacetate（FDA）：細胞内に取

表5.1 主な蛍光色素の最大波長と用途

蛍光色素	最大励起波長 (nm)	最大蛍光波長 (nm)	主な用途
Acrydine Orange	487 (DNA) 460 (RNA)	520 (DNA) 650 (RNA)	DNA, RNA
Calcofluor White ST	440	500	細胞壁
Cy3	550	565	核酸, タンパク質
Cy5	649	670	核酸, タンパク質
DAPI	359	461	DNA
DiD	644	665	細胞膜
DiI	549	565	細胞膜
DiO	484	501	細胞膜
Ethidium Bromide	510	605	DNA
FDA	488	530	生細胞
FITC	494	520	タンパク質
GFP	395	501	レポーター遺伝子
Hoechst 33258	346	460	DNA
Propidium Iodide	536	617	DNA
TRITC	554	576	タンパク質
Texas Red	596	615	タンパク質
TOTO-1	514	533	DNA
YOYO-1	491	509	DNA

り込まれ、酵素的に加水分解されて蛍光性のFluoresceinとなるため、生細胞の識別や、フローサイトメトリーに用いられる。

⑧ Fluorescein Isothiocyanate (FITC)：蛍光試薬Fluoresceinに親タンパク基であるNCS基を結合させたもので、水に溶けて強い黄緑色蛍光を発する。アミノ基と容易に反応するので、アミノ酸、タンパク質、多糖類、細菌、真菌、ウィルスなどの蛍光ラベルに多用され、特に蛍光抗体法では一般的な標識色素である。

⑨ Hoechst 33258：2本鎖DNAのAT対を染色するMinor groove結合性色素。細胞膜を透過し、生細胞の核も染色する。有害と考えられるため、接触、吸入、嚥下を避ける。

⑩ Lucifer Yellow CH：神経細胞の染色に使用される。

⑪ Propidium Iodide (PI)：長波長の励起光でDNAを染色する。細胞膜を透過しない。

⑫ Quinacrine Mustard：DNAを強く染色するアクリジンオレンジ系の色素。染色の機構は完全には解明されていないがAT対を染色するQバンド染色に用いられる。

⑬ Rhodamine類 (Rhodamine B isothiocyanate (RITC), Sulforhodamine 101 sulfonyl chloride (Texas Red), Tetramethylrhodamine isothiocyanate (TRITC))：赤色の色素で、テトラメチルローダミン、ローダミンB、テキサスレッドの順に長波長となる。フルオルセインと同様に、アミノ酸に高収率で結合するためタンパク質の標識などによく用いられる。フルオルセインとは波長が異なるため、二重染色も可能である。

⑭ Rhodamine 123：ミトコンドリアを選択的に染色する。

⑮ Phodamine Phalloidin：アクチン繊維を選択的に染色する。

⑯ SYBR Safe：電気泳動後のDNAを高感度で検出でき、発癌性などの危険がない。SYPRO RubyはSDS-PAGE中のタンパクをターゲットにした高感度な蛍光色素。

⑰ TOTOおよびYOYO：シアニン色素のダイマーで、DNAに対する親和性が高く、EtBrの数百倍の検出感度がある。電気泳動中のDNAとも

結合する．EtBr の数百倍の検出感度がある．生細胞には取り込まれない． 〔野村港二〕

参考文献

1) G. Clark : *Staining Procedures* (4th ed.), Williams & Wikins (1984).
2) D. Savage *et al.* : *Avidin-Biotin Chemistry : A Handbook,* Pierce (1992).
3) 月刊 Medical Technology 別冊　染色法のすべて：医歯薬出版（1988）．

5.3　放射性同位元素による標識

a.　実験（標識法）の種類

^{3}H や ^{14}C のように放射線を発生する元素を放射性同位元素と呼ぶ．放射性同位元素を含む化合物を用いる手法は，他の方法に比べ感度が非常に高く，安定で，検出が容易であり，定量性にも優れ，標識が物質の化学的・生物的性質に与える影響が小さいことから，生体物質の標識に適している．ただし，使用に当たっては法令に定められた施設が必要で，許可を得た上で汚染防止に注意して実験を行う必要があり，扱いを誤れば被曝の危険性を伴う．

実験は，目的によって，以下の 1)～3) に大別することができる．

1)　生体物質の移動や集積の解析

生物個体や取り出した組織や細胞に標識した物質（無機物質，低分子化合物，高分子物質）を投与し，一定時間後にオートラジオグラフィーを用いて標識物質の局在を検出したり，組織や細胞，細胞小器官，生体物質の画分に分けて，液体シンチレーションカウンターなどを用いて放射活性を定量したりして，標識物質の時空間的動態を解析する実験．この場合，標識物質の構造変化は問わない．

2)　生体物質の代謝・酵素反応の解析

標識した化合物を，個体や組織，細胞，または酵素反応液などの無細胞反応系に加え，一定時間後に生成物をラジオクロマトグラフィーなどを用いて分析し，標識物質の構造変化と特性を解析する実験．

3)　生体物質の検出・定量

ある種の物質が生体物質に特異的に結合する性質を利用して，標識物質を用いて生体物質を高感度に検出したり，定量したりする実験．リガンドや特異的阻害剤などを用いて受容体や酵素などを検出したり（親和性標識），抗体を用いて微量生体物質を高感度に定量したり（ラジオイムノアッセイ），相補的な塩基配列を用いて DNA や RNA を検出する（ハイブリダイゼーション）などの方法がある．

b.　操作の実際

1)　選択，入手，保存

標識化合物の選択に際しては，実験の目的に照らして，適切な核種を選択する必要がある．実験に用いられる多くの有機化合物の構成要素のうち，一般的に用いられるのは ^{3}H, ^{14}C, ^{32}P, ^{35}S であるが，市販の標識化合物には ^{3}H と ^{14}C が用意されている場合が多い．^{3}H 化合物は一般的に比放射活性が高いが自己分解しやすい特徴があり，一方，^{14}C は比放射活性が低いが放射線のエネルギーが高いため検出が容易で比較的安定である．ただし，化合物の化学的濃度が低すぎて実験精度に問題が生じたり（^{3}H 標識化合物の場合），核種のエネルギーが高いためオートラジオグラフィーの解像度が低下したり（^{14}C 標識化合物の場合），化合物の標識の位置が問題になったりする場合もあるので，目的に応じて選択する．

一般的にはメーカーのカタログから注文するが，市販の化合物がない場合には，市販の標識前駆化合物からの合成や ^{3}H 交換標識をメーカーに依頼するか，技術と設備があれば自分で行うことも可能である．

購入した標識化合物の保存はメーカーからの指示に従うが，自己分解を防ぐために凍結保存を避けるべき場合（^{3}H 標識化合物など）があるので注意を要する．また，使用に際して自己分解を防ぐために加えてある溶媒などを除去する必要がある場合もある．

2) 取り扱いの注意

取り扱いに際しては，体内摂取による内部被曝の危険性を減らすとともに，実験の精度を上げるために，汚染防止に努める．

実験に当たっては，専用の作業着や履物，ゴム手袋を着用し，口を使ってのピペット操作などはできる限り避ける．操作は汚染に備えてトレイやシートの上で行い，揮発性物質や粉末の化合物を使用する場合やミストの発生する操作は，フードなどの換気設備の中で行う．高レベルの放射性同位元素を扱う場合は遮蔽などの措置（^{32}P はプラスチック，^{125}I は鉛を遮蔽剤とする）を行うとともに，被曝を最小にする実験計画を立てる．実験中および実験後には周囲の汚染状況のモニターに努め，生じた放射性廃棄物は施設の指示に従って種別に分別し保管する．また，測定器などの低レベルの放射性同位元素を扱う機器は，高レベルの放射性同位元素を扱う場所と隔離する．

3) 放射活性の計測

サンプル中の放射活性は，^{3}H，^{14}C，^{32}P，^{35}S では液体シンチレーションカウンターを，^{125}I ではガンマカウンターを用い，放射線の蛍光作用を利用して定量する．ガンマカウンターでは，サンプルを専用のバイアルに入れてそのまま計測するが，液体シンチレーションカウンターでは，サンプルにシンチレーターを加える．

水溶液サンプルには乳化シンチレーターを，有機溶媒サンプルや乾燥した薄いフィルターなどにはトルエン系シンチレーターを用いる．固形のサンプルの場合には，あらかじめ適当な可溶化剤を用いるか抽出操作を行ったあとにシンチレーターとよく混和する．各種のシンチレーターや可溶化剤が市販されている．^{32}P の水溶液の場合はシンチレーターを加えずにそのまま計測（チェレンコフ測定）することができる．通常のサンプルでは，測定器に内蔵の計数効率測定機能によって，クエンチング（消光作用）は自動補正されるが，フィルターや懸濁状のサンプルなどに含まれる ^{3}H を計測する場合は，自己吸収による誤差を考慮するべき場合がある．

4) 放射活性分布の検出

組織の切片や押し葉状の標本，クロマトグラフィー（ペーパークロマトグラフィー，薄層クロマトグラフィーなど），ブロッティング（サザンブロッティング，ノザンブロッティングなど），アレイ（cDNA アレイなど）など，平面状の試料における放射活性の分布は，X 線フィルムや写真乳剤，イメージングプレートを用いて検出することができる（オートラジオグラフィー）．

X 線フィルムによる検出は，特別な設備が不要な点と，空間分解能に優れる利点を有し，しばしば増感スクリーンと併せて用いられる．また，^{3}H のようなエネルギーの低い核種の場合，サンプルをあらかじめ液体シンチレーターで処理することにより感度を高めることができる（フルオログラフィー）．光学顕微鏡や電子顕微鏡などを用いたミクロレベルのオートラジオグラフィーには，^{3}H のようなエネルギーの低い核種が適しており，写真乳剤を用いて検出を行う．

近年，X 線フィルムに代わり，イメージングプレート（富士フイルム社）が用いられるようになってきた．この技術（ラジオルミノグラフィー）は，読み取りのための特殊な装置（BAS5000 など）を必要とするものの，定量的な画像データが得られ，きわめて高感度で，ダイナミックレンジ（検出の幅）が大変広く，繰り返し使用が可能な点で，研究の現場で急速に普及してきた．通常，試料はよく乾燥させ，プラスチックラップに包んでイメージングプレートに露出するが，^{3}H サンプルの場合はエネルギーが低いため，ラップに包まずに直接 ^{3}H 専用のイメージングプレートに密着する．この場合，イメージングプレートに放射性同位元素が移ってしまう場合があるので注意を要する．

5) ラジオクロマトグラフィー

放射性化合物を含むサンプルを各種クロマトグラフィーを用いて分画し，放射性同位元素の取り込まれた化合物を同定したり，その特性を解析したりすることができる．ペーパークロマトグラフィーや薄層クロマトグラフィーでは，前述のオー

トラジオグラフィーで直接検出することができるが，一定の長さごとに切り分けたり，かき取ったりして得た画分ごとに液体シンチレーションカウンターで計測することも可能である．

各種カラムクロマトグラフィーや高速液体クロマトグラフィーで得た画分も同様に液体シンチレーションカウンターで計測できるが，放射活性の検出器を装備している機器（高速液体クロマトグラフィー，ガスクロマトグラフィーなど）では，直接連続的に検出することができる．通常，非放射性の標準物質を同時に流して化合物の同定などの助けとするが，非放射性化合物の添加は，支持体などへの非特異的吸着を防ぎ分離を良くするためのキャリアーとしても有効である．

6） ラジオイムノアッセイ・親和性標識

抗体が抗原と特異的に結合する性質を利用して，放射性同位元素（^{125}I）で標識した抗原（ペプチドホルモンなど）を用い，サンプル中に微量に存在する抗原物質を高感度に検出・定量することができる（ラジオイムノアッセイ（競合法））．現在は ^{125}I で標識した抗体を用いるラジオイムノアッセイ（サンドイッチ法）が主流となっており，さらに特異性と感度が増し，操作も簡便になっている．

類似の技術として，放射性同位元素で標識したリガンド（ホルモンや特異的阻害剤など）を用いて，受容体や酵素などを検出する親和性標識法がある．タンパク質やペプチドの ^{125}I 標識には，クロラミン T 法や Bolton-Hunter 試薬法など複数の方法があり，目的に応じて選択する．リガンドとタンパク質間の結合様式によって操作中に乖離が生じる場合があるため，条件の設定に注意を要する．

7） ハイブリダイゼーション

分子生物学において，以前は放射性同位元素が塩基配列の決定によく用いられたが，近年は特殊な場合を除いて蛍光ラベルを用いるのが一般的になった．一方，核酸の相補性を利用したゲノム DNA や RNA の検出には，感度が高くバックグラウンドが低い点から，今でも ^{32}P 標識したプローブを用いる場合が多い．DNA（サザンハイブリダイゼーション）または RNA（ノザンハイブリダイゼーション）を転写したフィルターに，ランダムプライム法などで ^{32}P 標識した DNA をハイブリダイズさせ，バンドをオートラジオグラフィーで検出する．

c． 規　　則

すべての実験は，「放射性同位元素等による放射線障害の防止に関する法律」，「電離放射線障害防止規則」などの法令のもと，放射性同位元素使用施設（事業所）ごとに定められた「放射線障害予防規程」に従って行われなければならない．

使用者は施設長（事業所の長）の許可を得て施設に登録し，「放射線取り扱い主任者」の指示に従い，「放射線障害予防規程」に定められた使用の原則に従って実験を行うとともに，定められた教育訓練（講習）と健康診断を受けることが義務付けられている．

現在は，関係法令の一部改正により，低レベルの放射性同位元素の管理区域（施設）外における使用が場合によっては可能となったので，管理区域外使用を希望する場合は登録施設に問い合わせる．
〔佐藤　忍〕

参 考 文 献

1) 斉藤和実，栗原紀夫：生物化学実験法 32　アイソトープトレーサ法入門，学会出版センター (1993).
2) 江上信雄：実験生物学講座 3　アイソトープ実験法，丸善 (1982).

5.4　非放射性の標識と検出方法

a． 技法の種類

1） ビオチン標識

細胞内に存在するビタミンであるビオチン (biotin) は，タンパク質，核酸，リン脂質，糖など様々な分子を標識するのに用いられる．ビオチンの検出には，きわめて特異的なビオチン結合タンパク質であるアビジンあるいはストレプトアビジンを，抗体と同様の蛍光色素，酵素，金コロイ

ドなどによって標識することで行う．アビジンは，128アミノ酸のサブユニットの四量体からなる塩基性糖タンパク質である．ビオチンとアビジンの結合はきわめて安定（$Ka=10^{15} M^{-1}$）で，いったん結合するとpH，温度，界面活性剤などの影響をほとんど受けない．ストレプトアビジンもアビジンと同様にビオチンと結合する四量体のタンパク質である．アビジンもストレプトアビジンも1分子で4分子のビオチンと結合する．なお，細胞中にはビオチン化されているタンパク質がもともと存在することがあるので，タンパク質をビオチン化して標識する場合には，それらへの配慮が必要なことがある．

2) ジゴキシゲニン標識

ジゴキシゲニン（digoxigenin；DIG）は，ジギタリスから得られ心臓病の治療薬として用いられるジゴキシンを構成する分子である．一般的にはdUTPと結合させることで核酸の標識に用いられる．DIGはランダムプライム，ニックトランスレーション，PCRなどによってDNAに取り込ませることが可能なほか，3′および5′末端の標識，試験管内での転写系によってRNAを標識することができるなど，応用範囲が広い．DIGの検出は，目的に応じてアルカリホスファターゼ，蛍光，金粒子などで標識し抗DIG抗体を用いて行う．DIGを用いた標識では，アルカリホスファターゼの基質として，SCPDなどの発光基質が用いられることが多い．

3) 酵素標識

西洋ワサビパーオキシダーゼや，アルカリホスファターゼが抗体などの標識に広く用いられる．パーオキシダーゼは，水素供与体の過酸化物に転移させる酵素である．一般的には，4-chloro-1-naphthol（4CN）とdiaminobenzidine（DAB）を組み合わせた呈色反応で検出する．アルカリホスファターゼは，アルカリ領域でリン酸エステルを加水分解する酵素の総称．検出には，基質としてナフトールが分解されると，ジアゾニウム塩と結合し不溶性のアゾ色素を生じる反応を用いる．一般にはnaphthol AS-MX phoshpatetとfast blue RR salt，あるいは5-bromo-4-chloro-3-indolyl phosphate（BCIP）とnitroblue tetrazolium（NBT）を組み合わせて検出する．なお，これらの試薬以外にも，化学発光によって検出するためのキットが市販されている．

核酸の非放射性標識では，グルタルアルデヒドを用いて西洋ワサビパーオキシダーゼを直接プローブに結合させ，化学発光による検出を行う方法（ECL法）のキットが市販されている．一般の非放射性標識では，標識抗体あるいは標識アビジンなどによる間接的な検出を行うため，操作が煩雑になるが，この方法では操作が簡単で，短時間で結果を得ることができる． 〔野村港二〕

参考文献

1) D. Savage et al. : *Avidin-Biotin Chemistry : A Handbook*, Pierce (1992).
2) 野村慎太郎，稲澤譲治：細胞工学別冊9 脱アイソトープ実験プロトコール，秀潤社 (1994).

6. 組織・細胞の採取・分別・分画

実験の成功は，生物試料の良し悪しにかかっている．生物試料に求められる条件としては，できるだけ生体での機能を保っていること，いつでも同じ生理的あるいは発生的な状態で供給可能なこと，そのために一定の環境条件で育てられていることなどが挙げられる．そのためには，飼育や栽培，培養などの技術を熟知し，自らが扱っている生物種の発生や代謝，ストレス応答などについて基礎的な知識を持っていることも必要である．採取した組織や細胞を，さらに分別したり分画する過程では，傷害への応答反応や自己消化を防ぐなどの必要もある．

〔野村港二〕

6.1 動物の体組織と採取

ヒトをはじめとする動物の生体機能の解析において，動物組織を器官・組織のまま，また細胞レベルで取り出す手法は重要な位置を占め，そのまま解析，器官や細胞を培養して解析，さらには独立した培養系（細胞株など）を樹立しさらなる解析に用いるなど，多くの手法に発展する．ここでは，主に実験動物から解析用の組織を採取，および採取後の組織から初代培養用の細胞を分離する方法について述べる．

動物組織を採取するに当たって重要なのは，当然ながら新鮮さである．細胞分離をはじめ，生化学的・免疫学的解析でも，生体内に近い条件を取り出すことこそが動物組織を用いる最大の利点である．そのために操作・行程全体を迅速に行うことに留意する．

a. 組織の採取

動物から体組織を採取する手法の多くの部分は，動物実験法の手技からなっている．器具の選択や扱い方，動物の扱い方，麻酔や解剖の手法，また組織の見分け方や選択法など多くの細かいノウハウがある（文献1，2など）．実験法を習うほかに，各自，施設ごとの動物実験のガイドラインや動物実験書によく目を通す．ここではすべての手技や注意点を記述できないが，特に組織サンプルを新鮮に扱うために注意する点を中心に述べる．

1) 器具

動物や組織によって必要な用具は様々だが，解剖用具，麻酔用具，洗浄用のPBS（リン酸バッファー）や70％エタノール，その容器（洗浄シャーレ，洗瓶），ペーパータオルなどが組織採取に必要である．さらに，保存やその後の処理の目的に応じて，チューブやサンプルバッファー，培地，冷凍用の液体窒素なども必要である．無論，解剖用具や処理用具は事前に洗浄，滅菌しておく必要がある．操作はできるだけ手早く行う必要があるので，必要な器具は一通り開始前に用意する．

解剖用具は，例えばマウスなどの小動物の腹部臓器ならば，切れ味のよい眼科用剪刀と，ピンセット（先が「く」の字に曲がったK-14，先が針状に尖ったK-3の2種）で摘出できる．小動物を固定するための滅菌テープないしビニールテープ，アクリル板やバットなどの台も解剖用具とし

2) 麻酔

動物を殺して速やかに組織を採取する場合もあるが，特に小動物の場合は，全身麻酔をかけ，切除する直前まで血液などの循環が続くようにする．できるだけ動物の苦痛を少なくするよう，実験施設ごとに定められたガイドラインに従う．麻酔には大きな瓶にセボフルランを入れて密閉する方法，ネンブタールを腹腔注射する方法，ビニール袋に入れて炭酸ガスを充填する方法などがある．炭酸ガスはボンベなどから注入するので若干手間がかかるが，麻酔薬が血中に混入しないという利点がある．

筆者らのマウスのセボフルラン麻酔法は，大型の瓶（筆者らは古いデシケーター用の大型ガラス瓶を利用している．ふたがすりガラスで，密閉がかかる）にキムタオルを敷き，数 mL のセボフルランとマウスを入れる．しばらく暴れたり呼吸したりするが，やがて，容器を傾けても無抵抗に転がるようになる．軽く麻酔がかかった状態だが，術中には，麻酔が切れないようセボフルランをしみ込ませた綿を入れたチューブやビーカーなどで口（鼻先）を覆っておく．

3) 灌流

肝臓など，多量の血液を含む臓器は，血液が残っていると時間とともに凝固した血液が溜まる．これは他の成分の分画もしづらくするなどの悪影響をもたらす．したがって血液成分が多い臓器は，摘出した直後，重量を量るよりもさらに前に内部の血液などを交換しておく，灌流を行う必要がある．灌流液はリン酸生理食塩水，0.25 M ショ糖，1.15 M KCl などで，例えばラット肝臓の場合，ポリ洗瓶などで切除した肝の門脈から注入し，血液の色がなくなるまで行う．肝細胞分離時の灌流については次項に記述している．

4) 組織の処理・保存

生体組織は採取から一連の操作で期間を置かずに実験に用いるのが望ましい．生体組織は一般に，生体条件でなく，なおかつ器官・組織が原型を保っていればいるほど，細かく破砕されてバッファー内にある状態などよりもはるかに劣化しやすいと考えるべきである．そのため採取直後に，元の器官・組織の形からは，できるだけ早く処理を進めておくべきである（タンパク質・遺伝子の解析ならば破砕や粗精製などまで，免疫学的解析なら固定化までなど）．

しかし，組織採取直後に保存しなくてはならない場合や，採取後別の場所に送る必要が生じる場合もある．その場合，速やかに液体窒素などで凍らせて，超低温フリーザー（−80℃）で保存する．生体組織の保存に関しては第2章を参照されたい．

b. 細胞の分離

分離した動物の組織から特定の細胞を分離し，そのままの形で短期間培養することで（初代培養細胞），動物組織に対して細胞レベルの解析を行うことができる．また，その後，不死化を行って細胞株を樹立する場合も基礎となる手法である．

特定の細胞のみを，機能を維持したまま分離・培養する手法は，動物・組織・細胞ごとに考案され，性質ごとに異なる手法や注意を必要とする．目的の細胞のみ分離する手段としては，分離時（低速遠心，密度勾配遠心）や培養条件（無血清培地，栄養素添加や欠如）によって他種細胞を排除する方法がとられている．

ここでは一例として，ラット肝からの肝細胞分離法として一般に行われるコラゲナーゼ灌流法を説明する．

器具：解剖器具，ペリスターポンプ，シリコンチューブ，ポリエチレン製のカテーテルチューブ，洗浄用シャーレ，ガーゼ・脱脂綿，手術用縫合糸．

試薬：前灌流液（Ca^{2+} および Mg^{2+} を含まない Hanks' 液（GIBCO BRL などで市販）に 0.5 mM EGTA, 10 mM HEPES, pH 7.5）．コラゲナーゼ液（5 mM Ca^{2+} を含む Hanks' 液に 0.05% コラゲナーゼ，10 mM HEPES, pH 7.5），細胞洗浄用 MEM（minimum essential medium）培地，洗浄用 PBS・70% エタノール洗瓶．

① 恒温槽，ポンプを準備し，前灌流液，コラゲナーゼ液を38℃に保っておく．

② ラット（200 g前後）をセボフルラン麻酔し，四肢をバットなどの台にテープで固定する．作業中は，セボフルランをしみ込ませた脱脂綿などを入れたビーカーなどでラットの首（鼻先）を覆い，麻酔状態が維持されるようにする．

③ 70％アルコール綿でラットの腹部をよく拭ってから，腹部の皮膚，腹筋を正中切開し，ピンセットを用いて左右に広げる．肝臓以外の内臓（主に胃腸）を向かって右側に寄せ，門脈が十分見えるようにする．

④ 門脈に縫合糸の輪を作っておいてから，手前に眼科用剪刀などで切れ目を入れる．液が軽く滴下するくらいの速度でペリスターポンプを動かしてから，流入用のカテーテルを切れ目に挿入し，縫合糸の輪で結紮する．

⑤ 肝臓の下に伸びる下大静脈を切断し，放血させる．ペリスターポンプの流速を20〜30 mL/min程度に設定する．

⑥ 胸郭部を開き，下大静脈（横隔膜の上）に縫合糸の輪を作っておく．肝臓下の下大静脈をピンセットなどで結紮すると心臓が膨らむので，右心房の下大静脈の入り口に眼科用剪刀で切れ目を入れ，ここから流出用のカテーテルを下大静脈に挿入する．

⑦ 灌流液が肝門脈から入り，肝臓を循環して，下大静脈から流出する状態になる（図6.1）．肝臓が脱血されたら，前灌流液をコラゲナーゼ液に交換し，灌流を続ける．

⑧ 10分前後で肝小葉が浮き上がり，肝が変色してくる．灌流を止めて肝臓を切り出す（肝がやわらかくなっているので，スパーテルなどで受けながらハサミで切る）．

⑨ シャーレの中に移し，メスなどでほぐしたあと，冷MEM液を加え，ピペットで攪拌して細胞をシャーレ内に分散する．シャーレ内の液を，ガーゼ2枚と細胞濾過器で濾過する．

⑩ 濾液を$50 \times g$で1分間遠心し，上清を捨てる．再びMEMを加えて細胞を浮遊させ遠心する．これ（⑩）を3，4回繰り返して肝実質細胞を洗浄する．

⑪ 適量のメディウムを加え，細胞数と生存率を計測する．

⑫ 初代培養はWilliams' medium E（Sigmaなど）培地にFBS5％，$1 \mu M$インスリン，$1 \mu M$デキサメタゾンを添加して用いる．$5 \times 10^4/0.2$ mL・cm^2（細胞増殖実験の場合）程度にまき，CO_2 5％，37℃で培養する．1時間ほどでディッシュに定着し，1日後に単層を形成する．1日ごとに培地を交換する．この状態で5日から1週間程度維持できる．

灌流法に対して，収量は少ない（1/10程度）が生存率はより高く，また操作自体も簡易な方法として振とう法がある．振とう法は短時間灌流するか薄切した肝臓組織片を，コラゲナーゼ液内で振とうして行う[3]．

〔酒井直行〕

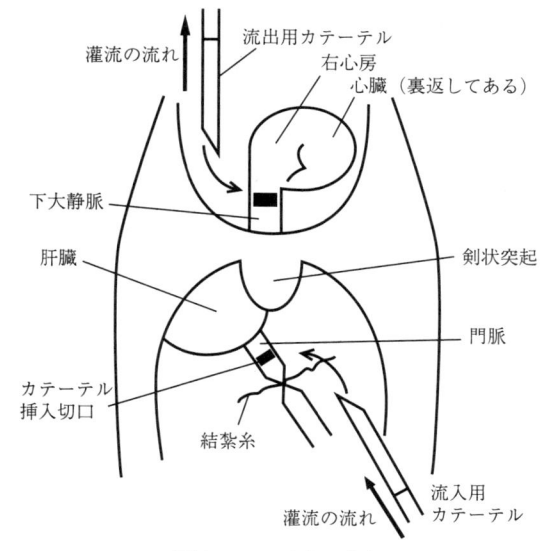

図6.1 ラット肝の灌流

参 考 文 献

1) 野村慎太郎：マウス解剖イラストレイテッド（細胞工学別冊），秀潤社（2002）．
2) 日本生化学会編：新生化学実験講座 19 動物実験法，東京化学同人（1991）．
3) 日本組織培養学会編：組織培養の技術—基礎編—，朝倉書店（1996）．

6.2 植物組織と細胞の分別

　研究を行う際には，常に安定して同じ生理活性を示す材料を用いることが重要である．しかし，植物の組織や細胞を材料とする場合，常に同じ材料を得ることは難しい．なぜならば，植物細胞は生育環境に対する反応性が高く，日照や温度などの変化によって，遺伝子の発現量や，内生の酵素の活性，タンパク質の量，組織の形状さえも変化させるからである．一定の栽培・培養条件下で生育を行い，採取・調整方法をそろえるなどして，材料に対する人為的な影響を削減する努力が重要である．

a. 組織の採取
　組織を採取する際には，採取目的や採取組織の状況によって留意すべき点が異なる．しかし，どのような場合にも組織の採取とその後の処理は迅速に行われなければならない．あらかじめ作業内容を把握しておくことが好ましい．

1) 採取目的ごとの注意点
　採取した組織の使用目的は多様である．活性を持った生細胞や細胞小器官の単離を目的とするのか，核酸やタンパク質の抽出を目的とするのか，組織や器官の観察を目的とするのか．各々の研究目的に合致した方法を用いることで，余計な手間を省き，よい材料を得ることができる．下記にいくつか具体例を挙げる．

i) 例1：組織培養の材料を採取する　生理活性の高い組織を無傷で採取する必要がある．まず，適切な生育環境で育てた生理活性の高い植物体を，適切な時期に採取することが重要である．植物体を傷付けないように注意しつつゴミなどを流水で洗い，70％エタノールに数〜数十秒浸したあと，有効塩素濃度1％程度の次亜塩素酸で10〜20分滅菌を行う．滅菌後は無菌水で5回程度洗い，植物体が乾かない状態にして（無菌水に浸すなど）以後の作業を行う．滅菌処理によって脱色した組織は使用しない．大きな植物体の一部を採取する場合には，組織を滅菌に適した大きさに切断し，パラフィンなどで切断面をカバーしたあと，滅菌する．

ii) 例2：核酸（DNA，RNA）の抽出材料を採取する　核酸類は細胞の破壊後すぐに分解される．そのため，採取した組織は即時に液体窒素で凍らせ，核酸分解酵素の機能を停止させなければならない．組織を過度に傷つけることは核酸の分解を促進するが，採取時には多少の傷よりも，核酸類の分解を止めることを優先する．液体窒素を用いない場合は，氷上に置く，または薬剤を添加するなどして酵素類の活性を低下させる．凍結した組織は乳鉢やホモジナイザーなどを用いて破砕したあとに融解させるが，この際には融解と同時にフェノールなどを加え，酵素類を失活させることが重要である．また，分子遺伝学的研究においては他組織の微量な混入が問題となる場合が多く，必要に応じてルーペや実体顕微鏡の下で組織の分別を行う．

iii) 例3：顕微鏡観察の材料を採取する　観察したい組織を無傷で採取する必要がある．乾燥や物理的破壊に弱い組織を扱う際には，特に慎重に，しかも迅速に組織の単離を行わなければならない．必要に応じて，実体顕微鏡や解剖用の精密ピンセットなどを用いる．単離した組織は乾燥などにより形状が破壊される前に観察方法に適した固定液（エタノール，ホルムアルデヒド，酢酸などの混合液の場合が多い）に浸し，固定する．固定しないで生細胞を観察する際には，乾燥などに注意し，手早く観察を行う．

2) 栽培状況ごとの注意点

i) 屋外または温室で栽培した植物体からの組織採取　自然光のもとで栽培した植物体からは活性の高い組織が得られる場合が多い．しかし，生育環境のコントロールは困難で，病虫害が発生することもあり，安定して同じ材料を得ることは難しい．そのため，採取時には植物体の栽培状況について記録することが好ましい．季節などに配慮して実験計画を立てることも重要である．また，屋外の植物には様々なものが付着している可

能性があるので，虫やゴミが混入しないように特に注意する．

ii) 室内で栽培した植物体からの組織採取

土植えの植物を屋内の栽培室や植物育成用インキュベーターなどにおいて栽培した場合，生育環境のコントロールが容易であり，一年を通じて安定して材料を得ることができる．しかし，屋外と比較して植物組織の活性が低い場合もあり，植物種によっては開花・結実などが困難なこともある．よい材料を得るには，生育環境の設定が重要である．

iii) 無菌状態で栽培した植物体からの組織採取

70％エタノールと次亜塩素酸で滅菌した種子を（手順は前述の組織培養の材料の採取に準じる）培地上に播種して育成した無菌の植物体は，菌や異物の混入がなく，非常に安定した生育環境下で育成された組織といえる．しかし，研究に用いる際は，培養という特殊な条件下で育った植物であることを考慮しなければならない．採取の際には培地成分の混入に注意し，必要があれば水などで洗う．また，一般的に培地上で生育した植物体は乾燥に弱いため，採取時はふたを閉めるなどして乾燥に注意する．

iv) 培養細胞の採取

培養細胞は，植物体よりも均一な細胞からなる場合が多く，モデル組織として用いられる．ピンセットで回収できないような細かな細胞を採取する際には，培地ごと遠沈管などに移して低速で遠心し，沈殿させて回収する（静置培養のものは，細胞をいったん液体培地などに懸濁するとよい）．ロートを用いた濾過や，ブフナーロートを用いた吸引濾過により濾紙などの上に集める方法もある．細胞塊のサイズが細胞の状態を反映する場合には，ステンレスまたはナイロンメッシュで濾して，必要なサイズの細胞塊のみを回収する．色などの形態で細胞を選抜する際は，駒込ピペットなどを用いて適切な細胞だけを集める．この場合は細胞塊の大きさに合わせてピペットのサイズを変えるとよい．大きな細胞塊を採取する場合にはカルスピペットが便利である．

また，培養細胞の活性は細胞の増殖率と関係することが多い．同じ活性の細胞を得るためには，培養日数（植え継ぎ後の日数）や植え継ぎ時の細胞量などの調整が重要である．

b. 細胞の分離

植物細胞は細胞壁などにより周囲の細胞と結合している．個々の細胞を組織から分離し，細胞壁を除去したものがプロトプラストである．プロトプラストは細胞融合や遺伝子導入，オルガネラ単離の材料などとして多くの研究に用いられる．

1) プロトプラストの単離に使用する試薬

プロトプラストの単離には大きく分けてペクチナーゼとセルラーゼの2つが用いられる．ペクチナーゼは組織から細胞を分離させ，セルラーゼは細胞壁を除去する．ペクチナーゼとしてはマセロザイムR-10がよく用いられる．他に強力な酵素としてペクトリアーゼY-23も有用である．セルラーゼとしては，特にナス科に有効な双子葉用のセルラーゼオノヅカR-10，イネ科植物に有効なRSが広く用いられるが，後者の方が活性が高い．また，強力な酵素としてはドリセラーゼも使用される．強力な酵素は毒性が高い場合もあり，材料に合わせて酵素の種類や処理方法を検討することが必要である．

2) 2段階法の例（葉肉細胞からの無菌プロトプラストの単離）

2段階法では，まず組織にペクチナーゼを作用させて細胞を分離し，次にセルラーゼを処理して細胞壁を除去する．葉肉細胞からプロトプラストを単離する際には，2段階法を用いることで海綿状細胞と柵状細胞の区別が可能となり，均一なプロトプラストを得ることができる．

i) 前処理

良好なプロトプラストの単離には，新鮮な成熟葉（完全に展開したもの）が適する．採取した葉は70％エタノールと次亜塩素酸で滅菌したあと，無菌水で薬液を洗い流す（洗浄以降の作業はクリーンベンチ内で行う）．次に葉肉細胞を露出させるため，葉の下側の表皮をはぎ取る．これが難しい場合は，支脈や細脈を避けて

葉を 2～5 mm の短冊状に切り取る．材料が乾燥する前に酵素処理を開始するため，酵素液はあらかじめ濾過滅菌しておく．

ii) 細胞の解離　葉肉細胞の解離には通常 0.1～数％のマセロザイム R-10 を用いるが，それだけで解離しない場合はペクトリアーゼ Y-23 を加える場合もある．酵素液は細胞の内部よりも高浸透圧になるように 0.3～0.8 M のマンニトールまたはソルビトールを加えて調整し，pH は 5～6 に調節する．葉の生重量 1g に対して約 10 mL の酵素液を加え，真空ポンプで減圧し，酵素液を葉の組織内に浸透させる．恒温槽内で振とうすると（温度，速度は植物ごとに検討する．例：25℃，120 回/分の水平振とう）最初は壊れた細胞などが遊離してくる．その後，海綿状細胞，柵状細胞の順に遊離するので，細胞の単離の様子を見つつ，酵素液を何度も交換して必要な細胞を集める．遊離細胞はマンニトール溶液で 3 回ほど洗い（50～100×g，1～2 分間遠心）酵素液を除く．

iii) 細胞壁の除去　遊離細胞からの細胞壁の除去には一般的に 0.5～数％のセルラーゼオノヅカ R-10 または RS が用いられる．セルラーゼ溶液もマンニトールなどで浸透圧を調整し，pH を 5～6 とする．恒温条件下でゆっくり振とう（例：35℃，60 回/分の振とう）すると 1 時間程度で球形のプロトプラストが得られる．得られたプロトプラストはマンニトールで洗い，細胞の破片などを除く．

3) 1 段階法の例（培養細胞からの無菌プロトプラストの単離）

1 段階法ではペクチナーゼとセルラーゼを同時に作用させる．培養細胞や葉肉細胞プロトプラストの単離に用いられる方法である．

i) 前処理　良好なプロトプラストの単離には，対数増殖期の培養細胞が適している．材料によって異なるが，植え継ぎ後 1～5 日目の細胞が適する場合が多い．培養細胞は低速遠心で沈殿させ，上清を除く．

ii) 酵素処理　培養細胞のプロトプラストを得る際には，ペクチナーゼ（0.5～数％のマセロザイムなど）とセルラーゼ（0.5～数％のセルラーゼオノヅカ R-10 など）の混合液を用いる．また，ドリセラーゼ（ペクチナーゼとセルラーゼに加えてその他の細胞壁分解酵素も含んでいる）も有効である．2 段階法の場合と同様に酵素液は浸透圧と pH を調整し，濾過滅菌してから用いる．

集めた細胞に酵素液を加え，2～5 時間程度，恒温槽で緩やかに振とうする．酵素処理が不完全な細胞が混ざっている場合はステンレスやナイロンのメッシュで濾す．得られたプロトプラストは適当な溶液で洗浄する．

〔池田美穂〕

参考文献

1) 原田宏・駒嶺穆編：植物細胞組織培養，理工学社 (1979).
2) 駒嶺穆・野村港二編：生物化学実験法 41　植物細胞工学入門，学会出版センター (1998).
3) 山口彦之監修：植物遺伝子工学と育種技術，シーエムシー出版 (2002).
4) 島本功・岡田清孝・田坂哲之監修：モデル植物の実験プロトコール（改訂 3 版），羊土社 (2005).

6.3　細胞分画

細胞を破壊し，細胞小器官などの細胞内に含まれる構造（compartment）を均一な成分として分離する技術を細胞分画法という．均質な成分を得る行程には，細胞壁と細胞膜を壊し，内部の構造を遊離させる行程，それぞれの構造を分離する行程，および得られた画分の純度を検定する行程が含まれる．

細胞内の構造を遊離させるには，内部構造に加わる剪断力や圧縮を最小に抑えながら効率良く細胞を破裂させることが大切である．細胞を破壊すると，液胞から様々な分解酵素や修飾酵素，イオンなどが放出され，それによって構造体の機能が失われたり変化したりする．それを避けるため，通常，細胞を破砕する際の pH やイオンの環境を整え，緩衝液に分解酵素の阻害剤などを加える．分散した細胞内の構造体から，構造体を単離するには，大きさ，沈降速度，比重などの性質の違い

を利用する．多くの場合，単離しようとする成分の純度を高めるためには膨大な労力と時間を要する．得られた画分に含まれる夾雑物は，目的の構造に類似した挙動を示すからである．さらに悪いことに，精製の段階数を増やせば最終的に得られる量もそれに応じて減少する．

　実際に細胞分画が必要なケースとして，酵素や生体分子の分布を調べる実験や，すでに分布がわかっている物質の抽出の前処理として細胞分画法を取り入れる実験がほとんどである．そのような場合，目的とする構造や物質の性質についての知識が得られていることも多く，構造に局在する既知物質が特定できているならば，それをマーカーとして目的の画分を精製することができる．現実に即した純度検定法を工夫し，効率良く次のステップへと進むことが大切である．

a. 基礎的な技術
1) 器具

i) 乳鉢と乳棒　新品はあらかじめ軽くすり合わせて表面の粉を落とし，洗ってから使う．ラップなどをかけ十分に冷却しておく．

ii) ワーリングブレンダーとオムニミキサー　金属製の刃を回転させ組織を切断する電動式のミキサーである．ワーリングブレンダーは底に刃が付いていて，オムニミキサーは上から刃の付いたシャフトを挿入する．オムニミキサーは容器が二重になっており，外側の容器に氷を入れ冷却しながら破砕することができる．

iii) ポリトロン　スリットの入った二重の金属製の筒の一方を固定し，もう一方を高速で回転させ，液とともにスリットを通過する組織を剪断する機械である．高速で回転するため同時に超音波が発生し，それによる破壊の効果もある．

iv) ポッター-エルヴェージェム（Potter-Elvehjem）型ホモジュナイザー　ガラスの外筒とそれよりわずかに細いピストンで構成され，ピストンを上下させ隙間を通る組織を磨砕する道具（図6.2）．外筒とピストンがガラスのすり合わせになっているもの，外筒の内面が滑らかで，

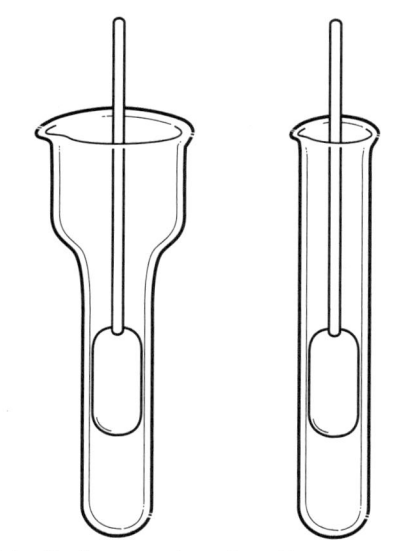

図6.2 ポッター-エルヴェージェム型ホモジュナイザー

ピストンがテフロン製のものなどがある．前者は植物組織を磨砕するときに使う．ガラスすり合わせによって生じる剪断力で細胞を破砕する．後者は主にペレットを懸濁したあと，均一に分散させるのに用いる．製品によってクリアランスに違いがあるので，実際に上下させてみて，目的に合ったものを選択する．あらかじめ十分に冷却しておき，冷水につけながら使用する．使用するときには，最初にピストンを挿入しておき，試料懸濁液をピストンの上に入れ，ピストンをゆっくり回転させながら引き上げるようにする．ホモジュナイザー駆動用のモーターを利用することもできる．

v) ビーズミキサー　密閉容器の中に組織と金属製ビーズを入れ，激しく振動させて破砕する．凍結した組織ばかりでなく懸濁した組織にも使用できる．振動数を調節できるものであれば，小器官を単離する目的にも使える．

vi) 遠心分離機　冷却多本架遠心機（冷却低速遠心機），微量高速遠心機，高速冷却遠心機を用いる．細胞分画の操作にはスイングバケットローターを使用することが多い．

vii) ピペット　マイクロピペットのほか，目的によって駒込ピペットやパスツールピペットを使用する．市販のパスツールピペットには，先端の口が細いものから太いものまで様々なものが

あるが，上清液を除く目的や，懸濁液をトランスファーする目的には太めのものが使いやすい．

viii) 篩　ステンレス篩，ナイロンメッシュなどがふるい分けに利用できる．繊維の間隔は20μmぐらいのものまである．開孔部（通過部分）の面積比率は，繊維が細い分だけステンレス篩の方が大きく，したがって，濾過効率も良い．ニュークリポアフィルターはポリカービネートの膜に中性子を当て，サイズの揃った孔を開けたものである．かなり小さい孔径のものまであるが，開孔部面積の比率が小さいのが欠点である．

ix) 絵筆　ペレットを懸濁するのに都合が良い．ナイロン製の毛，プラスチック製の柄のものがよい．懸濁する場合，ペレットにごく少量の液を加え，絵筆で分散させたあと，メディウムを入れて必要量とする．

2) プロトプラストの利用

細胞分画のための材料として，プロトプラストは理想的である．完全なプロトプラストにしないまでも，細胞壁分解酵素による処理は，その後の細胞破裂に著しい効果がある．

3) 密度勾配作製用の素材

生理的イオン強度で用いることができる素材として，ショ糖（密度勾配遠心用），Ficoll，Percoll, Nicodenz, Mertrizamideなどがある．細胞小器官分離用には，ショ糖（≦3.0 M）とPercoll（≦90%, v/v）が多用されている．Percollは粘性が低く，核を浮遊させる密度が得られ，分解能も高い．弱アルカリ性であるので塩酸で中性付近にpHを合わせ使用する．連続密度勾配として使用する場合には勾配を作製するための専用の道具が必要である．

b. 操作の実際

本項では，細胞分画の参考例として，ニンジン不定胚から核を単離する方法を紹介する．

① 液体培養によって分化誘導したニンジン不定胚を，11%ソルビトール，10 mM MES (pH 5.6)，50 mM KCl，2 mM CaCl$_2$（液1）で2回洗う（800 rpm，3分間の遠心沈殿と再懸濁による）．以後，上清を捨て，再懸濁する操作を洗うと呼ぶ．不定胚の沈殿を，2%セルラーゼオノヅカR-10，0.2%マセロザイムR-10，0.02%ペクトリアーゼY-23を含む酵素液，pH 5.4に懸濁し，25℃で45分間ゆっくり振とうする．酵素処理後の細胞を液1で洗う．

② 細胞の沈殿を25%グリセロール，0.25 Mショ糖，20 mM MES (pH 5.8)，50 mM KCl，3 mM MgCl$_2$，2 mM CaCl$_2$，1 mM dithiothreitol, Complete (Roche)（液2）に懸濁し，モーターに結合したポッター型のガラスホモジュナイザーで磨砕する．懸濁液を50 mLのプラスチックチューブに移し，冷却低速遠心機を用いて4,800 rpm，10分間，4℃で遠心する．上清を捨て，沈殿を1% Triton X-100 (w/v)を含む液2に懸濁し，再度ポッター型のガラスホモジュナイザーを通す．懸濁液を22μmのステンレス篩で濾過する．篩に残った細胞残渣を捨て，通過した画分をプラスチックチューブに移す．同じ条件で遠心分離して上清を捨てる．

③ 沈殿を0.2% Triton X-100を含む液2に懸濁する．あらかじめ，60%，40%および20% Percollを含む25%グリセロール，0.25 Mショ糖，20 mM KCl，3 mM MgCl$_2$，2 mM CaCl$_2$，1 mM dithiothreitol, Completeからなる3層の密度勾配を作成しておき，その上に懸濁液を載せる．試料を載せた密度勾配を4,800 rpm，50分間，4℃で遠心する．核は60%と40%の層の境界面に浮遊するので，これをパスツールピペットで取り，遠心管に移す．

④ 回収した液に2倍量の液2を加え，15μmのナイロン篩で濾過する．篩を通過した液を3,800 rpm，20分間，4℃で遠心する．沈殿を液2に懸濁し，3,500 rpm，10分間，4℃で遠心する．得られた沈殿が核である．核の純度を高めるには，密度勾配遠心を2回行う．核を保存するには，50%グリセロール，10 mM MES (pH 5.8)，20 mM KCl，2 mM MgCl$_2$に懸濁し，−80℃で保存する．この条件で，1年以上保存することができる．

〔増田　清〕

参考文献

1) 駒嶺穆・野村港二編:生物化学実験法41 植物細胞工学入門,学会出版センター (1998).

6.4 微小操作

生体組織や細胞,細胞の一部分を単離したり,これらに手術や操作を行ったり,物質を注入したりするような,肉眼では困難な操作を微小操作 (micromanipulation) と呼ぶ.操作自体は,切る,刺す,注入するなど単純なものが多いが,対象が小さいため,顕微鏡下で行われ,専用の機器が必要となる.これまでは,試料に直接接する微小針,微小ピペット,微小電極などはガラスで作成し,これらの微小器具は手の動きを縮小して伝えるマイクロマニピュレーターで駆動するのが一般的であった.一方,レーザー光をピンセットとして細胞などを移動させる光ピンセットや,パルスレーザーによって組織を切り出すレーザーマイクロダイセクションの技術も普及しつつある.微小操作は熟練を要するように思われるが,目的に応じて適切にセッティングされた顕微鏡やマイクロマニピュレーターであれば,操作自体はシンプルである.

a. 微小操作の機器と操作

1) 顕微鏡

倒立顕微鏡か,高倍率の実体顕微鏡が用いられることが多い.開口数の大きな対物レンズとコンデンサーを用いれば,必要な平面だけに焦点が合うので,対象物の Z 方向の位置を正確に把握することができる.逆に,実体顕微鏡は焦点深度が深いので,逆に操作対象の広く深い範囲の観察が可能だが,Z 方向についての情報を得ることは難しい.なお,正立型の複合顕微鏡は焦点合わせをステージの上下動で行うため,微小器具を Z 方向に位置しづらく,一般の対物レンズでは作動距離が短く対象とレンズの間に十分な空間が確保できないなど,微小操作には使いにくい.これらの観点から,微小操作には超焦点のコンデンサーで作業空間を確保し,ステージ下の対物レンズを上下させることで焦点を合わせる倒立顕微鏡が広く用いられる.

2) マイクロマニピュレーター

顕鏡しつつ操作するオペレーターの入力を微小な動きに変換して,微小器具を顕微鏡下で動かすための装置.マイクロマニピュレーターは4つの部分,すなわち,オペレーターが入力操作するダイアルかジョイスティック,入力を微小な動きに変換するメカニカル装置あるいは電子回路,操作量に応じて動く駆動部,微小ピペットなどを保持するホルダーから成り立つ.遠隔操作が可能なものでは,これらに加え入力側と出力側を結ぶ圧力系統か電気ケーブルが存在し,特にメカニカル駆動の製品では圧力系統は精密な操作を実現する上で重要である.実際の製品では,ラックピニオンギアによってこれらをコンパクトにまとめた簡易型,高い精度を持つメカニカル駆動の一体型,油圧か水圧で入力部から出力部を遠隔操作できるもの,モーター駆動のものなど,いくつもの形式がある.

微小器具のセッティングは操作を能率的に行うために重要である.例えば微小器具の先端を光軸と垂直である XY 平面上で動かせれば,常に鮮明に観察することができる.左右から微小ピペットで挟むような操作を行う場合には,それらのピペットを直線上に配置すれば,対象物が逃げることが少ない.このように,操作の目的によって,顕微鏡に対するマイクロマニピュレーターの取り付け位置や,ステージ平面との角度,微小器具先端の加工などが必要になる.

3) 除振台

微小操作では,顕微鏡を除振台に設置することが多い.しかし,遠隔操作式のマイクロマニピュレーターでは,駆動部を顕微鏡本体に直付けすれば振動の影響を受けにくいワークステーションを構成することができる.そのような構成での一般的な実験なら,発泡ゴムなどの上に鉄板を置いた簡便な除振台で十分である.

4) 微小器具用ガラス管

微小電極やマイクロマニピュレーションに用いるガラス器具は，直径 1 mm あるいは 1.5 mm のガラス管から作製する．専門メーカーが市販している材料用のガラス管には，内部にフィラメントを溶接したものや，断面が正三角形のものがある．ごく細いガラス針では，円形の断面を持つキャピラリーでは表面張力で水溶液の移動が不可能な場合があり，フィラメントと内壁の間の形状が溶液の移動を可能にする．さらに，細いガラス針に強度を与えるために，アルミノホウ酸塩ガラスなど特殊なガラスが用いられることがある．なお，ガラス針は先端の風化や，わずかな振動による破損が起こりうるので，使用直前に自作するのが一般的だが，加工滅菌済みの製品として市販されているものもある．

5) キャピラリープラー，**研磨機**，マイクロフォージ

ガラス針の作製と加工には，専用の機器を用いる．ガラス針は市販のキャピラリーをキャピラリープラーで加工して作製する．ガラスキャピラリーの中央を微小な白金ヒーターで加熱して溶解し，重力，ばねの力，電磁石による力などによって両側へ引き，2 本の針を作製する．はじめに少し伸ばしてから強い力で一気に引くことで，比較的短く先端も細い二段引きを可能にしている機種もある．どのような機種でも，目的に合致したガラス針の作成には，経験に基づく調節が必要である．

比較的大きな対象へのマイクロマニピュレーションでは，精密な回転砥石を持つ研磨機を用い，ガラス針の先端を医療用の注射針のように研磨する．

微小器具を曲げたり，バブルを作ったりするために，顕微鏡下でガラス細工を行う道具はマイクロフォージと呼ばれる．簡単な顕微鏡のピント面に微小な白金ヒーターと，必要な微小器具などを簡単なマイクロマニピュレーターを介して設置し，キャピラリープラーで作製したガラス針の加工を行う．

6) マイクロマニピュレーターを使用しない顕微操作

マイクロマニピュレーターを使わなくとも，眼科用ピンセットや 27 ゲージ程度の注射針，ガラスキャピラリーなどを利用して組織の一部を切り取る，細胞をつまむなど 50 μm より大きな対象への操作を行うことは可能である．肘あるいは腕を木箱のような台で支えることで，手を空中に浮かせたままだと困難な操作も行える場合が多い．

7) 顕微鏡視野での微小器具の探し方

マイクロマニピュレーションでは，目的の組織や細胞と，微小器具類のすべてを視野の中央に持ってくることと，同一の平面（焦点面）に置くことが前提となる．微小ピペットの先端は顕微鏡下では点としか見えないことも多く，発見するのが難しそうだが，可能であればピペットをわずかに動かすとピントがずれていても陰影が観察され，顕微鏡視野内での発見が容易になる．

b. マイクロマニピュレーターを利用した実験技法

1) 膜電位の測定

生理学で広く行われてきた技法．微小電極（細胞内電極）を用いて，細胞内に刺し入れた電極と，細胞外に置いたもう 1 本の電極によって細胞内外の電位差を計測する．古典的な実験では，細胞に刺し入れる微小電極は，先端 1 μm 以下のガラス製で，3 M KCl 溶液が充填されることが多い．

2) パッチクランプ

細胞を刺すのではなく，比較的太い微小ピペット細胞膜に密着させてシグナルを得る方法．ピペットを細胞膜に押し付けて陰圧をかけると細胞膜とガラス管がシールされる．この状態を cell-attached patch という．この状態から細胞を引き離すと細胞膜の内側がピペット外の外液に接する inside-out patch 状態になり，パッチ内のイオンチャンネルだけの挙動を測定することができる．また，cell-attached patch の状態でさらに陰圧をかけるとパッチ部分が破れてピペット内が直接細

胞内に連絡して細胞の全チャンネルを調べられる whole-cell recording 状態になる．さらに whole-cell recording 状態から細胞を引き離すとピペット周囲の細胞膜が引き伸ばされて破れ，それが互いにくっつくことで，細胞膜の外側が外液に接する outside-out patch の状態になる．

パッチクランプ法には，単一のイオンチャンネルを追跡できることや，電位固定による電流記録（ボルテージクランプ）と電流固定による電位記録（カレントクランプ）がともに可能であることなどのメリットがある．なお，近年では whole-cell recording による細胞全体の測定にも多用されている．

3) マイクロインジェクション

ガラス製の微小ピペットをマイクロインジェクターに接続し，細胞内に溶液を注入したり，核などを移植したりする方法．細胞は，保持用のピペットで捕捉することも多い．

c. レーザーによる操作

レーザーは，十分に長い距離と時間，位相のそろった状態にある単色光であり，干渉性がきわめて高く，指向性が鋭い．レーザーを収束させると，その波長と同じほどの大きさの中に出力を集中させることができる．生物学領域では，単色で位相がそろっていることを利用し波長を選択することで，光学系の光源，メス，さらに光圧を利用したピンセットなどに応用している．

1) レーザーメス

比較的マクロな利用法として，外科用の金属メスの代わりに用いられる．焦点を合わせエネルギーを集中させることで，組織内の水分を一瞬に沸騰させ，その部分を吹き飛ばすようにして切開する．一方，焦点をずらすことで組織表面を浅く焼灼することもできる．金属メスに比べて出血がなく，周囲の正常細胞を損傷させない特徴を持つ．

2) 光ピンセット

光は粒子としての性質を持ち，光子には運動量保存の法則が成立する．顕微鏡の対物レンズ下で，光が細胞などを透過すると，表面での反射と透過した光の屈折は，運動量として細胞を動かす．細胞には鉛直方向に重力と浮力が作用しており，これらとレーザー光によって生じる光軸方向の力が釣り合ったところで細胞は捕捉される．なお，重力と浮力，光による力のバランスによって細胞を捕捉して移動させるためには，特に Z 方向においてレーザー光の焦点面を精密に制御する必要があるため，開口数の大きな光学系を用いることが必要である．

3) レーザーマイクロダイセクション

顕微鏡を観察しながら，切片に長波長の紫外線レーザーをパルス照射して，一部分を切り取って採取する技法．直径 $20\mu m$ 程度の切片を採取することも可能である．染色体の一部分の採取や，病変を持つ組織など特定の部分における遺伝子の分析などに用いる． 〔野村港二〕

参 考 文 献

1) 平本幸男：実験生物学講座 8　細胞生物学，丸善 (1984).
2) J. E. Celis (Ed.)：*Cell Biology : A Laboratory Handbook*, Elsevier Academic Press (2006).

7. 生体分子の抽出・分画

7.1 組織の磨砕と抽出

A. 磨 砕

　細胞生物学実験には，材料の磨砕あるいは粉砕が欠かせない．磨砕の方法や程度は実験の目的により異なり，低分子の抽出では組織を微細に粉砕するが，高分子のDNAを抽出するときや，オルガネラの単離には細胞を穏やかに壊す．どのような目的でも，自己消化を阻害するために，氷や液体窒素で低温を保ち手早く操作を行う必要がある．

a. 器　具
1）乳鉢と乳棒

　磁製かステンレス製が広く用いられる．ステンレス製では硬い試料を叩き砕くこともできる．
　【長所】試料を砕いたり，ガラス粉末とともに微細な粉末にしたり，液体窒素中で生化学的に温和に磨砕したり，使い込み表面が滑らかになった乳鉢で細胞や核を壊さないで磨砕をするなど，様々な目的に利用できる．植物など繊維の硬い組織の場合には和風のすり鉢も有効である．
　【短所】むやみに力を加えてもよい結果は期待できない．手ごたえで乳鉢と乳棒のすり合わせのよい箇所を探り，その曲率の部分で軽く擦るなど操作には経験が必要．
　【対象】あらゆる組織に利用可能．
　【注意】磁製乳鉢は衝撃や温度変化で割れることがある．

2）ガラス製ホモジュナイザー

　ガラス製のシリンダーとピストンからなり，ピストンを回転させながら上下動させて，組織を磨砕する．シリンダーとピストンの形によってポッター-エルヴェージェム（Potter-Elvehjem）型やダウンス（Dounce）型，ピストンがテフロン製のものなどがある．シリンダーとピストンの間隔はポッター-エルヴェージェム型では0.1 mm程度で，ダウンス型では0.14から0.03 mm程度のものまでを選択することができ，さらに精度の高い製品もある．
　【長所】最終容量で50 mL程度までの試料を穏やかに磨り潰すことができ，回収率も高い．精度の高い製品であれば，特定の大きさの構造を分画することも可能．
　【短所】壊れやすい器具であるため，シリンダーとピストンの軸を一直線に保つ，衝撃を与えない，洗浄を丁寧に行うなど，使用には練習と細心の注意が必要である．
　【対象】比較的やわらかい組織を，緩衝液中に懸濁するように磨砕するのに適する．磨砕には，ピストンによって作られる水流の速さも影響するので，ピストンを駆動する速さは重要である．ポッター-エルヴェージェム型のピストンをモーターで駆動することもある．
　【注意】衝撃や急激な温度変化で簡単に破損し，ホモジュナイザーが使用中に破損すると，手に大きな怪我をする可能性が高いので，取り扱いは慎重にしなければならない．

3）ブレンダー

　カップ内で金属の刃を高速回転させ，組織を粉

砕する．家庭用のミキサーのような下刃のワーリングブレンダーや，カップの上から刃を落としこむものなどがある．

【長所】カップの容量までなら，簡単に処理することができる．また，初心者でも，マニュアル通りの操作が可能である．

【短所】粉砕中に泡立ちやすく，試料の変性が問題になることもある．また，粉砕の程度を正確に制御することは難しい．

【対象】比較的やわらかい組織を，緩衝液中に懸濁するように粉砕するのに適する．

4）ウルトラチューラックス，ポリトロン

電気かみそりを筒型にしたような構造で，外刃と兼ねた中空の金属製のシャフト内を，すり合わせのよい内刃が高速で回転するもの．シャフトの細いものもあり，試験管内で試料を粉砕することも可能である．

【長所】シャフトの細いものもあり，試験管内で試料を粉砕することも可能である．また，試料によっては液体窒素中での粉砕も可能．

【短所】実験の目的によっては適さない場合もある．

【対象】あまり大きくない組織や，培養細胞などを粉砕するのに適する．

5）超音波破砕器（超音波発振器，ウルトラソニケーター）

超音波洗浄器でもある程度の破砕ができるが，より強力な超音波発振器で細胞を破砕するために用いられる装置．金属製のチップ先端から強い超音波を発振するもので，チップを細胞などの懸濁液につけて超音波を発振させる．

【長所】試料を簡単に破砕することができ，チップを選べばマイクロチューブ内で微量な試料を破砕することも可能である．

【短所】DNA が切断されることと，処理中に発熱することに注意が必要である．

【対象】微量での破砕に用いられる．

【注意】強力な超音波を発生するので，防音イヤーマフを付けるなどの対策が必要．

6）ミル

ハンマーやビーズを振動させて試料を粉砕する道具で，様々な製品が市販されている．適切なミルが選択できれば，検体数が多いときの簡便な破砕法として有効である．

7）フードプロセッサー

植物など繊維が強く硬い組織に，家庭用のオニオンチョッパーやフードミルを用いることがある．操作者の技術によらず一様な結果が得られるので，組織をドライアイスとともに粉砕する方法が重用されたことがある．

8）フレンチプレス

高圧をかけることによって，試料を粉砕する．

b. 操　　作

細胞内の酵素による磨砕中の自己消化を防ぐためには，阻害剤などを加えた上で，低温で操作を行う．酸化を防ぐためには還元剤を添加する．また，オルガネラの構造を保ったまま単離するために，溶液の粘性や浸透圧を調整することもある．どのような場合であっても手早く作業し，磨砕後は速やかに遠心分画など次の操作へと進むことは，試料の変性や自己消化を防ぐ上で重要である．磨砕の程度は，実験のステップごとに位相差顕微鏡観察によって確認することが望ましい．

1）液体窒素で凍結しながら磁製乳鉢で粉砕する場合

① 磁製乳鉢は急激な温度変化で割れるので，フリーザー中で予冷しておく．

② 乳鉢に液体窒素を注ぎ，大きな塊にならないよう試料を凍結させる．

③ 以下，液体窒素は蒸発しきらないように，必要に応じて少量ずつ注ぎ足す．

④ はじめは，軽く押しつぶすようにして塊を粉砕する．

⑤ 乳棒で擦れるようになったら，乳棒と乳鉢がフィットする角度や場所を探り，一定のリズムで軽く磨砕し，試料を望みのサイズのパウダーにする．

⑥ 試料を別の容器に移す薬匙なども，試料が

付着しないよう液体窒素で冷却しておく．

⑦乳鉢に緩衝液を入れる場合には，乳鉢を十分温め，緩衝液が凍りつくのを避ける．注いだ緩衝液が，試料とともにシャーベット状になるのが望ましいが，タイミングはケースごとに経験的に会得するしかない．

2) ガラス製ポッター-エルヴェージェム型ホモジュナイザーで磨砕する場合

①器具にひびなどの異常がないことを十分に確認する．

②必要に応じて予冷する．

③ピストンをモーターで駆動する場合には，モーターが急に駆動しないよう注意した上で，シャフトにまっすぐにピストンをセットする．

④シリンダーに，ピストンが完全に入ってもあふれない容量だけ緩衝液を入れる．

⑤比較的硬く，大きい試料の場合には試料をシリンダーに入れ，上からピストンで押し潰しながら磨砕していく．細胞など小さい試料のときには，先にピストンを入れてから試料を加える．

⑥初めての試料の場合には，徐々に試料の量を増やすことで，無理のない量を知る．

⑦シリンダーをゆっくりと上下させ試料を磨砕する．シリンダーとピストンが斜めに接することがあってはならない．万一，斜めに接して無理な力が加わると，ホモジュナイザーが破損し怪我をする恐れがある．

⑧温度を高くしないためには，シリンダーを適当なカップ中の氷に埋めて操作を行う．

c. 器具の保守と安全

磁製乳鉢とガラス製ホモジュナイザーは，使用中に破損すると大きな怪我をする危険がある．特にガラス製ホモジュナイザーはわずかな衝撃でもひびが入るので，洗浄時も含め，丁寧に扱う．

〔野村港二〕

B. 生体分子の抽出

生体には低分子から高分子まで多種多様な分子が存在する．最近の細胞生物学実験においては分子量数百程度の低分子量物質を扱う機会が減ってきており，核酸（DNA，RNA）については第8章で詳しく述べられている．ここでは高分子化合物（タンパク質，脂質，糖質）に焦点を当て，その実験法を紹介する．これら生体高分子はいずれも性質が大きく異なるので，共通して用いることができる分離手法は存在しない．目的に応じて最適な分離手法を考案しなければならない．

a. 目的分子ごとの考え方
1) タンパク質

タンパク質は可溶性タンパク質と不溶性タンパク質に大別することができるが，それらに統一した抽出方法は存在しない．タンパク質の機能を解析するためには，生理活性を消失させることなく可溶化させ抽出することが重要である．

2) 脂 質

脂質は一般に脂溶性有機溶媒に可溶であるが，個々の脂質は生体内ではタンパク質や糖質などの他の成分と疎水結合，イオン結合などで結合しており，その溶解度や存在様式は大きく異なる．このため，すべての脂質を高収率で一度に抽出することは難しい．また，リノレン酸などのように酸化されやすい脂肪酸もあるので，酸化防止策が必要な場合もある．

3) 糖 質

糖類の特徴は親水性と熱安定性が高いため，一般には水あるいはエタノールで加熱還流することで抽出することができる．一方，難溶性多糖は過激な条件や目的とする多糖以外の物質を化学的および酵素的処理により除去してから抽出しなければならず，分解や変性に注意が必要である．

また，複合糖質（糖タンパク質，糖脂質）などの抽出はそれぞれタンパク質，脂質の抽出方法に準ずる．

b. 緩衝液と溶媒
1) タンパク質

目的に応じて適当な抽出液を選択することが望ましい．一般には目的とするタンパク質がもっと

も安定なpH値で，イオン強度も塩析や他成分との相互作用がなく，抽出後ただちに行う分画操作（イオン交換クロマトグラフィー，吸着クロマトグラフィーなど）に支障のないことがふさわしい．しかし，植物組織のように有機酸が多く含まれ，抽出液のpHが酸性に傾きやすい場合は，緩衝液を比較的高濃度（50～100 mM）の中性から弱アルカリ性（pH 7.5～8）に設定することで有機酸による失活を防ぐこともある．

2） 脂 質

脂質の抽出では有機溶媒を用いるため，有機溶媒中に脂溶性物質が混入していると，微量の生体脂質を扱う場合は大きな障害となる．また，酸化されやすい不飽和脂肪酸を扱うときには，エーテル，テトラヒドロフランなどに含まれる過酸化物は大敵である．したがって，用いる溶媒は精製されたものを使わなければならない．

c. 方法と原理

1） タンパク質

細胞質に存在する可溶性タンパク質は，単に細胞を破壊したあと，細胞内小器官を分離するだけで可溶性の形で得られるが，その他の不溶性タンパク質は何らかの可溶化処理を施さなければならない．以下に代表的な処理法を紹介する．

i） 低張処理　葉緑体やミトコンドリアのような細胞内小器官を低張の媒体中で膨潤，破裂させる．これにより小器官内部の可溶性タンパク質を可溶化させることができる．

ii） 界面活性剤処理　界面活性剤はタンパク質に対する変性作用が強く，膜に存在するほとんどすべてのタンパク質を可溶化できるため，膜内在性タンパク質の可溶化にも適応できる．ただし可溶化したタンパク質は可溶化前の機能を失っていることが多く，機能の再構成を行う場合には界面活性剤の除去が必要である．

界面活性剤は陰イオン性，陽イオン性，両性イオン性および非イオン性界面活性剤に分類される．また，コール酸などのステロイド骨格を持つ界面活性剤は，直鎖構造の界面活性剤とは異なった性質を持つので別のグループに分類される．SDS（ドデシル硫酸ナトリウム），Tween 20（ポリオキシエチレン(20)モノラウリン酸ソルビタン）などが有名で，よく実験に用いられる．

可溶化の際のpHは目的タンパク質が安定である範囲内を選択する．しかし，一般にアルカリ性側のpHの方が可溶化が起こりやすい．

iii） 酵素処理　膜タンパク質の中には膜をプロテアーゼ，リパーゼなどの加水分解酵素で処理することで可溶化されるものがある．プロテアーゼ処理による可溶化の場合はタンパク質分子の親水性部分が膜と結合している疎水性部分から切り離されて可溶性となることも多いが，可溶化断片が酵素活性などを保持している場合も知られている．

iv） 有機溶媒処理　有機溶媒を用いて不溶性タンパク質を可溶化させる方法もある．膜の脂溶性成分を有機溶媒で抽出したあと，水性溶媒でタンパク質を可溶化させることが多い．その主流はアセトン粉末を作る方法で，試料液を冷却したアセトンに加えて脂質を抽出し，その残渣を乾燥させたあと，適当な水性溶媒でタンパク質を可溶化させる．

2） 脂 質

生体試料中の脂質はタンパク質などイオン結合していることから，効率良く抽出するためには低極性溶媒ではなく，メタノールなどの高極性溶媒が有効である．しかし，糖質，アミノ酸などの夾雑物も抽出されてくるという問題点がある．そこで，得られた抽出液に水とクロロホルムを加えて2層に分離させ，脂溶性画分として脂質を抽出する方法が一般的である．

3） 糖 質

糖類の親水性と熱安定性のため，一般に水で抽出できる．難溶性多糖は過激な条件を必要とすることが多く，分解や変性に注意が必要である．

d. 操　　作

1） タンパク質

組織あるいは細胞を破砕し，細胞内小器官を遠

心により分離することで，可溶性タンパク質の抽出液が得られる．

一方，不溶性タンパク質は上記の手法で得られた細胞内小器官を密度勾配遠心などの分離手法により分画し，これより目的とするタンパク質を界面活性剤などの利用によって可溶化して抽出する．

2) 脂 質

ここでは，一般的な抽出法としてBligh-Dyer法とFolch法を紹介する．

i) Bligh-Dyer法 試料に水を加え，ポリトロンなどでホモジュネートする．この懸濁液にクロロホルム―メタノール―水（1:2:0.8）になるようにメタノール，クロロホルムを加える．室温で30分以上撹拌したあと，クロロホルム，水を加えて，クロロホルム―メタノール―水（1:1:1）とする．溶液を静置あるいは遠心すると2層に分離するので，下層を回収し溶媒をエバポレーターあるいは窒素ガスで濃縮する．

ii) Folch法 組織に20倍量のクロロホルム―メタノール（2:1）を加え，ホモジュナイズして脂質を抽出する．不溶物を除去後，脂質溶液の1/5量の0.5%食塩水または0.1%塩化カリウム水溶液を加え撹拌すると2層に分離する．Bligh-Dyer法と同様に下層のクロロホルム層に脂質が分離される．

3) 糖 質

遊離状態で存在する単糖およびオリゴ糖の抽出は新鮮な材料を粉砕後，ただちに数倍量の水あるいはエタノール溶液を加えて加熱還流する．この操作により共存する酵素が変性するので，濾過または遠心分離により残渣を除く．この操作を数回繰り返すと目的物質が高収率で得られる．

多糖には水溶性多糖と難溶性多糖がある．前者はオリゴ糖と同様の手法で容易に抽出できるが，後者は過激な条件や目的とする多糖以外の物質を化学的および酵素的に処理して除去したあと，残った多糖を抽出する方法をとる．このため目的物質の分解や変性に注意が必要である．

e. 機器の保守と安全

有機溶媒の蒸気を大量に吸い込むと健康に害を及ぼすため，ドラフトチャンバー内で実験を行う，実験室の換気を十分に行うなどの対策が必要である．また，ひびが入ったガラス器具を使用していると，使用中に突然破損し，大きな怪我につながる可能性がある．ロータリーエバポレーターなどのガラス機器はわずかな衝撃でもひびが入るので慎重に取り扱うとともに，使用前にひびがないことを確認する必要がある． 〔高田 晃〕

C. 濃 縮

抽出物の濃縮は目的分子を溶液状態で扱う生化学実験において不可避の過程である．抽出された生体分子は不安定である．それゆえ，濃縮操作での分解，変性あるいは失活を避けるため，温和な条件下で迅速に行わなければならない．

a. 方法と原理

1) 減圧濃縮

不安定あるいは安定性が不明な物質を高温下で濃縮することは通常しない．このため減圧濃縮装置を用いて濃縮することが多い．試料溶液を減圧条件にすると，溶媒の気化が加速するため突沸が起こりやすくなる．このため，試料液の表面を大きくするなどの突沸防止策を講じながら効率的に減圧濃縮をする装置が考案されている．ここでは代表的な装置を紹介する．

i) ロータリーエバポレーター 試料溶液の表面積を大きくするためにフラスコを回転させながら減圧濃縮する装置であり，現在主流の減圧濃縮装置である．

ii) 薄膜式エバポレーター 長羽根の撹拌によって泡沫層を抑制しながら，蒸発面に均一な薄膜を形成させ，発泡性の強い液や粘性の高い液を濃縮させることができる．また，加熱する時間が数秒と短いので，熱によって分解されやすい液試料の濃縮に適している．

iii) 遠心エバポレーター 試料溶液を3,000 rpm程度の回転数で遠心させながら減圧濃

縮する装置で，遠心力により試料溶液の突沸を抑えている．試験管などの容器で濃縮できるので，微量試料や多検体試料の濃縮に適している．

2） 凍結乾燥

水に溶解させた試料を凍結させ，減圧真空下に置くと，水は液相を経ずに直接気化する．この方法により凍った状態のままで水分を蒸発させることができる．

試料が凍結によって変性しないとは限らないので，スクロース，ラクトースなどの糖類，グリシンなどのアミノ酸が保護物質としてよく用いられる．微生物細胞の凍結乾燥ではスキムミルクが用いられる．

3） ガス吹き付け法

乾燥した窒素ガスを液面に吹き付け，飽和した蒸気と入れ替える溶媒濃縮法である．窒素のような不活性ガスを吹き付けているので，試料が酸化されることはほとんどない．　　〔高田　晃〕

D. 沈殿による回収

細胞を磨砕して得られる細胞質ゾルは粘性が高く，抽出やタンパク質精製の障害となることが多い．それを避けるため，生化学実験では，通常，多量の緩衝液とともに細胞を磨砕する．そこで，まず何らかの方法で目的分子を濃縮しなければならない必要性が生じる．古くから行われているタンパク質の濃縮方法は塩による沈殿，ポリエチレングリコールなどの非荷電ポリマーによる沈殿，アセトンなどの有機溶媒による沈殿および酸による沈殿である．

塩による沈殿は比較的温和にタンパク質を沈殿させ，濃度の選択によって分画効果もあることから，精製の初期の段階で粗画分を得る方法として利用されている．非荷電ポリマーによる沈殿も同様の目的で行われる．一方，電気泳動試料など塩の混入を避ける沈殿方法として，有機溶媒（エタノールやアセトンなど）による沈殿や酸（トリクロロ酢酸など）による沈殿が行われている．

ここではタンパク質のもっとも基本的な分画・濃縮法である硫安沈殿法について記述する．

a. 原　　理

タンパク質は，低濃度の電解質が共存すると溶解度が上昇する性質がある（塩溶効果）．しかし，塩濃度をより高くすると，タンパク質は凝集して不溶性となる．この性質が塩析である．塩析の性質を利用するのが硫安（硫酸アンモニウム）沈殿法である．塩としてリン酸塩などを用いることもできるが，硫安は水に対する溶解度が高く，溶解度の温度変化が少ないので塩析に多用される．

b. 操　　作

1） 硫安塩析（方法1）

① 既知量の試料液に対し加える硫安の1重量を表（表7.1）の値から計算し，秤量する．試料液を遠心管に移し，撹拌しながら徐々に硫安を加え，完全に溶解する．その後0〜4℃で30分程度撹拌を続ける．

② 遠心管を $10,000 \times g$，15分間，4℃で遠心する．上清を除き沈殿を回収する．

③ 上清を別の遠心管に移し，硫安を加えてタンパク質を析出させれば，析出にさらに高濃度の硫安を必要とするタンパク質画分を沈殿させることができる．

2） 硫安塩析（方法2）

① サンプルを透析チューブに入れて両端を閉じる．メスシリンダーに緩衝液と透析チューブに封じたサンプルを入れる．このときの緩衝液の量は，塩析サンプルに対して3倍から6倍量が適当である．

② サンプルとメスシリンダーに入れた緩衝液の合計の体積に対し，加える硫安の重量を表（表7.1）の値を参考に計算する．

③ 緩衝液をトールビーカーなど別の容器に移し，硫安を入れ，スターラーで撹拌して完全に溶解する．透析チューブに入ったサンプルを，硫安を溶解した緩衝液に移しスターラーで撹拌する．このとき，スターラーバーが透析チューブにぶつからないように注意する（必要ならば糸などでチューブを吊るす）．数時間撹拌を続ける．

④ 透析チューブ内で沈殿したタンパク質を液

表7.1 固形硫安添加量（試料液1,000 mLあたり）（25℃）

硫安の初濃度(%) \ 硫安の終濃度(%飽和度)	10	20	25	30	33	35	40	45	50	55	60	65	70	75	80	90	100
0	56	114	144	176	196	209	243	277	313	351	390	430	472	516	561	662	767
10		57	86	118	137	150	183	216	251	288	326	365	406	449	494	592	694
20			29	59	78	91	123	155	189	225	262	300	340	382	424	520	619
25				30	49	61	93	125	158	193	230	267	307	348	390	485	583
30					19	30	62	94	127	162	198	235	273	314	356	449	546
33						12	43	74	107	142	177	214	252	292	333	426	522
35							31	63	94	129	164	200	238	278	319	411	506
40								31	63	97	132	168	205	245	285	375	469
45									32	65	99	134	171	210	250	339	431
50										33	66	101	137	176	214	302	392
55											33	67	103	141	179	264	353
60												34	69	105	143	227	314
65													34	70	107	190	275
70														35	72	153	237
75															36	115	198
80																77	157
90																	79

ごと遠心管に移す．遠心管を10,000×g，15分間，4℃で遠心し，沈殿を回収する．

⑤ 必要に応じてより高濃度の硫安液に透析し沈殿を回収する． 〔増田 清〕

参 考 文 献

1) 日本分析化学会編：分析化学実験の単位操作法，朝倉書店（2004）．
2) 安藤鋭郎・寺山　宏・西沢一俊・山川民夫編：生化学研究法 I，朝倉書店（1971）．
3) 日本生化学会編：基礎生化学実験法　第1巻基本操作，東京化学同人（1974）．
4) 堀尾武一・山下仁平編：蛋白質・酵素の基礎実験法 改訂第2版，南江堂（1994）．
5) 名取伸策・池川信夫，鈴木真言編：天然有機化合物実験法―生理活性物質の抽出と分離，講談社サイエンティフィク（1997）．

7.2　機 器 分 析

A.　遠　　心

a．遠心分離の原理

試料の入った容器を回転して得られる遠心力によって物質が遠沈管（遠心沈殿管，沈殿管）の底に向かって動く速度（沈降速度）の違いにより物質を分離・精製する方法である．沈降速度は試料粒子の形状・大きさ・密度と溶媒の密度・粘度および遠心加速度によって決まる．

密度σ，直径dの球状粒子が密度ρ，粘度μの溶媒中で溶媒の界面から遠心管の底まで到達する時間T_s（沈降時間；分）を求めると次式のようになる．

$$T_s = \frac{60 \times 18\mu}{4\pi^2 \cdot \mathrm{Pi}(\sigma-\rho)d^2}$$

Piはperformance indexと呼ばれ，Pi = $N^2/\log_e R_{max} - \log_e R_{min}$と定められる．$N$は1分間あたりの回転数（rpm），$R_{max}$は最大半径，$R_{min}$は最小半径である．

遠心加速度は回転数と回転半径によって決まるため使用するローターごとに異なる．論文や説明書には遠心加速度で表記されているため，以下の式か装置のマニュアルに記されているノモグラフ（図7.1）を使用し各ローターの回転数を算出する．

遠心加速度aは$a = r \times \omega^2$で表されるが，通常実験では遠心加速度を地球の重力加速度との比で

7.2 機器分析

b. 種　類
1) 遠心器の種類

遠心器はローターと呼ばれる遠沈管を入れて回転する部分とローターを回転させる駆動部からなる．ローターを交換することにより用途に応じた遠心が可能である．

遠心器は回転数によって，100,000 rpm 前後，20,000 rpm 前後，5,000 rpm 前後の約3種類に大別できる．また一度に処理できる試料量や冷却機能の有無によって機種が分けられる．バイオ実験の目的に合った機種を選定することが重要である（図7.2）．

i) 超遠心器，微量超遠心器　超遠心器は最大回転数が 100,000 rpm 前後であり，核酸の分離や細胞膜画分の分離に用いられる．高速回転によって生じる摩擦熱を防ぐためローター室内を高真空にして遠心を行う．微量超遠心器は一度に扱える試料量は少ないが，操作が簡単である．

ii) 高速冷却遠心器　最大回転数が 20,000 rpm〜30,000 rpm 前後のもので，ローター室内を高真空にしないため大型の冷却器を備えている．一度に大量の試料が扱える．

iii) 小型冷却遠心器　最大回転数が 15,000 rpm 前後で，1.5 mL 容チューブを主に使用することを目的とした遠心器．フロア型（床置）や卓上型，冷却器のないタイプもある．

iv) 卓上遠心器　回転数が 5,000 rpm 前後の遠心器．冷却器の付いたものや大容量のものがある．

v) 卓上小型遠心器　チビタン（トミー精工社）が有名であり，主に 1.5 mL 容チューブや PCR チューブを対象とし，テーブル上に置いて

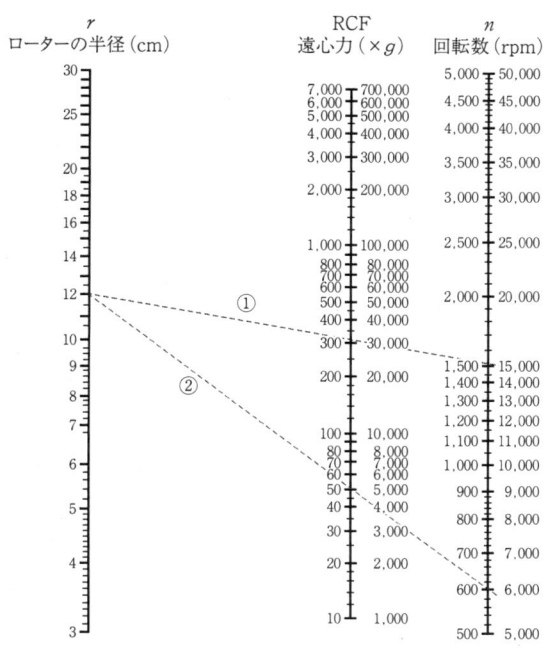

図 7.1 遠心力算出ノモグラフ
① ローターの半径 r が 12 cm で回転数が 1,500 rpm の場合，RCF は約 $300 \times g$ となる．
② ローターの半径 r が 12 cm で RCF が $5,000 \times g$ の場合，回転数は約 6,000 rpm となる．

表す「相対遠心加速度」(relative centrifugal force ; RCF) が用いられ，回転半径 r (cm)，1分間あたりの回転数 N (rpm) で表すと，次式が得られる．

$$\mathrm{RCF} = 1.118 \times N^2 \times r \times 10^{-5}$$

ノモグラフはコピーをし，実験室にある遠心器のローターの回転半径を記入しておくと，定規を当てるだけで遠心力から回転数あるいはその逆の値が得られるので便利である（図7.1）．

図 7.2 遠心器の種類

図7.3 ローターの種類

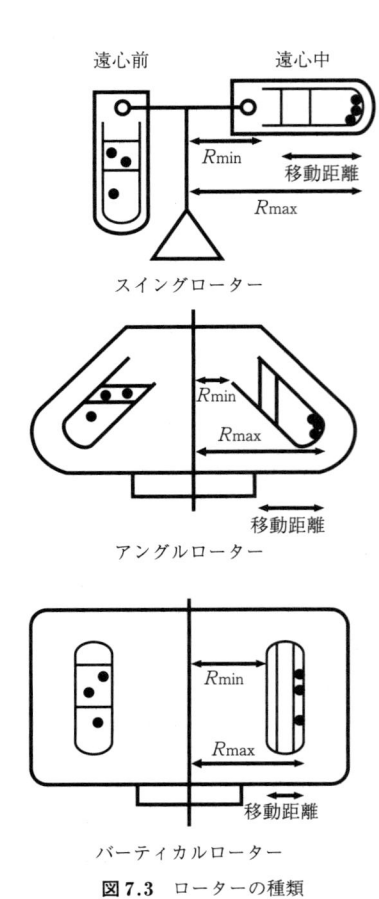

試料溶液をチューブの底に集めるスピンダウンに用いる.

vi） 手回し遠心器 手でハンドルを回転し遠沈管を入れるバケットを回転させる. プロトプラストの精製など穏やかな処理を行いたいときに用いる.

2） ローターの種類

遠心器は容器の大きさや回転数, 分離目的によってローターの種類を選択する（図7.3）.

i） スイングローター 遠沈管を入れるバケットが遠心時に水平に振り上がるようになったローター. 回転部とバケットをつなぐ部分に力がかかることと, 空気抵抗を受けやすいため, 一般的には最大回転数は同一機種で使用可能なアングルローターより低い. なお, 全体をケースに収めた高速用のスイングローターも存在する. 試料は遠沈管側面と平行に沈降するため, 壁面に試料が付着しにくく底部に集めることができる利点がある. また, 界面が乱れにくいため, 細胞や細胞内小器官の分離に用いられる.

なお, 界面とは密度の異なる溶液の接する面を意味し, ある一定の密度のものを集積するのに用いる.

ii） アングルローター ある一定の角度を保持したまま遠沈管を回転させるもので, 構造が単純なため高い回転数が得られる. スイングローターに比べて試料の移動距離が短く, 得られる回転数も高いため運転時間が短縮できる. 沈殿物も遠沈管の底部に集めることができる.

iii） バーティカルローター 遠沈管を垂直に回転させるもので, 試料の移動距離が短くふるい効果も高いため短時間の処理が可能である. しかしながら, 沈殿物は壁側面に付着するため, 沈殿物の回収を目的にするには不向きである. 主に超遠心器において核酸の精製に使用される.

3） 遠沈管の種類

超遠心器を用いる場合, 専用の遠沈管とキャップを用いる. 形状は熱で溶着するタイプ, ねじ口, 試験管タイプがある. 材質はポリプロピレン（PP）, ポリカーボネート（PC）, ポリアロマー（PA）など様々な材質のものがある. PPやPAは強度が高いが透明度が低い. PCは透明度が高いが, 反復使用する際はひびや傷に注意しないと遠心中に破損する恐れがある. 低速遠心ではガラス製の遠沈管も使用できる.

c． 操　　作

① 回転数と運転温度, 運転時間, 機種によってはローターの種類を設定し, 運転を行う. 遠心器によっては加速, 減速の時間を調整できる.

② 遠沈管をローターに入れた際に重心の位置がローターの回転軸にくるように試料のバランスをとる必要がある. 回転数が高いあるいは容量が多い場合は特に注意する. 遠沈管を含めた重さが同じになるように試料を分けるか, 同程度の比重の溶液（多くの場合は水でかまわないが, クロロホルムのように比重の高いものは同じ重さの水に比べて量が少なく, 溶液の重心の位置が変わるた

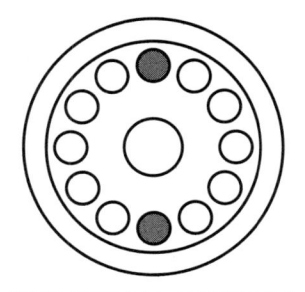

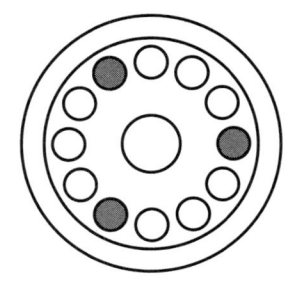

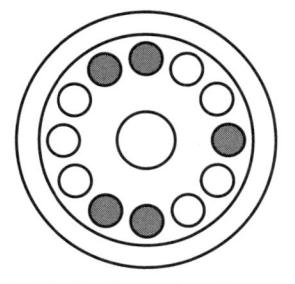

遠沈管が2本あるいは10本の場合　遠沈管が3本あるいは9本の場合　遠沈管が5本あるいは7本の場合

図7.4 ローターの穴が12個ある場合の遠沈管の配置

め注意が必要）で試料の入った遠沈管とのバランスをとる．バランスは電子天秤を用いて重さを量るか，遠心器に付属する天秤を用いて行う．ローターによっては遠沈管が入る穴の数によって3本でもバランスがとれる（図7.4）．1.5 mLチューブの場合はあらかじめ200〜300 μLずつ異なる量のTEを入れたチューブを用意しておき，量の近いものをバランスとして用いる．また最近の機種はある程度のアンバランスは許容されている．

③ 試料を低温で遠心したいときは事前にローターを冷却しておく必要がある．遠心器から取り外しのできるものは冷蔵庫や冷室で冷却し，そうでないものは遠心器をあらかじめ稼働させ冷却しておく．特に超遠心器の場合はローター室が真空となるため，運転中はローター本体を冷却することはできない．

d. 機器の保守と安全

① 操作でも述べたが，バランスをとることは遠心器の回転軸の負担を減らすことにもつながる．特に超遠心器は回転軸の焼き付きや運転中のバランスの変化（遠沈管内で結晶が析出）によって重大な事故につながる恐れがあるので，試料の調製や遠心条件の設定には十分注意が必要である．

② 冷却遠心の場合，結露によりローター室内が濡れるため使用後は水分を拭き取り十分に乾燥させふたを閉める．またローターも冷却遠心後は結露した水がローターの孔に溜まり腐食の原因となるので，水をよく拭き取りペーパータオルの上にローターを逆さまにして乾燥させる．試料が滲出した場合は，すぐに中性洗剤でよく洗浄する．洗浄後や定期的にシリコングリスをローターに塗布し錆を防止する．またねじの部分には専用の油を塗っておく．

③ 超遠心器に関しては実験ごとに遠心器と使用ローターに対して遠心条件・遠心時間の記録を残す．ローターには寿命があり，累積時間により検診の必要がある．また傷や腐食によりバランスが崩れることがあるため注意が必要である．

〔藤野介延〕

B. スピンカラム

a. 原　　理

スピンカラムは分離用のカラムと溶液のサーバーからなり，重力や圧力の代わりに遠心力を用いることにより，迅速かつ簡易に物質の分離・精製を行う．少量の試料の分離に適している．

注射器のシリンダーやピペットチップの先端にグラスウールを詰めて自作のカラムを作成することも可能であるが，現在は種々のスピンカラムが販売されている（図7.5）．

b. 種　　類

1) 限外濾過

遠沈管内部のカラムの底に任意の分子量以下のものしか通過しない限外濾過膜を用いることにより，タンパク質や核酸などの濃縮，分子量による分離が行える．ミリポア社より種々の容量，分画分子量のものが販売されている．

2) 膜濾過

任意の大きさ以上の粒子は通過しない濾過膜を

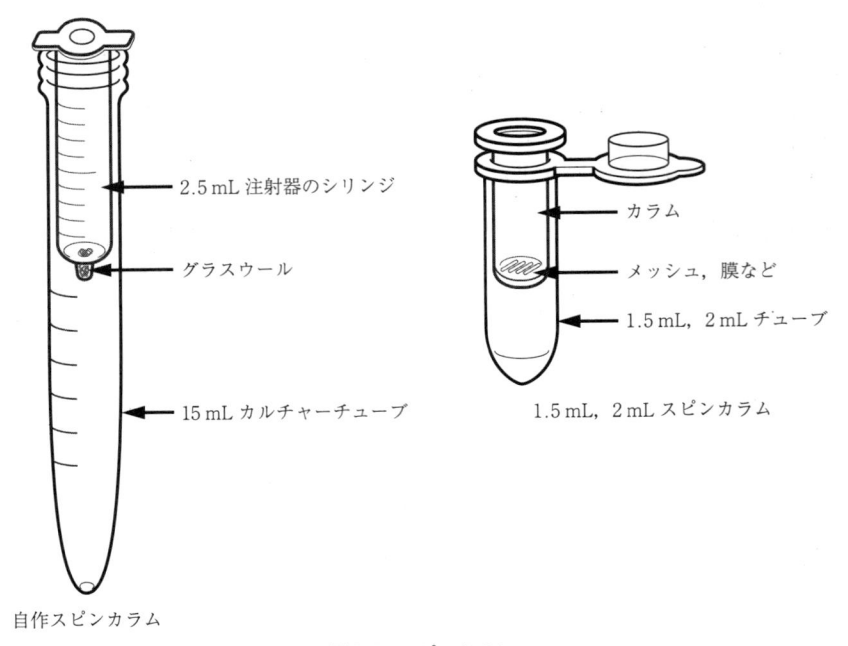

図7.5 スピンカラム

用いることにより, 粒子を除去することが可能である. HPLC などの前処理に用いられる. ミリポア社より膜の材質や孔のサイズが異なるものが販売されている.

3) 破砕

カラムの底が目の粗い篩でできており, 遠心力により物質が通過する際に細胞や組織を破砕することが可能である (キアゲン社 QIA シュレッダー). またピストンを付加したものもある (ニッピ社 バイオマッシャー).

4) カラムクロマトグラフィー

イオン交換・ゲル濾過・アフィニティーゲルなどカラム内の担体を変えることにより様々な物質の分離方法が可能である. 主に脱塩, 核酸の精製, 核酸の分画, タグの付いたタンパク質の精製に用いられる. 核酸の精製にはゲノム DNA, プラスミド, RNA など各用途に応じたキットがキアゲン社や日本ジェネティックス社などから販売されている. ゲルの代わりにイオン交換・疎水性の膜を用いたカラムもある.

〔藤野介延〕

C. クロマトグラフィー

a. 原理と種類

クロマトグラフィー (chromatography) とは, 多成分による混合物を分離, 分析する方法である. クロマトグラフィーという名称は「色を分ける」という意味に由来しており, 植物色素の研究を行ったロシアの科学者ツヴェット (Михаил Семенович Цвет) によって発明された. クロマトグラフィーは, 一相を固定相, 他相を固定相の周囲を移動する移動相とする二相によって, 分析対象の成分の両相への相互作用の差を利用して分離する手段である. 移動相の種類, 固定相の形状, 分配機構によって分類される. 移動相が気体であればガスクロマトグラフィーといい, 液体であれば液体クロマトグラフィーと呼ぶ. また, 固定相の形状によって, カラムクロマトグラフィー, 薄層クロマトグラフィー, ペーパークロマトグラフィーなどに分類される. このほか, 分配機構によって, ゲル濾過クロマトグラフィー, アフィニティカラムクロマトグラフィー, 分配クロマトグラフィー, イオン交換クロマトグラフィーなどに区別することができる.

クロマトグラフィーによる物質の分離，定量の実際については，その種類・目的に応じて多くの専門書が出版されており，また，メーカーのカタログにも様々な情報が記載されているので，そちらを参考にするとよい．

b. カラムクロマトグラフィー

カラムクロマトグラフィー（column chromatography）は，筒状の容器（カラム）に充填剤を詰め，そこに溶媒に溶かした反応混合物を流し，化合物によって充填剤との親和性や分子の大きさが異なることを利用して分離を行う方法の総称である．カラムという名称は，筒状の容器自体を呼ぶ場合と，充填剤を詰めた容器を指す場合とがある．使用するカラムの大きさや充填剤，溶媒の種類によって，様々な性質の物質分配が可能である．充填剤には，シリカゲル（分配クロマトグラフィー）や，デキストランゲル，アガロースゲル（ゲル濾過クロマトグラフィー），ジエチルアミノエチル（DEAE）セルロース（イオン交換クロマトグラフィー）などといった，物理化学的性質を利用したものが例として挙げられるが，特定の抗原・抗体や酵素，受容体，あるいは阻害剤などによる標的物質との特異的結合性を利用し，これらをゲルなどに固定化したものを担体として用いて，物質の単離・精製を行うこともできる（アフィニティカラムクロマトグラフィー）．

c. 薄層クロマトグラフィー

薄層クロマトグラフィー（thin layer chromatography，一般的にTLCと略される）は，ガラスなどの平板に，シリカゲル，アルミナなどの微粉末を薄い層に塗布したものを固定相として行う液体クロマトグラフィーの一種である．薄層版の一端に試料をスポットし，密封容器内で展開溶媒に浸すことで，毛細管現象によって上昇してきた溶媒によって試料を分離する．簡便に行える上に分解能も比較的高く，カラムクロマトグラフィーを行う際の条件検討から反応生成物などの物質の同定まで，幅広く使用されている．特に脂質の分離にはきわめて有効であり，定性・定量分析などに応用されている．

d. 高速液体クロマトグラフィー

高速液体クロマトグラフィー（high performance liquid chromatography，または，high pressure liquid chromatography；HPLCと略される）は，数μLといった微量の試料で，多くの成分を短時間・同時に定量分析することができる．カラムクロマトグラフィーの一種であるが，移動層に高圧力を負荷するため，ステンレス製の容器に移動層が充填された特殊なカラムが用いられる．カラムサイズを変更すれば，成分分離にも利用できる．カラム充填剤，溶離液の種類組成は多岐にわたり，目的に適したものを検討，選択する必要がある．また，試料の調製法にも多くの方法があり，例えば，多検体・多成分を高速でかつ一斉に分析する測定（ハイスループット測定）を行うのか，あるいは，より少ない出発材料を用いての特定成分に注目した精密分析（高感度測定）を行うのかによって，それぞれに適した方法，装置，測定条件を検討する必要がある．

e. ガスクロマトグラフィー

ガスクロマトグラフィー（gas chromatography）は気体を移動相，固体または液体を固定相とし，分析対象の成分の両相への相互作用の差を利用して分離する手段であり，高感度，高分解能を有する．ガスクロマトグラフィーを質量分析計（mass spectrometry；MS，後述）と組み合わせたGC-MS（gas chromatograph-mass spectrometry）は，化学物質の同定，定量に広く使用されている．GC-MSでは，まずGC部によって他の成分と分離した物質をMS部へ移動する．MS部では，電子線によって破壊されたフラグメントイオンを質量ごとに分析し，その量比を求める．このパターンはそれぞれの化合物に特有のパターンを示すことから，既知の物質の分析に限らず，未知物質の同定にも用いられている．

また，HPLCを質量分析計（MS）に接続した

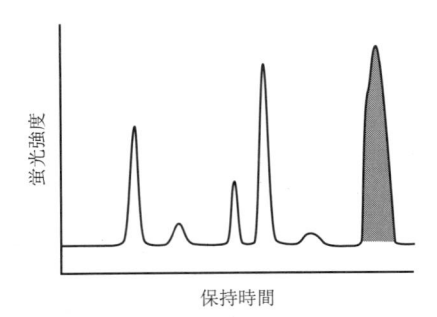

図 7.6 蛍光検出器を用いた HPLC のクロマトグラムの例
横軸を保持時間，縦軸を蛍光強度として示した．保持時間（溶出時間）は，同一測定条件下では物質に固有の値を示すため，標準物質と比較することで，試料の同定に用いることができる．また，標準物質とのピーク面積の相対値を求めることで，定量的な解析も可能である．HPLC で分離された物質は，保持時間ごとにフラクションコレクターで分取することや，質量分析計によりさらに分析することが可能である．

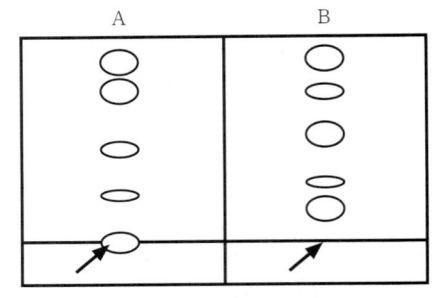

図 7.7 薄層クロマトグラフィーのクロマトグラムの例
矢印の位置（原点）に試料を円またはバンド状にスポットし，溶媒層内にて展開したあとに，分離したスポットを検出する．スポットの検出には，発色試薬を用いた非特異的発色法のほか，物質特有の呈色試薬を用いた特異的発色や，RI・蛍光ラベルを用いた検出法などがある．分離したスポットをかき取ることで抽出も可能である．スポットの移動度は，一般的にほぼ極性の低い順に高くなる．

LC-MS，LC-MS/MS などの定量法も使用されている．GC-MS よりも簡単で，かつ，信頼性の高い分析が可能であることから，メタボローム解析におけるハイスループット測定に利用されるなど，近年，注目されている方法である．

f. 検出器と分取

クロマトグラフィーによって成分の分離を行ったあとに溶出されたサンプルは，様々な方法によって検出を行い，物質の定性・定量や同定に用いる．

例えば，タンパク質も核酸も紫外線を吸収するため，紫外線の吸収を測定することにより，各分画のタンパク質濃度もしくは核酸濃度を測定するのが一般的である．通常，HPLC システムは紫外線吸収を測定する検出器を備えている．しかし，複数の物質が混在する場合や，脂質などのように特異的な吸収を示さない物質が存在する場合など，検出感度や特異性においては限界があるため，検出方法の選択には注意が必要である．また，抽出法や溶媒の種類によっても大きく左右される．近年では，標的物質および溶媒の紫外線吸収の有無に左右されず，かつ安定したベースラインが得られる「エバポレーティブ光散乱検出器」といった検出器を用いることで，これらの欠点をカバーできるようになった．

HPLC に使用される検出器の種類には，次のようなものがある．

① 可視光・紫外吸収（UV-VIS）検出器：サンプルに特定の波長の光を照射し，その波長と吸光度を測定することで，定性・定量を行う方法．もっとも汎用性が高い．

② 蛍光検出器：サンプルに特定の波長の光を照射し，物質から発生する蛍光を検出する方法．UV-VIS 検出器を用いるよりも一般的に感度が高いが，サンプル自体が蛍光物質であるか，もしくはサンプルを蛍光物質で標識する必要があるため，汎用性は劣る．

③ エバポレーティブ光散乱検出器：サンプルが特定の波長の吸収を示さない場合や，蛍光標識の有無にかかわらずに検出が可能であり，脂質物質の網羅的な検出に，大いに有効である．

また，タンパク質精製においては，各分画の酵素活性を測定したり，特異的抗体を用いたりして，目的のタンパク質の検出を行うことも多い．

クロマトグラフィーの結果をチャートに表したものをクロマトグラム（chromatogram）と呼ぶ．カラムクロマトグラフィーでは，溶出液量の物質濃度を溶出時間または液量との関数で表した波形データ（図 7.6），TLC の場合は物質が検出されたスポットを示す見取り図が相当する（図 7.7）．

カラムクロマトグラフィーや HPLC などのクロマトグラフィーでは，物質の性質の分析のほか，検出器から出てきた溶離液などを分取するフ

ラクションコレクターを接続することで，分離された溶液を一定量ずつ回収することができる．この方法を用いることで，試料溶液からの特定の物質の単離・精製が可能である．精度の良い分離・分析には，試料，目的に適した分離モードとカラム，検出器を選択することが重要である．

〔朝比奈雅志〕

D. ゲル電気泳動

a. 原　理

電解物質を電離した状態で電圧をかけることにより物質の移動を行い，その移動過程において物質の分離・保持にゲル状の物質を用い混在した物質との分離を行う．

b. 装置の種類

装置の多くは電源部とゲルを保持する部分，泳動緩衝液を入れる泳動槽からなる．また泳動中のゲル温度を一定に保つあるいは冷却する恒温装置が付いたものがある．

1) 電　源

電源部はゲルに一定の電圧あるいは電流を流す．塩基配列の決定などゲルが大きく高電圧が必要なものは大型の電源，タンパクのブロッティング用には高電流を流せるものが適している．

2) 泳動槽

泳動槽は電極，バッファー槽，ゲル板の支持部からなる．また水平型スラブ（平板），垂直型スラブ，ディスク（ロッド）のゲルの形態に合わせ

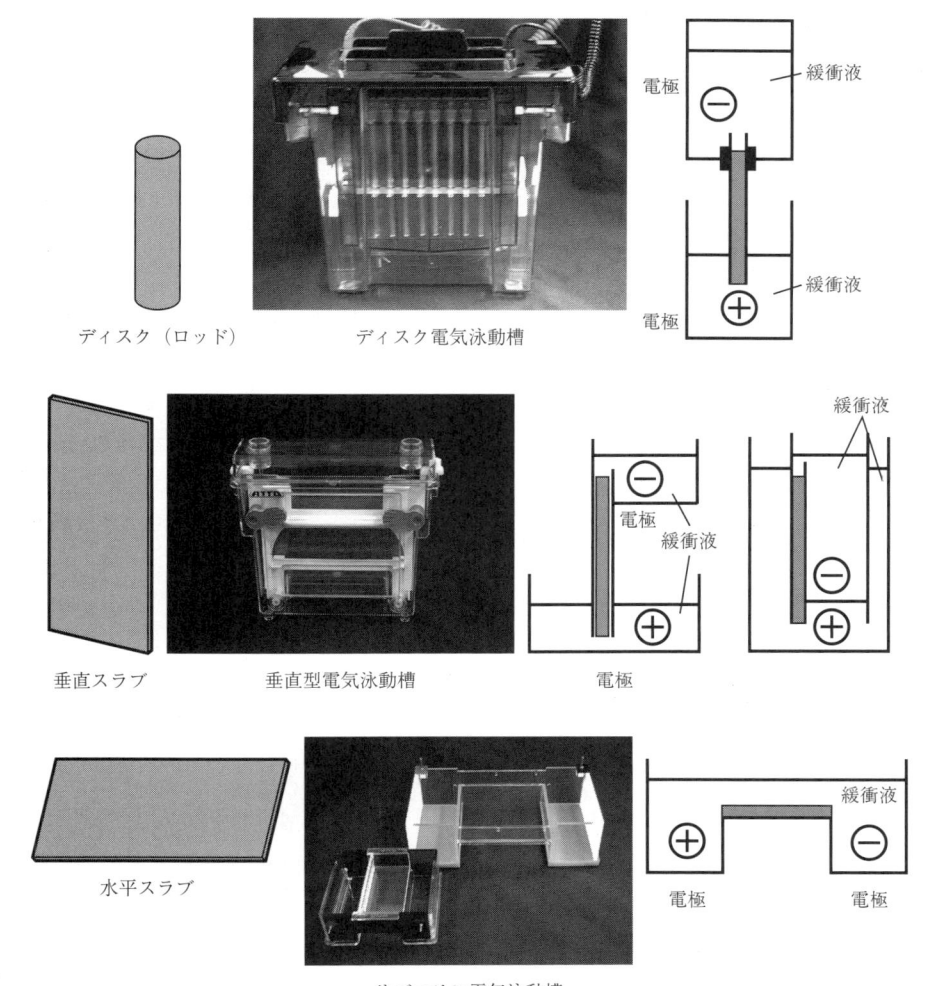

ディスク（ロッド）　　ディスク電気泳動槽

垂直スラブ　　垂直型電気泳動槽　　電極

水平スラブ　　サブマリン電気泳動槽

図 7.8　泳動槽

て作られ，主に水平は核酸，垂直はタンパク質，塩基配列の決定，ディスクは等電点に用いられる（図7.8）．

c. ゲルの種類
1) デンプンゲル
デンプンを加熱・糊化させ泳動の躯体に用いる．アイソザイムの解析に用いられたが，材料が天然物のためロット間の物性の幅が大きく再現性が悪い．また取り扱いも不便である．

2) 寒天ゲル
寒天は主にアガロースとアガロペクチンからなり，負の電荷を持ったアガロペクチンがサンプルと電気的な相互作用を及ぼす（EEO効果, electro-endosmotic effect）．

3) アガロースゲル
寒天のアガロースを精製したもので，電荷が小さくEEO効果が小さいのが特徴である．そのため分子量の違いによる分離が可能であり，特に高分子（核酸）の分離に適している（図7.9）．

4) ポリアクリルアミドゲル
ポリアクリルアミドゲル（polyacrylamide gel ; PAG）はアクリルアミドとメチレンビスアクリルアミドを重合させたものからなる．アクリルアミドを重合させると1本の繊維状の構造をとるが，メチレンビスアクリルアミドを適度に混合することにより分枝が生じ高次構造を持ったゲルとなる．アクリルアミドの重合にはTEMED（$N, N, N', N',$ -tetramethylethylenediamine）とAPS（ammonium peroxodisulfate）を用いる．TEMEDにより生じたAPSラジカルによりアクリルアミドがラジカル化することで，重合が連鎖的に起こり直鎖状のポリアクリルアミドが生じる．これにメチレンビスアクリルアミドを混ぜることで，分枝が生じ複雑な網目状になる．ラジカルの発生はリボフラビンと光でも可能であるが，一般的にはあまり使用されない．また溶液中に空気が多量に混入していると，ラジカル化が妨げられ重合が抑制されるので注意が必要である．他のゲルと異なり，pHや熱に対し比較的安定である．アガロースに比べ低分子の分離に向いており，タンパク質・低分子の核酸・塩基配列の決定などに用いられる（図7.10）．

d. 分離の原理に基づいた種類
1) 等電点
タンパク質を構成する個々のアミノ酸が持つ電荷によって決定される等電点を利用した分離法である．等電点とは全体の電荷の平均が0となるpHのことで，pH勾配を形成させたゲル中にタンパク質を電気泳動すると，タンパク質は電荷が0になるpHまで移動し，そこで電気的な力を受

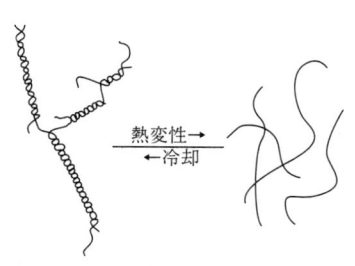

図7.9 熱によるアガロースの変化

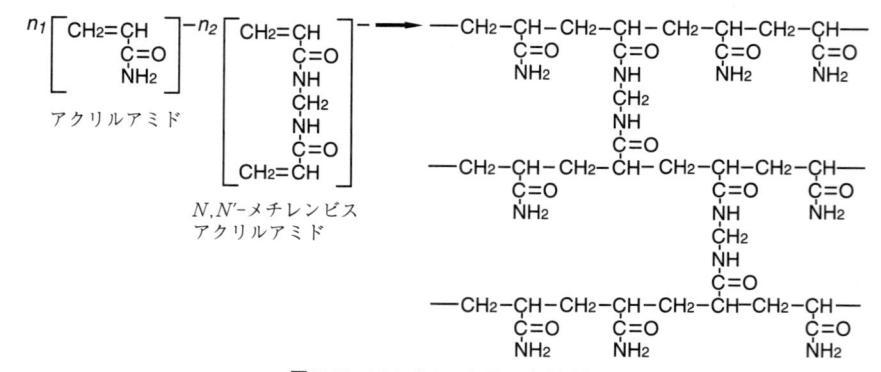

図7.10 アクリルアミドの重合反応

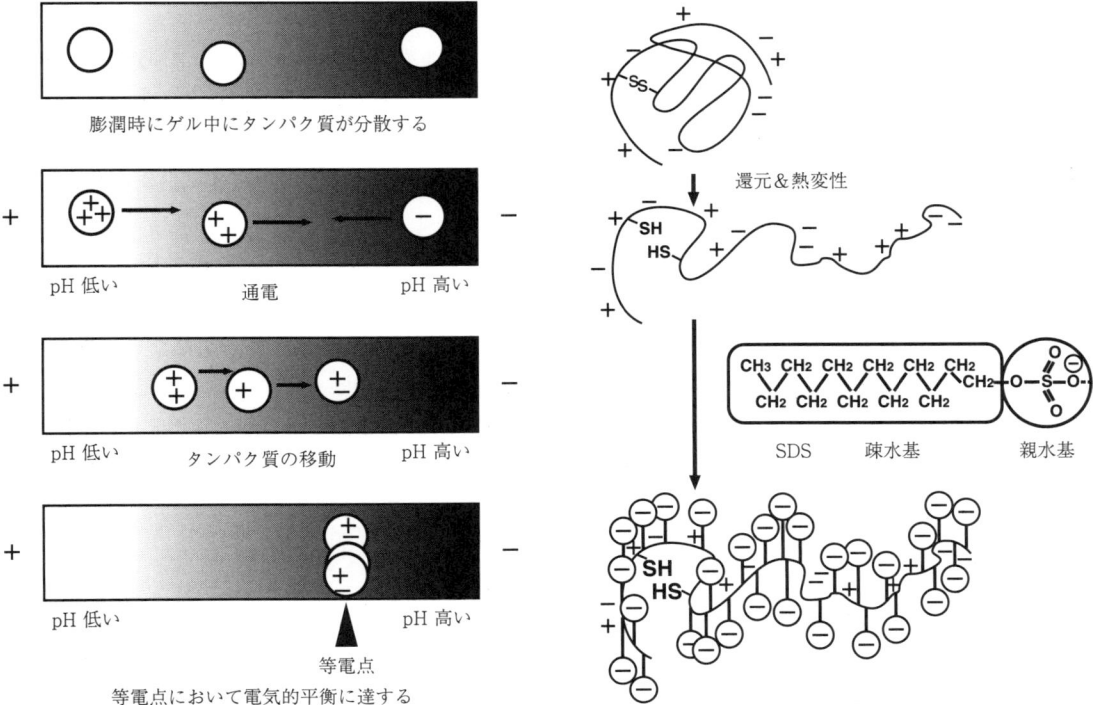

図 7.11 等電点電気泳動時のタンパク質の挙動

図 7.12 SDS-PAGEにおけるタンパク質の変性処理

けなくなり収束する．ゲル中のpH勾配は種々の両性担体と呼ばれる低分子の緩衝物質が通電後ただちにゲル内を移動することにより形成される．また両性担体をゲルに共役重合させあらかじめpH勾配を形成させたゲル（immobiline）もある（図7.11）．

2) ふるい効果

試料が網の目状のゲル内を通過する際に形状や大きさによって抵抗を受け分離を行うもの．これらの移動度は分子量が低いものや分子量が同じでも形状が小さくまとまったものが大きい．

i) タンパク質　タンパク質は，未変性条件下で電気泳動を行うと，ふるい効果と構成しているアミノ酸の電荷の影響により分離することができる．タンパク質を変性させないため，電気泳動後，酵素反応を利用して染色を行うアイソザイム解析が可能である．ふるい効果を最大限利用するには，タンパク質を変性し，分子量あたりの電荷をそろえる必要がある．これはSDS-PAGE（polyacrylamide gel electrophoresis）と呼ばれ，試料に還元剤を加え煮沸することにより，S-S結合を切断しタンパク質の高次構造を破壊する．さらに負の電荷を持つSDS（sodium dodecyl sulfate）の疎水基とタンパク質が結合することで分子量あたりの電荷がそろい，分子量に従ったふるい効果による分離が可能となる（図7.12）．

SDS-PAGEにおいて通常は，ふるい効果によりタンパク質の分離を行う分離ゲルと試料の濃縮を行う濃縮ゲルからなる2層構造を持ったゲルが使用される．濃縮ゲルはゲル濃度が低くふるい効果が小さく，緩衝液とタンパク質・SDS複合体の電離の差から生じる移動速度の違いにより試料の濃縮が行われる．

ii) 核酸　通常はアガロースゲルを用いて分子量による分離を行う．1本鎖の核酸は相補的な配列が内部に存在すると二次構造をとる場合があり，同じ分子量でも移動度が異なる場合があるため，変性剤をゲルに加えて分離を行う．また環状構造を持つ2本鎖DNAの場合，よじれやニックにより分子量が同じでも泳動様式が異なる．熱などで核酸の高次構造を変化させることにより分子量だけによらない分離を行うことができる．

ゲノム（染色体）や長鎖の DNA は泳動方向を順次変化させるパルスフィールド電気泳動法（pulsed-field gel electrophoresis；PFGE）により分離することができる．

3）二次元電気泳動

一般的に等電点電気泳動（一次元目）と SDS-PAGE（二次元目）を組み合わせて行う．等電点電気泳動で直線的に分離したタンパク質をさらに分子量に基づいて分離することによりタンパク質を面で分離することができ，タンパク質の分離能が非常に高い．ゲル（immobiline）と機器の性能の向上で再現性が高くなり，プロテオミックスの技術になくてはならないものである．

e. 操　作

電気泳動は試料の調整，ゲルの作成，試料のゲルへの添加，電気泳動，ゲルの染色，染色像の解析からなる．ここではバイオ実験によく用いられるアガロースゲル電気泳動，SDS-PAGE 電気泳動，二次元電気泳動について簡単に述べる．

1）アガロース電気泳動

アガロース電気泳動は主に核酸の分離に用いられる．

① ゲルの作成はまず Mupid（アドバンス社；電源部が一体となった小型の電気泳動槽）などのように，ゲルメーカにゲルトレイをセットするか，ゲルトレイにビニールテープを貼って行う．

② 電気泳動バッファーにアガロースを入れて溶解する．この際電子レンジを用いて溶解する．使用するアガロースによっては溶けづらく，粒が残る場合がある．このときは最初少し温めるぐらいにして優しく撹拌し，時間をおいてから再度加熱する．電子レンジは煮沸する寸前にドアを開けて止める．また加熱後，急に触ると突沸する恐れがあるので十分注意する必要がある．

③ アガロースを完全に溶解したあと，触れる程度まで冷まし，ゲルトレイに注ぎ込む．熱すぎるゲルはゲルトレイの変形やテープが剥がれる要因となる．

④ ゲルをトレイに注ぎ込んでからコームを垂直にゲルに差し込む．

⑤ ゲルが十分冷えて固まったあと，ゲルの上に純水かバッファーを流し込み，少しコームを揺らしてからゆっくりと引き抜く．急激に引き抜くと陰圧によりゲルに穴が空き試料が漏れる恐れがある．

⑥ ゲルをトレイごと泳動槽に置き，泳動バッファーをゲルの上にかぶる程度まで入れる．

⑦ 試料をコームの孔にあふれない程度に注ぐ．変性ゲルの場合は一度コーム内をピペットで洗浄してから試料を注ぐ．

⑧ Mupid の場合，通常の確認であれば 100 V で泳動を行う．ゲル抽出や分離能を上げる場合は 50 V で時間をかけて泳動する．

⑨ 泳動後，エチジウムブロマイドや SYBR Green（インビトロジェン社）を用いて染色する（後染め）．あらかじめゲルならびに泳動バッファーにエチジウムブロマイドを 50 μg/L の濃度で添加しておくと後染めをしなくてすむ．ゲル中のエチジウムブロマイドは泳動中，陰極側に移動し，ゲルに染色むらができる．特に低分子側の核酸が検出しづらくなるため泳動バッファーにも添加する必要がある．ただし核酸の泳動に影響を与えることを留意すべきである．

2）SDS-PAGE

SDS-PAGE に関してはプレキャストゲルを購入することが分離能，再現性，安全性，簡便性から勧められる．PAG の主成分であるアクリルアミドは中枢神経毒である．プレキャストゲルは種々の濃度のゲルが用意されており，特に濃度勾配をつけたゲルを使用する際は，再現性・手間の点からプレキャストゲルを勧める．プレキャストゲルの中には高電圧で短時間に泳動することによりさらに分離能を高めることができるものもある（DRC 社）．プレキャストゲルの難点は価格面と，多くの場合，専用の泳動槽が必要なことである．プレキャストゲルはある程度保存が利くため発表用や分取などに用い，予備実験には自作のゲルを用いるなど，目的に応じて使い分けるとよい．またプレキャストゲルのゲル板を使用して自作のゲ

ルを作ることも可能である．

① プレキャストゲルの場合は，保存してある袋からゲル板ごと取り出し，コームを抜いて泳動槽にセットする．

② 泳動槽に泳動バッファーを入れ，コームをピペッターで洗浄する．

③ コームにマーカーと試料を入れ，通電を行う．感電を予防するため，できれば電源のコンセントは外しておくか，電源と泳動槽のコードを外しておく．最近の泳動装置はふたをすることで電極と電源が結ばれるので感電の危険性はない．濃縮ゲル中は 10 mA，分離ゲル中は 20 mA で行う．これはあくまで目安であり，使用する器具や条件に応じて異なる．

④ BPB（bromophenol blue）（青い色素）がゲル端から 5 mm 程度まできたら泳動を止め，電源と泳動槽のコードを外してからゲルを取り外す．

⑤ ゲル板から染色液にゲルを移し，染色後，脱色を行う．

3） 二次元電気泳動

二次元電気泳動は一次元目に等電点電気泳動，二次元目に SDS-PAGE を行う．かつては実験者によって泳動パターンが異なるなど再現性を得ることに技術を要した．これは等電点電気泳動が泳動槽の形状，ゲルの作成技術，温度条件など複数の要因に影響を受けたためである．現在，Immobiline DryStrip と IPGphor の組み合わせ（GE ヘルスケアバイオサイエンス社）により高い再現性が得られるようになった．Immobiline DryStrip はあらかじめ両性担体を固定したゲル（immobiline）を細いプラスチックのプレート上に結合させ乾燥した状態で販売されている．等電点にかける試料は尿素などで変性させ，ストリップホルダーを用いてゲルの膨潤とともにゲル中に浸透させる．電気泳動装置はゲルの膨潤と電気泳動時の温度管理と通電を行う（図 7.13）．同様なものに IPG ReadyStrip とプロティアン IEF セル（バイオ・ラッド社）の組み合わせがある．Immobiline DryStrip は種々のストリップの長さ，pH 範囲を選択することができる．難点は機器が高価なことである．安価なシステムとしてインビトロジェン社から ZOOM IPGRunner システムが販売されている．

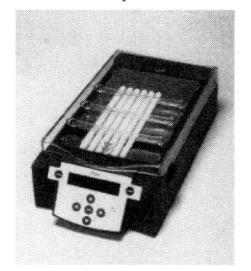

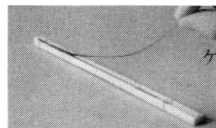

図 7.13 等電点電気泳動装置（IPGphor）

4） ゲル染色

ゲルの染色は，検出感度は落ちるが簡便で安価な CBB（coomassie brilliant blue R-250）染色法，感度は高いが反応の停止時間によって再現性に影響を受ける銀染色法がある．いずれも研究室で試薬を調製することは可能であるが，毒性の低いものや脱色の必要のないもの，再現性を向上させた銀染色法などのゲル染色キットが販売されている（バイオ・ラッド社など）．また，検出感度が高く定量性の高い蛍光試薬を用いた Flamingo や SYPRO Ruby ゲル染色キット（バイオ・ラッド社）が販売されている．

5） ゲル染色像の取り込み

ゲルの染色像は現在は CCD カメラやデジタルカメラを使ってパソコンに取り込む．蛍光像の取り込みは UV を照射するトランスイルミネーターと組み合わされたシステムがアトー社や東洋紡社など各社から販売されている．CBB で染色した PAG は直接，あるいは透明度の高い袋に入れて密封しバックライト機構のあるイメージスキャナーで取り込むと精細な画像が得られる．

f． 機器の保守と安全

電気泳動は常に感電の危険を伴う．もっとも危

険なのは，試料をゲルに添加するときとゲルを取り外すときである．この際は必ず，電源のスイッチを切るだけでなくコンセントを抜く，あるいは泳動槽とつながるコードを抜く．新しい機種はこのような対策がとられているが，古いものについては注意が必要である．また泳動槽側のコードの抜き差しで添加した試料があふれることがあるため，電源側のコードを抜いておく方がよい．また泳動中は手を泳動槽に入れることは厳禁である．

泳動槽は水道水でよくすすいだあと，純水でよくすすぎ乾燥させる．特に電極部はよく純水ですすぎ乾燥させる．

ゲルトレイやゲル板は柔らかいスポンジに中性洗剤をつけて軽く洗う．その後水道水でよくすすいだあと，純水でよくすすぎ乾燥させる．ガラスのゲル板は純水をかけたあと，エタノールをかけて乾燥させてもよい．

〔藤野介延〕

E． クロマトフォーカシング

a． 原理と機器の構成

クロマトフォーカシング（chromatofocusing）は，静電的性質の違いによりタンパク質を分離するカラムクロマトグラフィーの1つの技法である．

タンパク質は両イオン性高分子であり，等電点より高いpH溶液の中では陰イオンとして挙動し，低いpH溶液の中では陽イオンとして挙動する．イオン交換クロマトグラフィーでは，タンパク質のこのような性質を利用してイオン交換体にタンパク質を結合させ，溶出液のイオン強度やpHを変化させることにより溶出する．一方，クロマトフォーカシングの場合，開始緩衝液で置換したイオン交換体にタンパク質を吸着させることは同様であるが，溶出液のpHに勾配をつけることはせず，開始緩衝液と異なるpH条件の単一の溶液（溶出液）で溶出する．この場合，カラムに沿ってイオン交換体にpHの勾配ができ，タンパク質はその等電点に応じて，分離しながら溶出される．

クロマトフォーカシングでは，同じ等電点の分子を濃縮する効果があるため，緩やかなpH勾配が形成されるように系を組み立てれば，高分解能（0.04 pH以下）でタンパク質が分離される．それゆえ，等電点電気泳動と同様に精製の最終段階での利用に効果的である．pH直線勾配による溶出は分離能の確保にとってきわめて重要であるが，開始緩衝液と溶出液の条件を選択すれば，カラムの中にほぼ直線の勾配を作ることはさほど難しいことではない．クロマトフォーカシングによるタンパク質の分離では，正味の電荷量が同じでも表面電荷が違えば分離する．この点で等電点電気泳動による分離とは性質が異なる．クロマトフォーカシングはポリアクリルアミドゲルを用いないため，電気泳動よりタンパク質の回収という点で有利である．

クロマトフォーカシングには，電気泳動用の電源，イオン濃度の勾配やpHの勾配を作成するための特別な道具を必要としない．しかし，送液ポンプ，カラム一式，280 nmの吸光度でモニターできる紫外線検出器，pHモニター，フラクションコレクターは必要である．すなわち，汎用の液体クロマトグラフィーのセットがあればよいということになる．

クロマトフォーカシングでは，pHの直線勾配が再現性よく形成されることが大切である．また，広範囲でpH勾配が作成できることや交換体の結合能力が高いことも重要である．クロマトフォーカシングを目的として開発された交換体，緩衝液，両性担体などの素材が，GEヘルスケアバイオサイエンス社から販売されているので，それらを用いた具体的な操作法を次に記述する．

b． 操　　作

形成されるpH勾配に関しては次の原則が当てはまる．まず，pHの勾配は開始溶液のpHと溶出液のpHの間で形成される．また，勾配を形成する液の量は溶出液のイオン強度によって決まる．したがって，開始液と溶出液のpHの差を小さくし，弱いイオン強度の液で溶出すれば，勾配は緩やかとなり分離能が高くなる．

1) 主な試薬と器具

i) 交換体の種類　Sepharose 6B 担体にリガンドとして3級アミンと4級アミンを結合させた弱陰イオン交換体，PBE94 と PBE118 が販売されている．PBE94 は pH 4～9 で使用するためのもので，PBE118 は pH 7～10.5 で使用するように作られている．使用法については，メーカーの用意した詳しい解説書があるのでそれを参考にされたい[10]．

ii) 緩衝液

① 開始緩衝液については，Tris-HCl, Tris-acetate, Ethanolamine-HCl, Triethylamine-HCl, Imidazole-acetate, Imidazole-HCl, Histidine-acetate, Piperazine-HCl の中から目的の pH の緩衝液を選択する．

② 溶出液については，Polybuffer 74, Polybuffer 94, Pharmalyte pH 8～10.5 の使用が推奨されている．Polybuffer は高分子状の両性担体を含む溶出液である．塩酸や酢酸を用いて pH を調製する．液に溶存する二酸化炭素は pH に影響し，高い pH 域での分解能を悪くするので，使用前に必ず液の脱気を行う．開始緩衝液と溶出液の選択および調製の方法については，メーカーの用意した詳しい解説書があるのでそれを参考にされたい[10]．

iii) カラム　特別な形状のものは必要ない．XK シリーズ，Tricorn シリーズ（いずれも GE ヘルスケアバイオサイエンス社），エコノカラム（バイオ・ラッド社）など，内径 10 mm で 30～40 cm 程度のカラムが使いやすいので，広く利用されている．

2) タンパク質の調製

開始液または溶出液に溶解する．液量に制約はないが，イオン強度は 0.05 M を超えないように調製する．

3) 開始緩衝液と溶出液の pH の選択

等電点がわかっているタンパク質については，等電点より 0.5～1.0 高い pH 値を勾配開始の pH 値とするが，実際の開始緩衝液の pH 値はそれよりさらに 0.4 高い pH 値にする．上限値と下限値は pH 3 以内に設定する．一方，等電点が未知のサンプルの場合は，pH 7.0 から pH 4.0 の勾配ができるように開始緩衝液と溶出液を選択し，分画を試みる．

4) カラムの充填

① ゲルをビーカーなどの容器に取り，少量の開始緩衝液（ベッドボリュームの 50% 程度の量）に懸濁し，スラリー状態にしたあと，脱気する．

② カラムを垂直に取り付け，流路の気泡を除き，流出口のストップコックを閉じる．

③ 少量の開始緩衝液をカラムに入れ，脱気したスラリーを攪拌しながら一気に注ぎ込む．

④ 流出口のストップコックを全開にし，ゲルをカラムにすばやく沈殿させる．

⑤ 気泡に注意しながらデッドボリューム調節用のアダプターを取り付け，100 cm/h の流速で開始緩衝液を流しゲルを安定化させる．ゲルを完全に置換するのに，ベッドボリュームの 10～15 倍量の開始緩衝液で平衡化する．

5) タンパク質のローディングと溶出

① 開始緩衝液で平衡化したカラムにタンパク質溶液をロードする．標準的なタンパク質添加量は，ベッドボリューム 10 mL に対して 100～200 mg である．

② 溶出液に流路を切り替え，分画を開始する．通常，ベッドボリュームの 1.5 から 2.5 倍の液が流出したあとに勾配が開始される．タンパク質量を 280 nm で，勾配を pH によりモニターする．

③ 流出する液の pH が溶出液の pH になり，プラトーに達するのを確認するまで分画を続ける．

6) Polybuffer の除去

目的により Polybuffer を除かなければならない場合がある．その場合は，硫安沈殿（80～100% 飽和），疎水性相互作用クロマトグラフィー（HIC），Sephadex G-75 によるゲル濾過法，アフィニティカラムクロマトグラフィーなどによって除去する．

7) タンパク質の可溶化

タンパク質は一般に等電点付近で不溶性になる傾向がある．不溶性になったタンパク質は沈殿し，しばしば集塊となりカラムから溶出しなくな

る．また，開始緩衝液や溶出液に溶解しないタンパク質もある．このような場合には，試料液，開始緩衝液，溶出液に尿素（1～6 M）あるいは非イオン性界面活性剤などを加え，可溶化する方法を検討する．PBE94 と PBE118 は 8 M 尿素存在下でも使用できる．

8） カラムの再生

充填したカラムは，次の方法で再生すれば，再充填することなく使用できる．

ベッドボリュームの 2～3 倍量の 1 M NaCl または 0.1 N HCl でカラムを洗い，その後，中性付近 pH の緩衝液で置換する．HCl で洗浄したときにはできるだけ早く pH を戻す．洗浄したカラムは次のクロマトグラフィーに使用できる．

〔増田 清〕

F. 吸光光度法

a. 原 理

分子やイオンは，特定波長の光を吸収する性質を持つ．物質による光の吸収の程度を表すには，物質を透過した光と入射光の強度の比を百分率で表す透過率と，物質による光の吸収の程度を表す吸光度の 2 つの方法がある．ある物質が光をまったく通さないときと完全に透過させるとき，透過率は 0% と 100%，吸光度では ∞ と 0 で表される．物質に照射する波長を変化させて得られる吸光スペクトルで定性分析，吸光度によって定量分析を行うことができる．吸光度は，核酸やタンパク質の定量や純度の測定，酵素活性の測定などに欠かせない．

吸光度の測定に用いる分光光度計の模式図を図 7.14 に示す．光源として，紫外部用には水銀ランプ，可視部用にタングステンランプが用いられ，ランプの光からモノクロメーターと呼ばれる分光器によって特定の波長の光，すなわち単色光を取り出して，光学研磨されたキュベット（セル）に入れられた試料液を通過させ，光電子増倍管（普及機ではシリコンホトセル）で光強度を検出する．

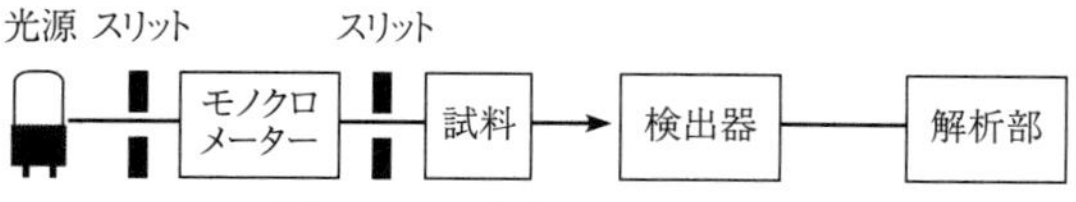

吸光度は，平行光線が物体中を通過するときの入射光強度 I_0 と，透過光強度が I から，$\log_{10}(I_0/I)$ の値として求められる．バイオ実験では，溶液中の特定の溶質の濃度を知るために吸光度を利用することが多い．ある溶媒に溶質を溶かした薄い溶液の場合，強度 I_0 の入射光が溶媒を通過すると強度 I_0'，溶液を通過すると強度 I' になるとき，溶液の吸光度から，溶媒の吸光度を引いた $\log_{10}(I_0'/I')$ で溶質の吸光度が得られる．

吸光度が吸収層の厚さに比例するという Lambert の法則が成立する場合には，吸収層の厚さを d，吸光係数を a とすれば，$\log_{10}(I_0'/I') = ad$ が得られる．この式と，溶液による光の吸収が溶質のモル濃度 c に依存されることを表す Beer の法則 $a = \varepsilon c$（ε はモル吸光係数）から $\log_{10}(I_0'/I') = \varepsilon dc$ となり，吸光度が溶液のモル濃度 c に比例することがわかる．なお，透過率 $T\%$ と吸光度 A は，$A = \log_{10}(I_0/I) = -\log_{10}(T/100)$ という関係にある．

通常の分光光度計を利用した場合，対数で与えられる吸光度から濃度の高い溶質の定量は測定精度の上から実用的ではない．一般的な測定では吸光度が 2.5 程度を超えないように溶液を希釈して測定する必要がある．

b. 紫外・可視吸光光度法

分子やイオンによる，特定波長の光の吸収を測定する方法．装置は吸光光度計，分光光度計などと呼ばれる．吸光スペクトルによって定性分析，吸光度によって定量分析を行う．分子の構造に基づく分析法であるが，吸収波長は鋭いピークを持たないので，通常，化合物の構造解析には用いられない．一方，溶液，粉体，固体など様々な試料での測定が可能であり，操作も容易である．

1） 装置の構造

装置の概要を図 7.14 に示す．光源として，可視光にはタングステンランプ，紫外域には重水素

図 7.14 分光光度計の模式図

ランプが用いられることが多い．通常の分光光度計では，350 nm 付近で2つのランプを切り替え，紫外域から可視域までを連続的に得られるようにしている．ランプからの光から，モノクロメーターによって，特定波長の光だけを取り出し，試料室に導く．このとき，試料のみを照射するシングルビーム型と，光束を2つに分けて，試料と対照（リファレンス）を同時に照射するダブルビーム型の2種類の機種がある．試料を透過した光の強度は光電子増倍管やシリコンホトセルによって測定する．

溶液の試料は，吸収セル（キュベット）に入れて測定する．吸収セルは通常1cm角で，可視から近赤外域の場合にはガラス製，紫外域での測定まで行う場合には石英製のものを用いる．これらは，光路となる2面は光学研磨され，それ以外の2面はすりガラスとなっている．樹脂製の使い捨てセルも市販されており，特に長波長域での測定や色素などによる汚れが落ちにくい場合に有用である．

2） よく用いられる測定法

もっとも基本的な測定は，ある波長だけでの吸光度を測定する方法であるが，これ以外にも，目的によって様々な測定が行われる．波長スキャンは，波長を連続的に変化させてスペクトルの変化を記録する方法で，試料中の物質の濃度と純度を知ることができる．例えばDNA試料について，210 nm から 340 nm までスキャンすると，260 nm に最大吸光度を持つDNA試料への，吸光度 280 nm のタンパク質の混入の程度を知ることができる．タイムスキャンは，吸光度の時間変化を追うもので，酵素反応をモニターするのに用いる．

3） 基本的な操作

分光光度計での測定のためには，波長，測定のレンジなどのパラメーターを設定し，校正を行う必要がある．特に，波長スキャンを行うためには，使用する全波長域での校正（ベースラインの校正）を行う必要がある．現代の分光光度計は，パラメーターの設定や保存をパソコン経由で行う

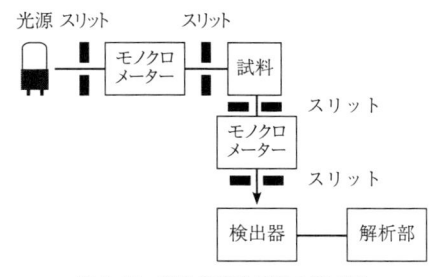

図7.15 蛍光分光光度計の模式図

ため，コマンドを入力するだけになっている．

c． 蛍光吸光光度法

吸光光度法が，ある波長の光の吸収に基づく測定であるのに対し，蛍光吸光光度法は，試料に照射した励起光によって生じる蛍光の強度を測定する．蛍光のスペクトルと強度から，定性および定量分析が可能である．

装置の概要を図7.15に示す．光源には，水銀ランプが用いられることが多い．試料室までは，通常の分光光度計と同様だが，試料に照射した励起光ではなく，試料から放射される蛍光を測定するため，励起光と90°の角度で蛍光を得るのが一般的である．蛍光も分光して測光するために，検出器側にもモノクロメーターが置かれる．この光路の特性から，測定には，4面研磨のセルを用いる．HPLCの検出器として，フローセルを用いる測定も行われる．

蛍光強度は，温度やpH，溶液の濃度や溶媒などによる影響を受け，光による退色も起こることを留意する必要がある．

d． 原子吸光法

原子吸光法は，原子が固有の波長の光を吸収する現象を利用する測定法で，微量の無機成分，金属元素の定量に広く使用されている．

1） 原 理

安定な電子配列を持つ基底状態にある原子に光を照射すると，固有の波長の光のみが吸収され，原子が励起状態になる．他の波長の光は吸収されない．また，基底状態の原子がたくさんあるところに光を当てると，光の一部が原子によって吸収

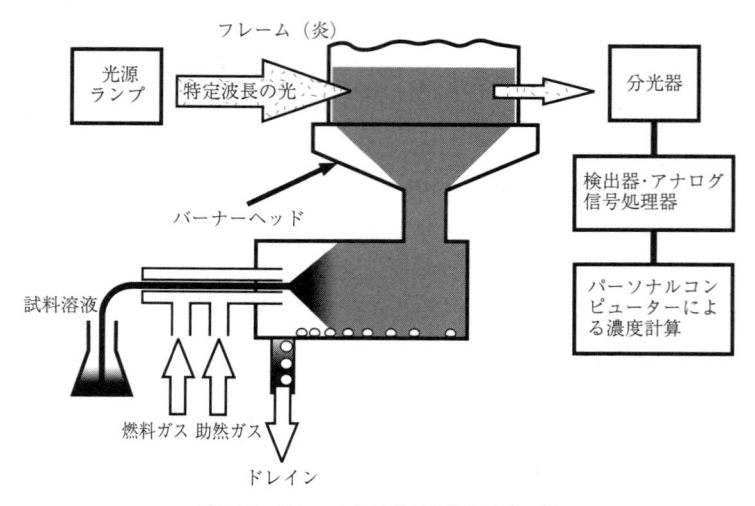

図7.16 フレーム原子吸光分光光度計の例

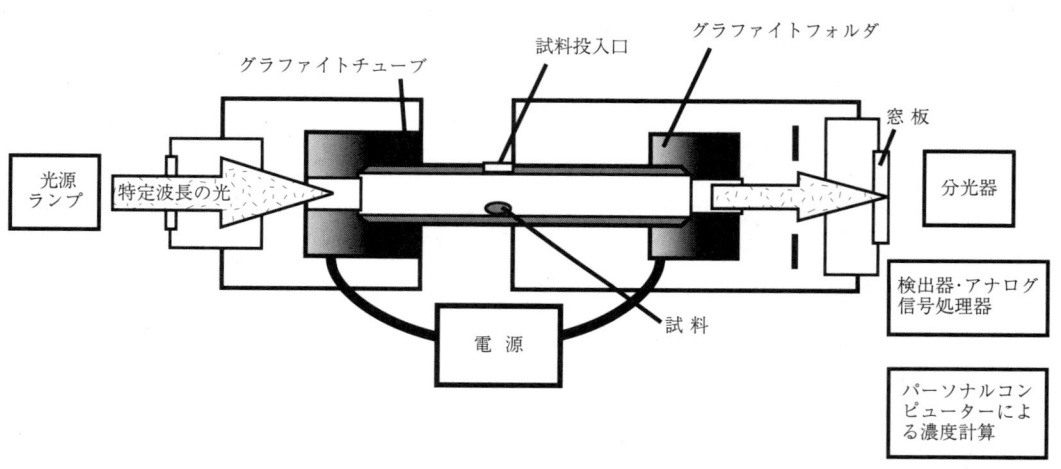

図7.17 電気加熱原子化法

されるが，この割合は原子の濃度によって決まる．これらにより，原子の定性・定量が可能となる．測定する原子は通常分子の形で存在している．これを上記の原理により測定するためには原子化する必要がある．原子化の手段で広く使われるのが，試料を高温に加熱して分子を分解し，原子化する方法で，フレーム原子化法，超小型の電気炉を使う電気加熱原子化法などがある．

2) 種 類

i) フレーム原子化法 原子吸光分光光度計に一般に見られるもので，燃料ガス・助燃ガスに試料液が霧化されて混ぜられ，燃やされることによりフレーム（炎）中で試料が原子化され，この際の吸収波長の照射により，原子の吸光が測定できる（図7.16）．

【長所】測定値の再現性が良い．使いやすい．

【短所】試料の9割程度が原子化されず，排出される．分析感度が高くない．

ii) 電気加熱原子化法 グラファイトチューブを用い，電気によりチューブを加熱し試料を原子化するものである（図7.17）．

【長所】フレーム原子化法に比較し感度が10～100倍向上している．

【短所】測定元素と試料の組成に適した条件（加熱温度，時間，昇温条件）を見つける必要がある．試料の投入など，操作がやや難しい．

iii) その他 As, Se, Sb, Sn, Te, Bi, Hg などには水素化物発生原子化法，溶液中の Hg には還元気化原子化法など，感度が高い測定法を用いる．

〔野村港二・志水勝好〕

参考文献

1) 津田孝雄・廣川健編著：機器分析科学，朝倉書店 (2004).
2) 日本分析化学会　液体クロマトグラフィー研究懇談会編：液クロ虎の巻，筑波出版会 (2001).
3) 江藤守總編：機器分析の基礎，裳華房 (1998).
4) 森山達哉編：バイオ実験で失敗しない！検出と定量のコツ，羊土社 (2005).
5) 竹縄忠臣編：タンパク質実験ハンドブック，羊土社 (2003).
6) 岡田雅人，宮崎香編：タンパク質実験ノート（上・下），羊土社 (2004).
7) 金屋晴夫，藤田善彦：実験生物学講座4　生化学的実験法，丸善 (1988).
8) 日本分析化学会：編機器分析の事典，朝倉書店 (2005).
9) 植物栄養実験法編集委員会編：植物栄養実験法，博友社 (1990).
10) 島津製作所，原子吸光分析クックブック第一部　原子吸光分析法の原理分析のための基本条件．

8. 分子生物学入門

　分子生物学は，生化学や遺伝学を基に，生命現象を分子レベルで理解する学問として1950年代に誕生した．最初はバクテリアやバクテリオファージがその研究対象であったが，自己複製するDNA上の遺伝情報がRNAに転写されタンパク質に翻訳されるというセントラルドグマが提唱されて以来，その概念は広い生物界に拡張され，ヒトや植物などの高等真核生物までを対象とした研究を可能とさせるに至った．今日，いわゆる遺伝子組換え技術であるDNA分子の取り扱いが，分子生物学実験における主な技術である．RNA分子やタンパク質分子を対象とする研究においても，その情報をDNA分子に変換したあとに，再度RNA分子やタンパク質分子を産生して実験を進めることが基本となる．DNA分子を対象とした実験を行うためには，同一なDNA分子を増幅させる必要性がある．以前は，目的の遺伝子の大量調製は大腸菌のプラスミドDNAをベクターとして行われていた．しかし，1986年にPCR（polymerase chain reaction）技術が開発され，遺伝子クローニングの手法や概念も大きく変わり，かつては困難とされた希少なDNA分子を対象とした遺伝子クローニングも容易とすることが可能になった． 〔森山裕充〕

8.1 核酸の取り扱い

a. 抽出と精製

　核酸はRNAとDNAの2種類であり，どちらも五炭糖（ペントース）と塩基とリン酸からなるヌクレオチドがリン酸エステル結合で連なった高分子である．五炭糖がリボース（$C_5H_{10}O_5$）の場合はRNAで，デオキシリボース（$C_5H_{10}O_4$）の場合はDNAである．細胞内の生体高分子は大まかにはタンパク質，脂質，糖類によって構成されているので，核酸を分離，精製するためには，タンパク質と脂質を選択的に除去することが必要でかつ重要なステップとなる．

　除タンパク質，除脂質処理後の抽出溶液中に存在する核酸と多糖類（特に植物や菌類は含有量が多い）は，最終濃度が70％程度になるようにエタノールを加えることで沈殿させ，回収することができる．エタノールは水との親和性がきわめて高く，核酸分子などの周りに付着している水イオンを奪い，それにより核酸分子はもはや水中に溶けていられずに沈殿してしまう．また塩類も同様な目的で加えられることが多く，通常は終濃度0.3Mになるように酢酸ナトリウムや塩化ナトリウムを添加したあとに，エタノールを加えて沈殿させる．なお，多糖類と核酸の分離はエタノールの濃度勾配による沈殿物の生じ方の違いを利用する．例えば水溶液に終濃度20％になるようにエタノールを加えて多糖類を沈殿させ，その後70％になるまでエタノールを加えて核酸を回収すると，余分な多糖類を除くことが可能となる．

　不溶性のタンパク質は，高速遠心分離法で沈殿物として除去することが可能である．一方，可溶性のタンパク質は除去するために可溶性から不溶性へと変性させたあとに，遠心分離法により沈殿物として除去させる．可溶性タンパク質を変性す

るためには有機溶媒が使用され，代表的な変性剤としては強い極性を持つフェノールが挙げられる．フェノールで変性されたタンパク質は不溶性となり白濁化し，遠心分離後は水より比重が大きいフェノール層と水層の界面に集積されて中間層を形成する．なお，フェノールは水との親和性が高いため，水層からのフェノールの回収が困難になることが多い．そのため，水との親和性がきわめて低いクロロホルムを等量混合して使用することが多い．クロロホルムとフェノールの親和性は水とフェノールよりも高く，またクロロホルムの比重は水よりも高いので分離が容易であり，フェノールほど強力ではないがタンパク質を不溶性に変性する性質が利用されている．

別なタンパク質変性剤として，抽出溶液にはドデシル硫酸ナトリウム（SDS）などの界面活性剤を添加することが定法となっている．タンパク質はいくつかのサブユニットがジスルフィド結合（システイン残基が有するスルホン基間（$-SOH_3$）で形成されるS–S結合）を介して集合し機能的な高次構造タンパク質として存在することが多いが，SDSによりこのジスルフィド結合が解離される．

以上をまとめると，SDSで巨大なタンパク質分子をサブユニットのレベルに分解して，フェノールで変性させて不溶性にして沈殿除去させる．なお，脂質は親油性が高いのでフェノール/クロロホルム層に分離され水層から取り除かれる．さらに還元剤として2-メルカプトエタノールを添加することが多い．細胞を摩砕すると特に植物細胞ではポリフェノールオキシダーゼなどの酸化酵素が空気中の酸素と反応して細胞抽出液が褐変化してしまうが，この還元剤の添加により酸化反応を防ぐことができる．またこの還元性はジスルフィド結合の切断にも利用される．

なお，植物など，大量の多糖類が含まれるサンプルから多糖類を効果的に除くには，臭化ヘキサデシルトリメチルアンモニウム（CTAB）を用いる方法もよく使用される．CTABは陽イオン性の界面活性剤で，イオン濃度が低い溶液中では核酸と酸性の多糖類を沈殿させるが，タンパク質と中性の多糖類は沈殿させない．一方，イオン強度が高い場合には，核酸は沈殿させないが，タンパク質や酸性の多糖類と結合する．そのため，はじめに塩濃度（NaCl濃度）の高い緩衝液とクロロホルムなどを用いることでタンパク質と多糖類を取り除き，次いで溶液の塩濃度を下げることで，純度の高い核酸を得ることができる．

細胞核内では，酸性の染色体DNAは塩基性のヒストンタンパク質に巻き付き，保護されて存在している．これらのタンパク質は抽出の行程で変性されて，物理的な振動を与えられることでDNA分子から外されるが，そうなると高分子のDNAはむき出しになり，切れやすくなってしまう．一般にDNA分子は抽出の行程でランダムに切断されて約40 kbpのサイズに分断される．DNA分子をなるべく高分子の状態で回収するには，エタノール添加のあとで，遠心分離法ではなく，エタノールと水層間の界面に現れてくるDNA分子をガラス棒で巻き取る方法も利用される．この手法を利用すれば選択的に高分子DNAが回収され，混入してくる多糖類も除くことができる．実際に多糖類の混入が問題となり，PCRなどの実験に支障をきたすことが多い藻類由来のサンプルも，この巻き取り法により実験が成功した例もある．

RNAはDNAに比べて抽出，精製の行程で，またはその後の保存の間でも分解されやすい．RNAが分解されやすい理由として，RNA分解酵素が失活し難いことが挙げられる．通常，DNA分解酵素を含めた酵素はオートクレーブによる熱処理や，SDSやフェノールなどの変性剤処理により完全に失活してしまう．しかしRNA分解酵素はこれらの処理中は失活状態となるが，処理後は再び活性を復活する厄介な酵素である．

RNA分解酵素が混入してくる要因として，空気中の埃や手の汗や器具などに付着したものによる外因的なケースと，抽出で細胞を破壊する際に，特定の細胞画分内に留まっていたRNA分解酵素が放出されて抽出液中に拡散してしまう内因

的なケースがある．外因的なケースを防ぐためには各実験器具の滅菌処理を確実に行い，実験前には必ず手を洗い手袋なども着用して自分の体内からの混入を防ぐこと．内因的なRNA分解酵素による影響を可能な限り抑えるためには，RNA分解酵素が活性型にならない条件を保つことが重要である．そのためにSDSに代えて，さらに強いタンパク質変性剤であるグアニジンチオシアネートを抽出溶液に添加する．また抽出後のRNA試料を溶解する際も，ジエチルピロカーボネート（DEPC）処理した純水を用いるなど，細心の注意を払う必要がある．なお，グアニジンもDEPCも人体に対して毒性が強いので，取り扱いの際は保護手袋や保護具を着用し，さらに実験作業もドラフト内で行うなど注意する．特にDEPCは発癌の恐れがあるので，換気を十分行い，オートクレーブ後の蒸気を吸い込まないようにする．

核酸抽出で使用する緩衝液としては，中性から弱アルカリ性で緩衝効果のあるトリスヒドロキシメチルアミノメタン（トリス）がもっとも一般的である．使用する濃度やpHは材料により異なるが，50 mM，pH 8.0程度で用いられることが多い．精製された核酸はDNAの場合は10 mMトリス（pH 8.0），1 mMエチレンジアミン四酢酸（EDTA）に溶解するが，RNAはRNA分解酵素フリーの滅菌水に溶解する．EDTAは金属キレート剤であり，1価から4価までの金属イオンと錯体を形成し，酵素の反応中心となる金属を奪うことで生体由来の酵素群の反応を阻止する．

通常，核酸を電気泳動などの分析を目的として抽出する場合，植物や菌類由来の材料は細胞壁を有しているので抽出効率は低く，サンプルの出発量は少ないケースで生重量0.1 g程度で，このときの核酸収量は約100 μg，多いケースだと生重量10 gで核酸収量は10 mg程度である．これに比して，細胞壁を持たない動物細胞や大腸菌などの原核生物（特に細胞壁の薄いグラム陰性菌など）はSDSやアルカリ処理により細胞膜である脂質二重膜が簡単に溶解されて，核酸は少量の出発材料からたやすく抽出できる．またPCR反応の鋳型として用いる際は，核酸の総重量が約10 ng以下と微量でもよい．

核酸抽出に用いる生物材料は，鮮度の高さが重要であることを強調したい．上述のように核酸を分解する酵素群は細胞自身の中に存在する．損傷により細胞内の構造が不規則に壊されていくと，本来は特定の場所に留められていた分解酵素群が細胞内に流出してしまい，抽出する前に核酸がすでに分解されてしまうこともある．また，抽出作業は必ず低温下（氷上，または4℃）で行い，酵素活性を最小限に抑えた状態で行う．液体窒素を使用すれば酵素活性を回避できると同時に，細胞壁を有する植物や菌類を材料とする際は細胞の破壊効率を上げることもできる．破砕した細胞破片は凍った状態のまますばやく抽出溶液の中に加え，溶解を確認後に，フェノール溶液を添加する．

以下に全核酸抽出に使用される試薬と手順例を示すが，詳細については別途実験書も併せて検討することを勧める．

ストック試薬：
- 1 M トリスヒドロキシメチルアミノメタン（Tris-HCl，pH 8.0）溶液
  ※6 Nの塩酸を使用してpHを調整する．
- 0.5 M EDTA（pH 8.0）溶液
  ※粉末を水に溶かすと低いpHを示して溶解しづらいので固形の水酸化ナトリウム粒を用いてpHを調整する．
- 3 M 酢酸ナトリウム溶液（pH 5.2）・20% SDS溶液
  β-メルカプトエタノール・100%特級エタノール

使用試薬：
- 核酸抽出用試薬
  50 mM Tris-HCl（pH 8.0），10 mM EDTA，1% SDS，20 mM β-メルカプトエタノール
- DNA溶液
  10 mM Tris-HCl（pH 8.0），1 mM EDTA

操作（植物細胞からの核酸抽出を例として）：
① 播種から2週間経た芽生えを5 g採取して，

あらかじめ−80℃で冷却した乳鉢に，はさみで細かく切った葉を入れる．液体窒素をかけてサンプルを凍結させてから乳棒で磨砕する．2〜3回繰り返して完全に粉状にする．

② 凍結粉をあらかじめ10 mLの核酸抽出液が入ったビーカーに薬匙などで移し，懸濁したあとに，10 mLのフェノール—クロロホルム—イソアミルアルコール（25：24：1）を加えて，10分間以上激しく撹拌する．この操作によって，核酸に結合しているタンパク質をできる限り変性して外す．

③ 白濁化したサンプル溶液を $10,000 \times g$ で10分間程度遠心分離して，水層，中間層，フェノール層に分離したあと，水層のみを回収する．このとき，中間層をできる限り混入させないように細心の注意を払う．上述のように，中間層には変性され一過的に不溶性タンパク質として沈殿したRNA分解酵素なども含まれる可能性があることに留意する．

④ 水層を回収後，10分の1量に値する3 M酢酸ナトリウム（終濃度0.3 M）を添加してから，2倍量の100％エタノールを加えて沈殿させる．4℃または−20℃で30分間程度放置させたあとに，$8,000 \times g$ で約10分間程度遠心分離して，沈殿物として核酸を回収する．エタノール沈殿中は溶液を冷却することにより，核酸の水への溶解性をより低下させることができる．なお，ガラス棒を用いて回収するとより純度が高く，さらに長い繊維状のDNA分子の回収が可能となる．

⑤ 沈殿物として回収された核酸は，適量のTE溶液で溶解させる．なお，DNAを取る目的の場合は，TE/RNaseA（10 mg/mL）に溶解させて1時間程度37℃で反応させ，RNAを分解させる．

RNAの抽出液はSDSの代わりにグアニジンチオシアネートを用いる．また全核酸をいったん抽出したあとに，終濃度が2.5 Mになるように塩化リチウムを添加させて，RNA分子を選択的に沈殿させる．核酸分解酵素活性が高い組織からのRNA抽出方法としてアウリントリカルボン酸（ATA）法もよく利用される．ただし，ATAは核酸と核酸結合性タンパク質の核酸結合部位に結合する性質を持っており，分解を含めた核酸に対するほぼすべての酵素反応を阻害する．したがって，ATAを用いて精製されたサンプルは，SephadexG-50カラム，または超遠心処理によりATAを除去する必要がある．

b. 定　　量

核酸は260 nmの波長における吸光度を測定して定量することができる．260 nmは紫外線であるので，UV（ultra violet）すなわち紫外光ランプが入射光の供給源となる．UVランプ使用時は可視光ランプをスイッチオフにする．吸光度は，AあるいはODと記されることが多い．ODはoptical density（光密度）の略である．"A"または"Abs"は英語の吸光度absorbanceの略である．例えば，A_{260} は，波長260 nmにおける吸光度を意味する．核酸溶液において，260 nmの入射光での吸光度が1.0吸光度単位のとき，DNA溶液であれば50 ng/mLで，RNA溶液であれば40 ng/mLである．一般的に分光光度計は吸光度0.100〜1.000の範囲でもっとも精度良く測定することができる．溶液の濃度が低すぎると装置の測定限界に近くなり測定結果が変動してしまう．なお，A_{260} の吸光度測定ではDNAとRNAを区別することは不可能であることに留意しておきたい．

核酸の純度は，核酸（A_{260}）とタンパク質不純物（A_{280}）の吸光度比（A_{260}/A_{280}）を測定，算出して検定を行う．純粋なヌクレオチドまたはオリゴヌクレオチドの A_{260}/A_{280} 吸光度比は，DNAで1.8，RNAで2.0であるので，これらの値を基として純度試験を行うことができる．核酸測定は200 nm〜350 nmの波長幅で行う場合も多い．この場合，260 nmの測定値が核酸の吸収スペクトルの緩やかなピークのトップにあたり，280 nmの測定値は急な勾配を示す．230 nmにおける吸光度の上昇は，吸収極大が230 nmに近いペプチドや，トリス緩衝剤やEDTA，RNA抽出に用いるグアニジンチオシアネートなど，230 nm波長

に吸収のある試薬類の混入と考えられる．

c. 利用される酵素

通常，細胞から核酸を抽出する際は，上述したように物理的な破壊，または界面活性剤による溶解を行うので酵素は必要ではない．しかし，無傷に近い状態の染色体を用いるパルスフィールド電気泳動などが目的のときには，穏和な条件で細胞を壊すために，植物細胞や菌細胞では細胞壁をペクチナーゼやセルラーゼ，またはザイモラーゼやグリセラーゼなどの酵素で溶解してプロトプラストの状態にしたあとに，高分子のDNAを得る．

精製したDNAを遺伝子クローニングやゲノミックサザン解析などの実験に使用するには制限酵素処理を行う．制限酵素は2本鎖DNAを切断する酵素で，切断様式などによりI型，II型，III型の3種類に大別されるが，遺伝子組換え技術にはII型酵素が利用される．それぞれの制限酵素はDNA塩基配列中の特定のパターンを認識して，その認識配列の内部やその付近を切断する．認識配列の多くはパリンドローム（回文）になっており，正方向，または逆方向のDNA鎖から配列を読んでも同じ配列になっていて，その単位は4塩基，6塩基（もっとも多い），または8塩基などである．制限酵素で切断されたDNAの切断面は，2塩基～4塩基が1本鎖の状態となる．切断面の1本鎖DNA部分は5′側に突出する場合と，3′側に突出する場合がある．この突出した1本鎖DNA部分は，同じ制限酵素で処理された他のDNA断片の相補的な1本鎖DNAとライゲーション反応により連結される．

組換えDNA実験で，ライゲーション反応を担う酵素はT4ファージ由来のT4 DNA ligaseで，この酵素が触媒するのは相補性を有するDNA同士の塩基対形成ではなく，DNA（またはRNA）鎖の5′リン酸基と3′水酸基を結合させるホスホジエステル結合を作る反応を触媒する．また制限酵素の中にはDNAの突出のない平滑末端（ブラントエンド）の切断面を作るものもある．この場合，挿入断片DNAも平滑末端を持つものが連結される．

CTAB法で抽出したDNAは，ほぼ制限酵素で切断される純度であるが，それでも切断阻害が生じるときは，タンパク質分解酵素であるプロテアーゼK（$100\mu g/mL$）によって除タンパク処理を行う．ジスルフィド結合を解離させたペプチド鎖の方がプロテアーゼに分解されやすいため，反応液には0.5％のSDSを加える．この処理により，DNAに強固に結合しているタンパク質や，抽出の行程で除けなかったタンパク質が分解できる．プロテアーゼK処理は細胞分画法により細胞核やミトコンドリアなどを単離したあとのDNA精製ではよく行われる処理である．インタクトな状態のオルガネラは分量も少なく，液体窒素などを利用した物理的な磨砕力で壊すことができない．しかし，これらを構成する脂質二重膜の多くは膜タンパク質を有しており，SDSによる溶解だけでは不十分である．また高分子の状態を維持するには，フェノール処理時に激しく振ることを避けねばならないので，酵素法によるタンパク質分解は有効な手段である．

DNA精製を目的とするときは，最終調整するDNA溶液には低濃度（$10\mu g/mL$）のRNA分解酵素を添加したものを使用する．このとき，RNA分解酵素はオートクレーブにかけてDNA分解酵素を完全失活させてから使用する．RNA精製を目的とするときはDNA分解酵素処理後にフェノール処理を行い，エタノール沈殿させて，最後に純水に溶解する．

d. 突然変異原

変異原処理により効果的に突然変異株を得るためには，生物材料の生理的条件その他を整え，毎回の実験を再現性良く行うことが大切である．また変異原で処理後の細胞について，突然変異が現れるまでには表現遅延の現象があることに留意しなければならない．このためには変異原処理を施した細胞は，微生物であれば一晩程度，植物や動物細胞であれば細胞が少なくとも数回分裂を繰り返す期間（2～7日間程度），それぞれの生物に適

表 8.1 変異の誘発剤

方法	手段	変異場所のコントロール	長所	短所	対象
放射線	物理的ダメージ	不可	ランダム，平均的な変異	変異部位や変異数を特定できない	ほとんどすべての生物
化学誘発剤	化学的ダメージ	不可	ランダム，平均的な変異	変異部位や変異数を特定できない	ほとんどすべての生物
トランスポゾン	DNA 挿入	不可	変異部位の同定が容易	挿入部位に偏りが生じる	ほとんどすべての生物
レトロトランスポゾン	DNA 挿入	不可	変異部位の同定が容易	同時に複数挿入が生じる	ほとんどすべての生物
T-DNA	DNA 挿入	不可	変異部位の同定が容易	挿入部位に偏りが生じる	植物
相同組換え法*	DNA の組換え	可能	部位特異的な変異	適用範囲が狭い	酵母，大腸菌，マウス

*相同組換え法は突然変異法とは区別されるが遺伝子破壊を生じさせうるので併記した．

した条件下で培養させたあとに変異株の分離操作に移ることが望ましい．

変異の誘発剤は様々なものがある（表8.1）．伝統的な手段としてはDNAに物理的なダメージを与えるX線やγ線などの放射線や紫外線，または多くの化学物質を用いた方法がある．これらの変異原は特定の遺伝子にのみ作用するものではなく，無差別に変異を生じさせる．化学物質は特別な装置が不要なことや，濃度条件などを正確に調節できることから広く用いられている．化学的変異原物質は作用メカニズムにより3種類に分類される．

第一のグループは，その構造がDNA構成成分と類似したもので，塩基アナログなどである．DNA複製の段階でこの塩基アナログが取り込まれると正確な塩基対合ができにくくなり，さらなるDNA複製の際に対合ミスを起こし正確に相補的な複製ができなくなる．

第二のグループは，核酸塩基を脱アミノ化するなど直接作用して塩基対合を不正確とするものである．よく使用される強力な変異原であるN-メチル-N'-ニトロ-N-ニトロソグアニジン酸エチル（NTG）やメタンスルホン酸エチル（EMS）などのアルキル化剤がある．この場合もDNA鎖上の塩基が他の塩基に変化してしまい，不正確な塩基対合を引き起こす．

第三のグループは，複製途中のDNAの塩基間に挿入する化合物で，結果として1塩基挿入が生じたり，または逆に1塩基決失したDNA鎖が合成され，この変異がタンパク質のコード領域に起こるとフレームシフト変異となり，変異点以後のアミノ鎖配列は元の遺伝子産物とまったく異なる変異タンパク質を作る．

上述した手法に加え，近年はトランスポゾンによる遺伝子破壊型の突然変異法がよく用いられるようになった．トランスポゾンにはDNA断片が直接転移するDNA型（トランスポゾン）と，転写と逆転写の過程を経るRNA型（レトロトランスポゾン）がある．これらのトランスポゾンは細菌からヒトに至るまで広範囲に存在する．トランスポゾンは，その両端に特徴のあるDNAの塩基配列を持ち，ターゲットのゲノムDNAを認識して入り込むための酵素の遺伝子を自身で持っている．

この手法を用いるメリットは，トランスポゾンの塩基配列中に自在にマーカーとなる遺伝子配列を組み込むことができる点である．遺伝子破壊によって突然変異が現れたとき，染色体上の壊された遺伝子を特定しなければならないが，このとき既存のトランスポゾン配列やマーカー配列を元と

して挿入箇所を決定することは，PCR法などを用いればきわめて容易である．化学的変異剤で生じた突然変異箇所を決定するためには遺伝解析や遺伝子相補性試験などのステップを踏む必要があるので，多大な時間を要する．

一方，トランスポゾンが挿入されやすい染色体上の部位と挿入されにくい部位とがあり，一様な突然変異が期待される化学的変異剤法に比べると，得られる突然変異株には限りがあるケースも十分に想定される．植物ではT-DNAタギングという手法も取られている．これは植物病原細菌アグロバクテリウム *Agrobacterium tumrfaciens* が宿主植物に感染すると，アグロバクテリウム中に存在するTiプラスミドの一部の配列（T-DNA）が宿主細胞の染色体に組み込まれる性質を利用した手法で，従来は植物の形質転換手法で用いられるツールであるが，トランスポゾンとほぼ同程度なゲノムDNAへの挿入効率がある．トランスポゾン法の欠点として，DNA型の場合では宿主植物によっては転移効率が低いケースもあり，またRNA型では転移する頻度をコントロールするのが困難であるなどの問題点も生じてくるが，T-DNA法ではアグロバクテリウムに感染するすべての植物（マメ科以外）でランダムな挿入突然変異が期待され，さらに一度挿入されたT-DNA配列は再び染色体上で転移することはないので二次的な突然変異が生じる恐れがない．

〔森山裕充〕

参考文献

1) P. Sambrook, D. W. Russell : *Molecular Cloning* (3rd ed.), Cold Spring Harbor Laboratory Press (2001).

8.2 クローニングとシークエンス

a. クローニングベクターと宿主

あらゆる生化学実験手法の中で，核酸塩基配列の分析情報はもっとも信頼度が高く，研究分野に留まらず産業界でももっとも重要視されている．遺伝情報を解読するためには，解析の対象となるDNAを増幅させる，すなわちクローン化する必要がある．このDNAのクローン化技術に必要とされる基本的なツールは2つある．1つ目はDNAの産生に用いる宿主生物で，もっぱら大腸菌が使用される．2つ目はベクターと呼ばれる環状DNAで，大腸菌の中で自立的に増殖するための複製開始配列（OriginのことでOriと略される）を持つもので，いわゆるクローニングベクターである．大腸菌内で，Oriの配列がDNAポリメラーゼに認識されて複製される．ベクターの由来は大腸菌内で核外遺伝因子として存在するプラスミドDNAで，そのサイズは2kbpから数十kbpにわたる様々なものが見つかっているが，数kbpのものが多い．コピー数は少ないものは1～2コピー，多いものは数百コピー以上で存在し，薬剤耐性や毒素産生遺伝子などを有する場合もあるが，たいていは機能が不明なクリプティック・プラスミドである．

プラスミドに，複製開始点と薬剤耐性遺伝子，種々の制限酵素サイト（マルチクローニングサイト）を付加し，さらに適切なプロモーターなど機能的に必要な配列を持つように加工したものがクローニングベクターである．

繁用されるクローニングベクターとしては，コピー数が100前後で増殖するCoiE1プラスミド由来の複製開始点を有するpUC18, pUC19, pBluescriptなどが挙げられる．pBR322系やRK2由来のベクターはコピー数が少なく20程度である．一般にクローニングベクターサイズが小さい場合（約3kbp）はCoiE1系が多く，大きい場合はpBR322系やRK2系などを用いる．プラスミドのサイズや挿入断片が大きくなるとプラスミド間での組換えが生じたり，一部配列の欠落などが起きるケースもあるが，コピー数を減らすことによりこれらの傷害を避けることができる．PCRで増幅させた断片は両末端の3′側にアデニンヌクレオチドが付加されるため，ベクター側の5′側にチミジンヌクレオチドを付加させたTA-クローニング用ベクターが市販されている．

クローニングしたいDNA断片の両端には，マルチクローニングサイト内に存在する制限酵素サ

イト（リンカー）を付加し，このリンカーをベクターに連結させる．ベクターに挿入するDNAは，①RNAから逆転写反応により合成したcDNA断片，②適切な制限酵素処理をしたゲノムDNA断片，③繋ぎ換えを目的とした他のベクター由来のDNA断片，④PCR反応により増幅させたDNA断片などが挙げられる．cDNA断片の場合，挿入断片は絶対量が少なく分子量も不均一であり電気泳動になどによる含量チェックができず，またcDNA合成の鋳型となるRNAは分解されやすく，技術的にもっとも困難であると予想される．他のベクター由来のDNA断片やPCR反応により増幅させたDNA断片の場合は，単一種類のDNA断片で含量チェックも可能なので比較的容易とされるクローニング技術である．特にPCRはクローニングを飛躍的に容易な技術へと変革したといえる．

クローニングベクターを産生するための宿主菌は大腸菌を用いるが，生育速度や挿入断片の大きさに依存した形質転換効率の性質の違いがあるので，その時の用途によって使い分けるとよい．例えば形質転換させるベクターのサイズが5 kbp以下であれば通常の生育速度を示すJM109株などがよく用いられる．一方，ベクターサイズが5 kbpを超えるとJM109株では極端に形質転換効率が下がるため，生育速度はやや遅いが高分子量のベクターでも高い形質転換効率を示すDH5α株やXL-10 gold株などが使用される．

クローニングには，宿主である大腸菌の調製も重要である．形質転換効率が高くなるように処理された宿主をコンピテントセルと呼ぶ．形質転換効率の測定規準として，大腸菌コンピテントセル100 μLに，1 ngの環状ベクターDNAを混ぜて氷中に約30分間静置して42℃で1分間程度ヒートショックを与えるなどの操作をして，抗生物質を含む選抜培地にまき，生育可能になったコロニー数をカウントする．自前で調製したコンピテントセルの形質転換効率は約10^6個程度であるが，市販品は$10^8 \sim 10^9$の高効率を示す．実際にクローニングするときはライゲーション効率が100%ではなく，すべてベクターが環状化するわけではないことを考慮して，マルチクローニングサイトを適切な制限酵素で処理した直鎖状ベクターを約25～50 ng程度反応に用いる．挿入断片とベクターの量比はおよそ1：1または2：1ぐらいが望ましい．このときベクターのみで結合してしまうセルフライゲーションが起きることにも留意する．1種類のみの制限酵素を用いたときはベクター自身がセルフライゲーションする確率が非常に高いので，ベクター側の5'末端にあるリン酸基を脱リン酸化酵素（bacterial alkaline phosphataseやcalf intestine alkaline phosphatase）で除去する．PCR産物を挿入するときは，逆に挿入断片の5'末端をリン酸化する必要がある．ベクターも挿入断片も両方ともリン酸基を有しないとホスホジエステル結合ができないからである．

ベクターにシークエンス目的のDNA断片が連結されたことは，形質転換により得られた大腸菌のコロニー呈色で判定できる．ベクターのマルチクローニングサイトは，大腸菌のラクトースオペロンの*lacZ*（β-ガラクトシダーゼ遺伝子）の内部に位置するように設計されており，挿入断片が組み込まれると*lacZ*産物のβ-ガラクトシダーゼが正常に作られなくなる．宿主の大腸菌は欠失によりβ-ガラクトシダーゼ活性を持たなくなった変異株であるので，形質転換後の大腸菌コロニーはベクター由来のβ-ガラクトシダーゼを持つが，マルチクローニングサイトに挿入断片が含まれると物理的に*lacZ*遺伝子が破壊され，その活性を失う．したがって，β-ガラクトシダーゼにより分解されると青色を呈する基質であるX-galを培地に加えておけば，挿入断片を含まない形質転換コロニーのみが青く発色し，挿入断片を含む形質転換コロニーは発色しないため白色であるので，容易に識別することができる．

b. シークエンスの原理

DNA断片の塩基配列決定法はジデオキシ法（サンガー法）がもっぱら用いられているが，この方法はDNAポリメラーゼによる合成反応を利

用するので「酵素法」とも称される．原理は，まず3′末端に水酸基（-OH基）の付いた15塩基以上のプライマーを用い，1本鎖DNAを鋳型としてその相補鎖をDNAポリメラーゼにより5′から3′方向に合成させる．反応液中には本来の基質であるデオキシリボヌクレオチド（dNTP）に加え，ジデオキシリボヌクレオチド（ddNTP）を低濃度で添加する．ddNTPは3′末端が水酸基ではなく水素であるため，以降のホスホジエステル結合反応が起きず，相補鎖DNAの合成はこの時点で停止する．

　実際の反応では4種類のdNTPと，ddATP，ddCTP，ddGTP，ddTTPのうち1つを含む4種類の混合液を作り，1つの鋳型DNAに対してDNA合成反応を行う．例えばddATPの反応の場合，デオキシアデノシン三リン酸（A）を取り込む際に基質としてddATPもしくはdATPのいずれかが取り込まれ，ddATPの場合はそこで伸長反応は停止する．dATPの場合には鎖は伸長してゆくが，次のAのところで同じ選択に直面する．このようにして3′末端にddATPを持つ様々な長さのDNA断片を合成することができる．この反応をddCTP，ddGTP，ddTTPでも行うことで，末端がそれぞれのジデオキシヌクレオチドで停止した断片を得ることができる．この断片を1塩基の分子量（MW300）の差違を検出できる条件で電気泳動にかけ，合成されたDNA鎖のうち分子量の小さなものから検出を行う．放射性同位体を用いる場合は$^{\alpha-32}$PdCTPなどを基質に加えて合成されるDNA鎖を標識する．自動シークエンサーでは放射性同位体の代わりに蛍光ラベルを使用するが，4種の塩基に対応した4種の蛍光色素が用いられ，反応液は泳動用特殊ポリマーが充塡されているキャピラリーの中を分子量の小さなものから流れていき，検出レーザーで蛍光色によって塩基が認識される．一度に解読できる塩基数はシークエンサーの機種やDNAサンプルの状態にも依存するが，およそ800 bp以上が判別可能である．

　近年，DNA合成反応はサイクルシークエンス法が主流を占める．サイクルシークエンス法は非対称PCR反応で，1つのDNAを鋳型として片側方向から高温下（60℃）で合成反応を繰り返し，反応中にddNTPsが取り込まれると伸長が止まる．通常のジデオキシ法と異なる点は，シークエンシング用ポリメラーゼのDNA伸長反応がダイデオキシヌクレオチドにより停止したあと，DNAを熱変性させることによって鋳型DNAを再度シークエンス反応に利用するところである．この方法を使用するメリットは，鋳型DNAをリサイクルするのでその量が少なくてよく，またそのためDNAの再会合が起きにくいことなどが挙げられる．通常シークエンシング反応には1～10μgのプラスミドDNAが必要だが，サイクルシークエンス法では0.2～1μgで十分である．

〔森山裕充〕

参考文献

1) P. Sambrook, D. W. Russell : *Molecular Cloning.* (3rd ed.), Cold Spring Harbor Laboratory Press (2001).

8.3　遺伝子発現の解析

　ある遺伝子の機能解析において，RNAの転写量と発現組織を知ることは，タンパク質が多くの遺伝子の機能実体と理解されている現在も，遺伝子の機能を推察するのに重要である．

　転写量や発現組織を知るための手法は，各々の実験系に合わせていくつか考えられる．例えば，植物の葉に既知の遺伝子が発現しているのかどうかを知りたい場合は，葉から全RNAを抽出してノザンハイブリダイゼーション（a）かRT-PCR（b）を行うのが簡単である．さらに，その遺伝子が葉肉細胞に発現しているのか維管束細胞に発現しているのかを同定しようと思ったときには，葉肉細胞と維管束細胞とを切り出してのRNA抽出は困難を極めることが予測されるし，信頼性も低くなる．そこで，別の手段として，目的遺伝子のプロモーターにGUSやGFPレポーター遺伝子をつないだコンストラクトを作成し，葉に形質転換して，発現場所を可視化し，顕微鏡などで観察

するのがよい(c).

(a)～(c)の手法は比較的少数の遺伝子について調べたいときに用いられるが，葉に発現するすべての遺伝子について知りたいときには，cDNAマイクロアレイ解析(d)やgenechip解析(e)を選択する.

近年，様々な生物のゲノムが解読されるのに伴い，ゲノム上にあるほぼすべての遺伝子の発現を一度に解析する方法が次々と開発された. 全ゲノム配列を解読するのに時間と経費がかかった初期は，ESTライブラリーを作成してそこからPCR産物を増幅してテンプレートとして用いるcDNAマイクロアレイ解析(d)が盛んに行われた. ゲノム情報とORF予測がされている生物で，すべての予測ORFに対して短いオリゴマーをチップ上に合成し，それをテンプレートプローブとして用いるgenechip(e)をアフィメトリクス社が先駆的に実用化した.

また，シークエンシングそのものが速く，低価格でできるようになってきた恩恵を受け，EST解析はゲノム解析が進んでいない生物に対して特にいまだ有用である. さらに，それを応用し網羅的発現解析へと発展させたSAGE解析(f)などがある.

これらの手法には，データ取得後の精度の良いデータ解析が必須であり，実験手法とともに開発が日々進んでいる. 年月とともに真に有用かつ安価な手法が残るはずである.

a. ノザンハイブリダイゼーション

既知の遺伝子のRNA発現量を調べる方法.

全RNAもしくはpoly(A)$^+$RNAを抽出単離しアガロースゲルに流してナイロン膜などに転写させ，その膜をテンプレートとして，既知の遺伝子配列のDNAプローブをアニーリングさせる. DNAプローブは既知の配列を増幅して主に放射性同位元素でラベルする. 適当なバッファー中で膜とプローブをインキュベート後，洗浄すると，相補的配列のアニーリングによってDNAプローブが膜上の，検出を目的とする遺伝子のmRNAに結合したまま残る. mRNAの発現量が多ければ多いほど，プローブのアニーリング量が多くなり，高いプローブシグナルを得る. 放射性同位元素を使った場合はX線フィルムを感光させるなどしてそのシグナルを検出する. 通常リボソームRNAやアクチンなどのハウスキーピング遺伝子を同時に解析し，定量のコントロールとする. アニーリングは溶液中の塩濃度とアニーリング温度，そして塩基配列の類似性に依存する. 類似の遺伝子もシグナルとして検出したければ，アニーリング温度を下げる. RT-PCRに対する利点は遺伝子産物の長さを同時に検出できることであり，定量性も優る.

b. RT-PCR

既知遺伝子の発現の有無やおおよその量比を調べるためのPCR.

ノザンハイブリダイゼーションとは違って放射性同位元素を使わなくてもよいので，心理的抵抗感が少ない. また少量のサンプルから始めることができ，作業も比較的短時間で結果が出る. 全RNAもしくはpoly(A)$^+$RNAをテンプレートに，逆転写酵素によってcDNA合成を行う. 続いて，定法に従って目的の遺伝子を増幅できるプライマーを用い，PCRを行う. 増幅ができるので，低発現の遺伝子の発現の有無も確認できることは利点であるが，一方で定量性に欠ける. したがって，発現量を比較するときは常に希釈系列のcDNAテンプレートを用いて直線的にシグナルが増幅される量と増幅サイクルの範囲内で検討する必要があるし，元のRNA量が一定であったことを示すために，ノザンハイブリダイゼーションと同様に内部コントロールとしてハウスキーピング遺伝子を用いる.

c. レポーター遺伝子発現解析

プロモーター活性を遺伝子の発現量として可視化し生体内の発現箇所を詳細に知るための方法.

定量性に欠けるが細胞レベルまでの細分化した発現箇所を調べることができる. 遺伝子開始コド

ンより上流，数百ベースから2, 3キロ，もしくは，ゲノム情報が入手できるものに関しては，次の推定遺伝子までを推定プロモーター領域として用いることが多い．目的に合ったレポーター遺伝子をつなげてコンストラクトを作成し，生体に形質転換する．代表的なレポーター遺伝子としてGUS（beta-glucuronidase）遺伝子や蛍光タンパク質のGFP（green fluorescent protein）遺伝子などがある．

GUSは酵素タンパク質であり，シグナルを可視化するためには生体を固定して基質（グルクロニド）を与え反応させる．基質が反応してできた青色の物質（D-グルクロン酸）が，プロモーターが活性化された組織，つまり元来の遺伝子の発現場所を反映して，沈着する．D-グルクロン酸は拡散しやすく，細胞レベルまでの同定は難しいということと，プロモーター活性をGUSタンパク質の酵素活性として非直接的に可視化しているということを，結果の解釈時には考慮に入れる．利点としては，サンプルを固定して可視光で青色が観察可能であるので，観察が簡単で比較的多くのサンプルを一度に扱うことができる点が挙げられる．

GFPは蛍光タンパク質で，固定しない生のサンプルで観察する．GFP融合タンパク質を発現させると，タンパク質レベルでの細胞内局在を特定できる．観察のためには蛍光顕微鏡や蛍光実体顕微鏡を準備する．GFPの蛍光と同じ波長を持つものが（植物の場合葉緑体など）あるとバックグラウンドが高くなり良好な解析像を得ることができないことがある．

d. cDNA マイクロアレイ解析

網羅的なcDNAテンプレートに対して網羅的なcDNAプローブで行うハイブリダイゼーション．

ESTライブラリーからPCRでそれぞれ増幅したDNA断片をスライドガラスにスポットしてアレイを作成する．したがって，アレイ上の解析可能な遺伝子の数はクローニングが可能なほどに十分発現している遺伝子数とほぼ同等で，かつ，ライブラリーの質に依存している．ゲノムが解読されている酵母などで，cDNAではなく，genechipと似て，合成オリゴマーをスライドガラスにスポットしてある場合もある．

プローブはcDNAプローブを用い，全RNAもしくはpoly(A)$^+$RNAからcDNA合成で作成する．その際にCy3やCy5といった蛍光ラベルしたヌクレオチドを用いて合成することでプローブをラベルする．プローブの質はデータの質をほぼ決めるが，それは，おおよそRNAの質に依存し，糖が多く混入している場合にはラベリング効率を著しく減じる．

ハイブリダイゼーションはノザンハイブリダイゼーションと同様に，適当なバッファーを用いて行う．スライドガラスとカバーガラスの間に適量のハイブリダイゼーションバッファーを封入し一晩インキュベートしたあと，洗浄し，専用のスキャナーで蛍光強度を読み取りデータを数値化する．

e. genechip 解析

網羅的な合成オリゴヌクレオチドに対して網羅的なcDNAで行うハイブリダイゼーション．

予測ORFに限らず，ゲノムをすべてカバーするように作成されたtailing arrayも売られている．アフィメトリクス社は既成のアレイだけでなく，研究者の実験生物に合わせたカスタムアレイの作成も提供している．

ラベリングはcDNA合成とビオチン化で行う．RNAの質がもっともラベリング効率を左右する．ハイブリダイゼーションは一晩のインキュベートと洗浄で行う．実験手順はアフィメトリクス社から詳細に提供されており，洗浄も機械で自動的に行うので，実験間のばらつきがcDNAマイクロアレイに比べて少ない．

f. SAGE (serial analysis of gene expression) 解析

遺伝子を特異的に決定するタグと呼ばれる約

10〜15 bp の遺伝子配列がどれくらいの頻度で出現するかをシークエンスして調べることで，遺伝子発現量を網羅的に解析する方法．

Poly(A)$^+$RNA からビオチンラベルした oligo-dT プライマーを用いて cDNA 合成を行い，それをスプレプトアビジン化したビーズに結合させることで，3'末配列を特異的に集める．2つの制限酵素を用いて 10〜15 bp のタグ断片を作成し，さらにライゲーションによって断片をつなげる．あらかじめ挿入しておいたリンカー配列を使って断片を増幅し，適した長さの断片を集めたあとに，クローニング，シークエンスを行う．タグの出現頻度によって遺伝子の発現頻度を推定する．10〜15 bp のタグ配列から遺伝子を同定するためのバイオインフォマテック解析が必須である．

〔宮崎さおり〕

参考文献
1) P. Sambrook, D. W. Russell : *Molecular Cloning* (3rd ed.), Cold Spring Harbor Laboratory Press (2001).

8.4 タンパク質の解析

a. プロテオーム解析

最近のゲノム解析の進展により，多くの生物種の遺伝子情報が明らかになりつつある．しかしながら，生命現象の理解，発生プログラムを理解するためには，どんな遺伝子を持っているかではなく，いつどこでどのような条件で，どんな遺伝子が発現し，タンパク質として機能するか，その情報を明らかにすることが必要である．本項では，そのための方法の1つであるプロテオーム解析について，原理を中心に解説する．

1) プロテオーム

プロテオームとは，ある生物の細胞あるいは組織で作られているタンパク質情報を網羅的に明らかにするための手法である．二次元電気泳動法などで，細胞・組織の全タンパク質あるいは単離したオルガネラの全タンパク質を分離して，得られるタンパク質の一つ一つのスポットの増減を解析する．続いて，各スポットを構成するタンパク

```
目的タンパク質群の調製
        ↓
二次元電気泳動による分離
        ↓
    PVDF膜への転写
        ↓
タンパク質検出とスポットパターン解析
        ↓
    スポット切り出し
        ↓
還元アルキル化とペプチド断片化
        ↓
質量分析またはタンデム型質量分析
        ↓
  データベース検索による同定
```

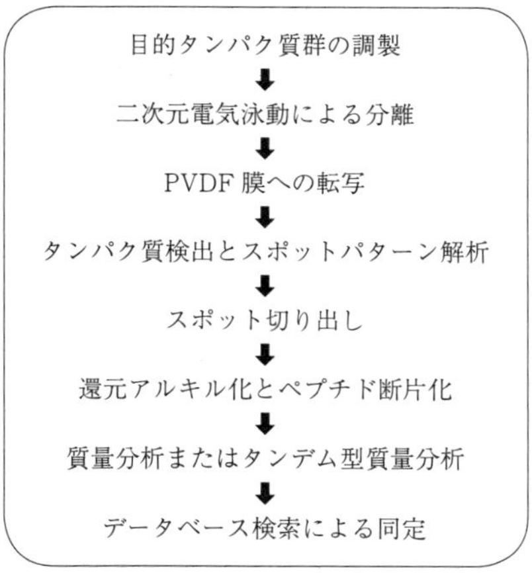

図8.1 一般的なプロテオーム解析

質，またはタンパク質をプロテアーゼまたは化学的に分解して得られた断片化ペプチドを，質量分析計（mass spectrometry；MS）により解析し，分子量情報を蓄積する．さらに，得られた情報と，データベースに登録されているタンパク質を仮想的にプロテアーゼで完全切断した場合に得られるペプチド断片の理論的な質量値とを比較照合する．全ゲノム情報が明らかになっている生物種では，この時点で，スポットを構成するタンパク質の多くが同定される．さらに，未同定なタンパク質については，タンデム型質量分析計（MS/MS）によるペプチドシークエンス解析を行い，一次構造情報を得る．大まかな解析の流れを図8.1に示した．なお，網羅的という観点から，全タンパク質をまとめてプロテアーゼ消化したあと，多次元の HPLC（multi-dimensional liquid chromatography）でペプチドを分離し，MS および MS/MS で分析するという，ショットガン分析も知られている．

本格的に網羅的プロテオーム解析をする場合，技術的にも，設備，費用の上でもまだまだハードルが高い手法であることを覚悟しなければならない．遺伝子を扱う場合のように，スポットを構成するタンパク質が単独であるというわけには必ずしもいかないため，スポットの分離がどの程度うまくいくかは非常に重要な意味を持つ．また，タンパク質，断片化ペプチドの質量解析に成功しても，データベース上に配列情報が登録されていな

いタンパク質であれば，タンパク質の同定には至らない．未同定タンパク質については，MS/MS解析もしくはエドマン分解法による部分アミノ酸配列決定が必要になり，その場合には時間，費用，設備の問題などもさらに出てくるであろう．

個人の研究室では，いくつかの条件のもとで存在しているタンパク質の挙動を比較し，発現パターンの異なるタンパク質群を検出・解析することまでは可能であろう．「網羅的」とはいえないが，これも一種のプロテオームであり，ゲノム解析の始まるかなり以前から，様々な形で行われてきた．最近の蛍光，同位体標識を利用したタンパク質ディファレンシャルディスプレイ法などは，タンパク質の変動を効率よくとらえることに有用であり，癌などの疾患に関連したタンパク質の分析にも役立っている．

2) 二次元電気泳動

前述のように，プロテオーム解析は，ほとんどの場合，二次元電気泳動から始めることとなる．通常，一次元目の電気泳動では，タンパク質の等電点の違いを指標とした分離を行い，二次元目の電気泳動では，SDS による変性を行い，主に分子量を指標とした分離（SDS ポリアクリルアミドゲル電気泳動：SDS-PAGE）を行うことになる．

等電点電気泳動では，アクリルアミド，アガロースなどがゲル担体としてよく用いられてきた．アクリルアミドゲルでは，高分子量のタンパク質（分子量約10万以上）に対しては分子ふるい効果も示すため，そのような場合，アガロースゲルを用いる方が影響を受けにくい．また pH 勾配は，両性担体（carrier ampholite）を用いて構築する．Ampholine, Pharmalite（ともに GE ヘルスケアバイオサイエンス社），Biolyte（バイオ・ラッド社）などが利用される．また，タンパク質の疎水性によっては，適当な界面活性剤を用いた効率の良い可溶化条件をまず検討する必要がある．

最近のプロテオーム解析では，GE ヘルスケアバイオサイエンス社より販売されている固定化 pH 勾配プレキャストゲルであるイモビライン・ドライストリップ（Immobiline DryStrip）が汎用されている．このゲルを用いる場合，① pI 解像度が高く，②ハンドリングが容易で，③再現性が良い，④塩基性タンパク質の分離能が高い，⑤ロードできるサンプル量が多い，などの多くの利点がある．しかしながら，大きな問題点は，プレキャストゲルや泳動システムが高価であり，なかなか気楽には取り組めないことである．

二次元目の SDS-PAGE では，一次元目のゲルの長さに応じたゲルを選択し，展開する．市販ゲルの利用も可能である．一次元目の電気泳動終了後に取り出したゲルを，SDS を含む平衡化緩衝液中で平衡化し，あらかじめ用意しておいたスラブ型ゲル上に注意深く載せ，電気泳動を開始する．泳動終了後，ゲルをゲル板から外し，ポリビニリデンジフロリド（PVDF）膜への転写を行うか，ゲル上に分離されたタンパク質スポットをそのまま解析する．後者の場合，直接，ゲルから目的のスポットを切り出し，電気的にタンパク質を溶出する方法や，ゲル中でプロテアーゼ処理を行い，断片化したペプチドを得る方法なども知られている．

3) PVDF 膜への転写

電気泳動後のゲルから，タンパク質を回収し，一次構造情報を得るための方法として，PVDF 膜への転写が行われる．転写後のサンプルは，直接プロテインシークエンサーによる N 末端アミノ酸配列決定に使用できる．なお，免疫学的検出法の場合とは異なり，ニトロセルロース膜は使用できないので注意が必要である．網羅的なプロテオーム解析では，必ずしも PVDF 膜への転写が必要ではなく（染色ゲルから直接溶出することも可能），またタンパク質の疎水性，電荷によっては，転写効率に大きな差が出てしまい，膜上のスポットが実際の存在量を反映しないこともある．その反面，ゲルからの直接回収の場合，ゲル自身にある程度厚みがあるため，隣接するスポットと切り分けることが難しい場合もある．また長期保存も難しいため，切り出しまでの一連の作業が常にセットとしてつきまとうこととなり，作業効率

が悪くなることもありうる．

転写装置は，セミドライ式のものとタンク式（ウェット式）のものが用いられる．それぞれ一長一短があり，セミドライ式では，緩衝液調製がやや煩雑な上，常にきれいな転写を行うには多少の経験が必要であるが，転写に要する時間が少ない．タンク式では，転写に時間がかかる反面，転写効率も安定して比較的良く，操作が簡単で失敗も少ない．プロテオーム解析におけるPVDF膜への転写の際は，トリス-アミノカプロン酸系の転写緩衝液を用いて行う．転写後の膜は，Coomassie brilliant blue R-250（CBB）により染色し，タンパク質スポットを同定する．

4) 還元S-アルキル化とプロテアーゼ消化

PVDF膜上に固定化されたスポットからは，高分子であるタンパク質を回収することは非常に難しいため，プロテオームによる網羅的解析を進めるには，各スポットをプロテアーゼにより処理し，断片化されたペプチドを回収し，その分子量情報，アミノ酸配列情報を得ることになる．また，スポットから直接プロテインシークエンサーによるN末端アミノ酸配列決定を行うことは可能であるが，そのタンパク質のN末端アミノ基が修飾によるブロックを受けていることもよくあり，結局プロテアーゼ処理により内部配列を決定することも多い．

プロテアーゼ処理を行う前には，先立って膜に固定された状態でシスチンの還元とS-アルキル化（システインのSH基の再架橋を防ぐ）を行う．これは，タンパク質中のシステイン・シスチンを同定するために必要であるのみならず，スポットより効率良く断片化されたペプチドを溶出させるためにも重要な行程である．

膜上のスポットを切り出し，還元S-アルキル化を行ったあと，プロテアーゼによるペプチド化を行うが，この際に用いるプロテアーゼは，基質特異性が高くなければならない．リジン残基のすぐ後ろのペプチド結合を切断する*Acromobacter* protease I（AP：リシルエンドペプチダーゼ）や，アスパラギン酸残基の前で切断するendoproteinase Asp-N，グルタミン酸の後ろで切断する*Staphylococcus aureus* V8 protease（反応条件によりアスパラギン酸の後ろでも切断），TPCKで処理し，キモトリプシン活性を抑えたTPCK-treated trypsin（リジンまたはアルギニンの後ろで切断）などがよく用いられる．プロテアーゼ処理後，断片化されたペプチドの回収を進めるが，回収率の状況により，スポットを処理する酵素を変え，二次消化，三次消化を順次行う．

5) ペプチドマスフィンガープリンティング法

タンパク質の特定のアミノ酸部位のペプチド結合を切断し，生成された断片化ペプチドをイオン化し，質量をMSにより計測する．得られたマススペクトルはペプチドマスフィンガープリントと呼ばれ，試料となるタンパク質の固有の情報となる．断片化されたペプチドの質量情報と，データベースに登録されているタンパク質をプロテアーゼ消化した場合に生じる理論的なペプチドの質量情報を比較し，タンパク質の同定を試みることとなる．この方法は，ペプチドマスフィンガープリンティング法と呼ばれ，もしうまく同定できれば，その時点で目的は達成できたことになる．

6) 質量分析

タンパク質の質量分析では，タンパク質または断片化ペプチドをイオン化することから始まる．装置の能力や精度が向上し続けている中，いま何が一番ふさわしい装置かを論じるのは難しいが，多くの場合，マトリックス支援レーザー脱離イオン化（matrix assisted laser desorption ionization；MALDI）またはエレクトロスプレーイオン化（electrospray ionization；ESI）が使用される．タンパク質そのものの分析には，試料調製が容易なMALDIによるイオン化と飛行時間（time-of-flight）型の質量分析計の組み合わせ（MALDI-TOF MS）がよく利用される．ESIは，液体クロマトグラフィー（LC）とつなげて，イオン化が行えるため，ペプチドの質量分析に適している．また，ESIによりイオン化されたペプチドは，MS/MSによる解析を行うことも多く，その場合はイオン化ペプチド内部のペプチド結合を開裂す

るための低エネルギー衝突誘起解離（collision-induced dissociation）操作が可能な装置（コリジョンセル）を含むことになる．質量分離部のMS/MSには，四重極型（Q MS），イオントラップ型（IT MS）にTOF MSを加えた，Q-TOF MSやIT-TOF MSなどがよく使われている．

b. ペプチドシークエンス

プロテアーゼにより断片化されたペプチドの質量情報をもとに，タンパク質が同定できればよいが，全ゲノム情報がない生物種の場合や，タンパク質が翻訳後修飾を受けている場合などは，そのままではタンパク質同定に結びつかないことも多い．その場合にはアミノ酸配列情報が必要となる．また，プロテオーム解析に限らず，注目しているタンパク質の一次構造情報を得るためにも，ペプチドシークエンス解析は必要となる．アミノ酸配列より遺伝子配列を演繹して，PCRによる遺伝子クローニングを行うことは，ごく一般化している研究手法でもある．

ペプチドシークエンスを得る方法は，従来から行われているPITC法（Edman分解）に基づくプロテインシークエンサーを利用した決定法か，近年，著しく解析能力が高まっているMS/MSによる決定法が挙げられる．

前者は，タンパク質のN末端からアミノ酸を1残基ずつ化学的に切り出し，フェニルチオヒダントイン誘導体（PTH-アミノ酸）に変換後，高速液体クロマトグラフィー（HPLC）にて分離し，溶出ピークの位置からアミノ酸を決定する装置である．反応は自動的に繰り返されるため，N末端からのアミノ酸配列が順次決定されていく．不純物の少ないタンパク質であれば20〜30残基，さらに十分量（目安として10 pmol程度）のタンパク質があれば50残基を超えるアミノ酸配列が得られる可能性がある．しかしながら，すべての分解ステップの効率が100%起こるわけでもないため，解析を進めていくうちにバックグラウンドのアミノ酸ピークも混入してくることになり，メインピークの判別が困難になる．そのため，一度の解析で，タンパク質の全アミノ酸配列を決定することは非常に難しい．また，PTH-アミノ酸への変換とHPLC解析を繰り返すため，決定に必要な時間もそれなりに必要となる．さらに，得られるピークの判別にも熟練研究者の目が必要で，すべて装置任せにできないこともあり，アミノ酸の同定にもある程度の経験が必要とされる．

MS/MSを用いた方法では，タンパク質をまず酵素消化または臭化シアンなどによる分解を行い，ある程度小さな断片にしておく必要がある．ペプチド混合物をLCにより分離したあと，ペプチドの質量を測定し，さらに主にペプチド結合間で切断されたフラグメントイオンに分解し，その質量を測定する．最終的に，これらの質量から，もっとも可能性の高いアミノ酸配列をコンピューター解析により抽出する．この方法は，感度も良く一度に多くのペプチド配列を得られる可能性があるが，直接アミノ酸を分析するわけではないので，注意が必要である．なお，このようなペプチドシークエンスについては，現在数社で受託解析が可能である．

c. ペプチド合成

得られたアミノ酸配列について，データベース検索からタンパク質同定に至れば，その後の遺伝子クローニングも容易であろう．それとは別に，ペプチド情報をもとにすぐにでもペプチド抗体を作製したい場合，または合成標品を用いてペプチド自身の機能を証明したい場合，ペプチドを化学合成する必要がある．

まず，ペプチドのN末端およびC末端を遊離状態として合成するか，それぞれをアセチル化体，アミド化体として合成するかを決める必要がある．実際のタンパク質のN末端やC末端に対応する場合は，遊離状態を選択することになる．内部配列に相当する場合は，アセチル化体（ペプチドのN末端側）またはアミド化体（ペプチドのC末端側）として合成する．

ペプチド合成法では，C末端側からN末端側へ向かって合成が進められる．したがって，C末

端アミノ酸を担体に固定して合成が開始される．合成には側鎖を保護したアミノ酸を用いることになる．無保護アミノ酸を用いた場合，自己縮合したり，オリゴマーが生成してからペプチドと反応することもありうる．アミノ基の保護としては，Fluorenyl-MethOxy-Carbonyl（Fmoc）基，またはtert-Butyl Oxy Carbonyl（Boc）基がよく使用される．塩基に弱い非天然アミノ酸を用いたペプチドを合成する際にはBoc基を用いる合成戦略が必要となる．固相表面とアミノ酸との反応が終了したら，固相を溶媒でよく洗って未反応のアミノ酸などを除去する．アミノ酸が導入されなかったペプチド鎖末端のアミノ基をアセチル化する操作（キャッピング）は，粗精製物中に性質の類似した変異ペプチドが混入することを防ぐために有効である．この後，固相に結合しているN末端アミノ基の保護基を除去（脱保護）し，次の反応点となるアミノ基を再び固相表面に出現させる．使用するアミノ酸を順次変更しながらこの手順を繰り返すことで，目指す配列を持つペプチドを精度良く合成することができる．なお，現在ではこの手順が自動化された，自動合成機が使用可能となっている．

合成が終了したあと，保護基を除去するが，保護基の種類，アミノ酸配列により，除去試薬の組成を変える．合成ペプチド標品の一部を脱保護したあと，HPLCにより分析して，目的のピークが得られているか，副生成物がどの程度混入しているかなどを推定する．可能であれば，MALDI-TOF MSなどによる質量分析も行い，脱保護条件を決定する．その後，残りの標品の調製を行い，HPLCにより精製する．質量分析を行ったあと，最終標品として使用する． 〔関本弘之〕

参 考 文 献

1) 岡田雅人・宮崎香編：改訂第三版 タンパク質実験ノート（下），羊土社（2004）．
2) 西村善文・大野茂男監修：タンパク実験プロトコール2 構造解析編，秀潤社（1997）．
3) 戸田年総・平野久・中村和行編：タンパク質研究 なるほどQ&A，羊土社（2005）．

8.5 免疫応答の利用

動物体内に外来性の異物（抗原）が侵入した際に，生体は免疫応答を起こし，抗体を用いてこれを排除しようとする．この免疫応答では，抗体が抗原を特異的に認識し，結合する能力が存在する（抗原抗体反応）．バイオ実験ではこのような免疫応答が広く利用されている．本節では抗原に対する抗体を作製し，特定の抗原物質を検出，定量，精製する方法について概説する．

a. 反応の原理

抗原抗体反応を利用して，微量のタンパク質の検出を行う手法として，ウエスタンブロッティング（western blotting），免疫組織染色などの手法が挙げられる．特にウエスタンブロッティングは，電気泳動で分離したゲル中のタンパク質をメンブレンに移すことで，メンブレン上で容易に免疫反応を行うことができる．これにより細胞粗抽出液中に微量に含まれるタンパク質でも明瞭に検出することが可能であり，様々なバイオ実験において利用されている．

これらの手法には，抗体を直に標識し，抗原である目的タンパク質を特異的に検出する直接法と，抗原に特異的な抗体（一次抗体）を反応させたあと，一次抗体を酵素などで標識した二次抗体で増感して検出する間接法がある．この間接法が現在のところ一般的であり，標識の種類により様々な手法がある．中でも免疫応答を利用した多くの手法が開発されており，ここではその中でも広く利用されている手法を簡単に示す．

1) 酵素抗体法

もっとも広く用いられている手法であり，以下のものが二次抗体の標識として使われることが多い．

i) HRP（horseradish peroxidase，西洋ワサビ由来過酸化酵素）標識 発色試薬にジアミノベンジジン（diaminobenzidine；DAB），基質にH_2O_2を使い，発色反応により生産された茶色

の沈殿物を検出する場合が多い．

【長所】比較的安価．

【短所】検出感度が低め．しかし，この短所を補うルミノール溶液が基本となる化学発光基質が各試薬会社から発売されている．この場合は化学発光を検出することになるため高感度だが，X線フィルムまたは冷却CCDカメラによる記録が必要となる．また，酵素は時間とともに失活していくため，観察できる時間に制限がある．

【対象】ウエスタンブロッティングや組織染色．

ii) AP（alkaline phosphatase，アルカリホスファターゼ）標識　　発色反応も可能だが，発光基質（CDP-starなど）を用いて，化学発光を検出する場合が多い．

【長所】化学発光の場合，発色を見る場合よりも10から50倍以上検出感度が高い．反応時間が持続する．

【短所】HRP同様，化学発光を検出するためには，X線フィルムまたは冷却CCDカメラを用いる必要がある．

【対象】ウエスタンブロッティングによく利用される．

iii) ABC（Avidin-biotinylated enzyme complex）法　　卵白に存在するアビジンが，ビタミンB複合体の1つであるビオチンをきわめて高い親和性で結合することを利用した方法．まず，抗原に特異抗体を反応させる．次にビオチン標識二次抗体を反応させ，その後，アビジンとHRPまたはAPによる酵素複合体を反応させ，二次抗体のビオチンと結合させる．非特異的結合をさらに抑えたストレプトアビジンも使用される．

【長所】抗体1分子に結合する酵素の量が多く，検出感度が非常に高い．

【短所】バックグラウンドノイズが高くなりやすい．

【対象】ウエスタンブロッティングや組織染色．

2) ELISA（Enzyme-linked immuno solvent assay）法

抗体と反応する物質を1 attomole（$1/10^{18}$ mol）という高感度で検出し，定量をも行える手法．96穴のプラスチック製マイクロプレートなどを使用する．各穴に，目的とするタンパク質に対する抗体を吸着させる．次に目的タンパク質を含むサンプルを流し，反応させる．次にこのタンパク質に特異的な酵素標識をした抗体を作用させると，「固定化した抗体，目的物質，酵素標識抗体」のサンドイッチ構造が作られる（サンドイッチ法）．酵素反応による発色などをマイクロプレートリーダーで検出し，濃度既知の標準品を用いた標準曲線を基に定量する．

3) 免疫沈降法

可溶性の抗原と抗体を多数架橋させることで，免疫複合体として不溶化させる手法．通常，二次抗体をアガロースやセファロースビーズなどの支持体に結合させ，一次抗体を抗原ごと沈殿させる．細胞抽出液などの雑多なタンパク質溶液から，目的とするタンパク質を分離することができる．タンパク質分子間の相互作用を検出する場合でもよく用いられる．

4) 組織染色法

二次抗体の標識にHRPやAPを用いる方法に加え，Cy3（緑色の蛍光を発する）やCy5（赤色の蛍光を発する）などを用い，それぞれに対応する波長の励起光を当てて蛍光を検出する蛍光染色や，PAP法，超高感度酵素標識ポリマー法，TSA法，あるいは二次抗体に金粒子を結合させて電子顕微鏡で検出する金コロイド法など，様々な手法が開発され使用されている．

b. 抗体の入手方法

ポリクローナル抗体は，実験動物に抗原を注入し，その血液から調製する．自作も可能だが，最近は価格もこなれてきており，免疫から抗体反応試験，全採血まで外部委託しやすくなっている．また後述するような手法でモノクローナル抗体もマウスでの自作が可能である．依託する場合はポリクローナル抗体よりもかなり高価となる．目的となるタンパク質によっては，モノクローナル抗体，ポリクローナル抗体ともに市販されている場合もあり，まずはカタログをあたるべきだろう．

二次抗体も同様に多くの試薬会社から販売されている．これは一次抗体に用いた抗体分子を認識する抗体でなければならず，一次抗体を作るのに用いた免疫動物を確認することが必要である．

1) 抗血清，ポリクローナル抗体

抗体を作りたい物質（すなわち抗原）を，実験動物に皮下注射し，体内で抗体を産生させる．この免疫した実験動物から採取した血液を室温でしばらく放置し，凝固した血餅を遠心分離により取り除いた上清が抗血清である．抗原には抗体と反応する部位（抗原決定基）が複数あり，生体に注入された抗原が単一であっても，同じ抗原に対して結合性のある抗体が複数産生される．このような，1つの抗原に対する複数の抗体の集団をポリクローナル抗体と呼ぶ．つまり抗血清はポリクローナル抗体を含んでおり，そのまま各種実験に利用することが可能である．また，組織染色や，正確な実験を行いたい場合には，プロテインAなどを用いることで，抗血清からポリクローナル抗体の精製を行う．さらに抗原自身を用いて，ポリクローナル抗体中の特異的な抗体成分のみを精製するアフィニティー精製もしばしば必要となる．

2) モノクローナル抗体

一方，抗原の抗原決定基を1つだけ認識し，特異性を向上させたものがモノクローナル抗体である．骨髄腫細胞などの癌細胞と，特定の抗原により免疫したマウスの脾臓などから得られる抗体産生細胞を融合させる．この融合細胞は癌細胞のように継代増殖能を持つ．この中から目的の抗体を産生するクローンを見つけ出し，培養あるいはマウスの腹腔内に移植することで，1種類の抗体のみを産生，回収することが可能となる．

また，目的タンパク質における抗原決定基は，アミノ酸が連続的に配列されていることもあれば，2本のアミノ酸配列にまたがっていて，立体構造的な場合もある．そのため，生体染色の場合は，生体のタンパク質と同じ立体構造を持った免疫用抗原を用い，ウエスタンブロッティングなどでは，変性した抗原を用いるなど，実験目的に応じた免疫用抗原を使い，抗体を作製しなければならない．

c. 操　　作

ウエスタンブロッティングは，まず，電気泳動後のタンパク質を膜（メンブレン）に電気的に移動させ，保持させることから始まる．このメンブレンには素材によって次のような種類が存在し，目的によって使い分けるとよい．

1) メンブレンの種類

① ニトロセルロースメンブレン

【長所】安価で親水性が高く使いやすい．

【短所】物理的強度が低いので，メンブレンの割れやすさを補うためにサポート膜の付いたものを選ぶとよい．また，検出時のバックグラウンドノイズが高いこともある．

② PVDF（poly vinilidene difluoride）メンブレン

【長所】タンパク質の結合能や保持力が高い．物理強度が高くリプロービングを行ったあとの再利用が容易．耐薬性もあり，プロテインシークエンサーにそのまま使用できる．

【短所】使用する前にメタノールでの前処理が必要となる．タンパク質により転写効率が異なりやすいので，予備実験が必要となる．

2) ブロッティング

次にブロッティングだが，通常，以下の2通りが用いられている．目的により使い分けるとよい．

① タンク式ブロッティング

電気抵抗の高いバッファーで満たしたタンクの中に，ゲルとメンブレンを入れて電圧をかける手法．

【長所】操作が容易である．

【短所】条件によってはタンパク質の転写に時間がかかる．必要なバッファー量が多い．

② セミドライ式ブロッティング

バッファーに浸した濾紙の間にゲルとメンブレンを挟んで電圧をかける手法．

【長所】短時間でのブロッティングが可能である．

【短所】3種類のバッファーで処理した濾紙を，それぞれの順番で重ねていくなど，操作が比較的複雑である．また高分子タンパク質の転写に条件検討が必要．

3）免疫染色

次に免疫染色であるが，ブロッティング後のメンブレン上で抗原抗体反応を行い，特定のタンパク質を高感度で検出する方法である．ここでは，検出感度が高い間接法について操作を示す．

i）ブロッキング　ブロッティングによるメンブレンへの固定化は，表面電荷や疎水的吸着を利用しており，吸着サイトが反応せずに残っている場合，一次抗体や二次抗体が非特異的に吸着することになる．免疫染色前に，メンブレン上をブロッキング剤でブロックすることで，観察時のバックグラウンドノイズを減少させることができる．ブロッキング剤としては，5％スキムミルク（リン酸化タンパク質が含まれるので一次抗体が抗リン酸化抗体の場合使用を避ける），2％フィッシュゼラチン（ビオチン様物質が含まれるためABC法には使えない），1から10％ BSA（ウシ血清アルブミン）のほかに，様々な試薬会社からブロッキング剤が市販されている．目的により使い分け，さらに結果に応じて，濃度や反応時間などの条件検討を行う必要がある．

ii）抗体反応　ブロッキング後の膜を，一次抗体を含むPBS（phosphate-buffered saline）中で振とうする．一次抗体の希釈率は抗体の力価により変わるが，抗血清の場合1,000倍前後である．濃すぎると検出時のバックグラウンドノイズの原因になるので注意が必要である．この段階は最低1時間以上かけることが望ましい．抗体との相性により，TBS（tris-buffered saline）も適宜選択し，PBSの代わりに用いる．ブロッキング作用も持つTween 20を添加した基本溶液も，抗体によっては使用できる．

その後，膜をPBSで数回洗い，二次抗体をPBSまたはTBSで希釈した液中で，一定時間室温で浸透する．この場合も二次抗体の濃度が高いとバックグラウンドノイズの原因になる．酵素標識したものなら5,000倍からそれ以上に希釈する．

再度，膜をPBSで数回洗い，最後に一次抗体に認識されたバンドの検出を行う．検出は，二次抗体と結合した酵素の反応を利用するが，不溶性色素の沈殿を生じさせる発色法が，もっとも手軽である．

近年では，発色法に比べ10倍以上の高感度検出が可能な化学発光法がよく利用されている．様々な試薬会社から発光基質が販売されており，二次抗体に応じた発光基質溶液をそのまま加え，暗所で静置する程度の処理ですむが，この発光は微弱なため，X線フィルムや高感度冷却CCDカメラを用いて検出する必要がある．X線フィルムによる感光では高い感度での検出ができるものの，従来のフィルムの場合，暗室での現像作業が必要である．高感度冷却CCDカメラを用いた場合，発光基質を処理したメンブレンを暗箱内に入れ，一定時間露光するだけで検出が可能である．また，デジタルデータとして取り込まれるため，定量解析などにそのまま用いることができる．

d. 抗体の管理

抗体はタンパク質であり，保存や取り扱いにおける注意を怠ると活性の低下につながる．特に注意すべき点は温度である．操作では高温は避け，原液は常に4℃に保つ．さらに，安定に長期保存するためにも，いくつかの注意が必要である．抗体の原液は−80℃で凍結する．また抗体の安定性が低下するので，凍結融解の繰り返しは避け，原液を数十μL程度に小分けに分注して保存する．あるいは，グリセロールなどの凍結保護剤を最終濃度が20〜50％になるように添加することで，低温での氷結晶の形成による抗体の構造破壊を防ぐことができる．これにより，液体状態のまま−20℃での保存が可能であり，操作ごとに抗体を分取できる．このほかにも，プロテアーゼなどの混入，極端なpHの変化にも気を付ける．

〔土金勇樹・関本弘之〕

参考文献

1) 村松繁・増田徹・桂義元編：実験生物学講座14　免疫生物学，丸善（1985）．
2) 西方敬人：細胞工学別冊　目で見る実験ノートシリーズ　バイオ実験イラストレイテッド5　タンパクなんてこわくない，秀潤社（1997）．
3) 野地澄晴編：別冊実験医学　ザ・プロトコールシリーズ　免疫染色・in situ ハイブリダイゼーション，羊土社（1997）．

8.6　ポリメラーゼ連鎖反応（PCR）

PCR は polymerase chain reaction の略語で，試験管内において，目的とする単一種の DNA 分子を，短時間で数千万倍に増殖させる反応である．PCR 法は 1986 年に開発されて以来，分子生物学や遺伝子工学分野に大きな変革をもたらし，その波及効果は基礎研究分野に留まらず，遺伝子組み換え食品の検定から，科学捜査など法医学などの応用分野にも広く普及している．

クローニングとシークエンスの項にもあるように，遺伝子配列の決定など生化学的な解析を行うためには，目的とする DNA 分子を増幅するクローニング技術が必要とされる．従来 DNA 分子の増幅は，これをプラスミドベクターに連結し，宿主である大腸菌に導入して一晩増殖させる方法に依存していた．しかし PCR 法の出現により，大腸菌を利用せずとも，単一 DNA 分子を 2 時間程度で大量に増殖できるようになった．さらに試験管内反応であることから，大腸菌からの抽出，精製の工程が不要で，増殖された DNA 分子は反応溶液を除くだけで次の実験系に利用できる．このように，きわめて簡便で迅速に研究を進められる上，組換え DNA 実験ではないため，誰でも DNA 分子の解析を行えるようになった．

a.　PCR の原理

PCR は，分子生物学の基本の上に成り立っている技術である．まず第一に，2 本鎖 DNA 分子の構造上の特性，すなわち 4 種類の塩基（A, G, C, T）が直列に重合されており，必ず一方の鎖の A と他方の鎖の T，あるいは G と C が水素結合によって対合するという相補的な 2 本鎖構造を持つ上，水素結合は高温で切れ，一定の温度で再び相補鎖が結合するという性質を利用している．第二に，海底の温泉など高温条件下で生息する微生物から発見された酵素であり，70℃前後の温度下で活性を有し 100℃でも失活しない耐熱性ポリメラーゼの利用によって，高温を含む温度サイクルが可能になった．さらに，DNA 複製に必要である 20 塩基程度のプライマー配列を正確に作製する核酸合成技術の向上が挙げられる．これらの要素が組み合わさって，PCR 原理が発案された．

反応の条件はケースによって異なるが，一般的には，まず増幅したい DNA である鋳型 DNA を約 30 秒間 94℃の高温で熱処理して，2 本鎖構造から 1 本鎖構造に熱変性させる．熱変性後は，徐々に温度を 50℃前後まで下げると再び相補的な塩基対合が起きるが，反応溶液中に大量のプライマー，すなわち増幅したい DNA 領域の両末端と同じ塩基配列を持つ 1 本鎖 DNA 分子の一組が存在すると，それぞれの鎖上の相補的な配列の部位に優先的に結合する（アニーリング）．次に反応溶液を 72℃前後に上昇させると，あらかじめ反応溶液に入れておいた耐熱性 DNA ポリメラーゼが至適活性を有するようになり，4 種類の塩基を基質として，プライマーが結合した部分を起点としてそれぞれの鎖の合成を開始する．この 94℃→50℃→72℃→94℃……という温度の上下サイクルを繰り返すと DNA 合成の連鎖反応が起こり，試験管内で短時間に特定の DNA を理論的には 1 分子から増殖することが可能となった．

プライマーは 20 ヌクレオチド程度の鎖長のものが多く，2 種類のプライマーが鋳型 DNA と，その相補鎖 DNA に対してそれぞれ結合する．プライマーは研究者が設計し，試薬会社などにオーダーする．プライマー設計に関してはいくつかの注意点がある．特に重要なのは，プライマー分子内で二次構造を取らないようにすることと，プライマー同士の 3′ 末端同士で塩基対合が生じてプライマーダイマーが形成されることがないように

留意することである．また，プライマーの半分が鋳型となる DNA に結合する温度であるプライマーの融解温度（T_m 値）も必ず考慮する．T_m 値の目安は 55℃〜65℃ である．T_m 値の簡便な計算方法としては，A と T を各 2 度として，G と C を各 4 度として各ヌクレオチドを積算する．

b. 耐熱性 DNA ポリメラーゼ
1) Taq DNA ポリメラーゼ

耐熱性 DNA ポリメラーゼは 1969 年後半に好熱菌 Thermus aquaticus から単離され，Taq DNA ポリメラーゼと称されたが，発見当初はそれほど注目されていなかった．Taq DNA ポリメラーゼによる DNA 合成速度は毎秒 50〜60 ヌクレオチドで，72℃ で毎分 3 kb が合成される．通常の実験で 4 kb までの増幅に利用される．この酵素には，3'→5' エキソヌクレアーゼ活性を持たず，DNA 合成反応の際に誤りが生じても校正ができないという欠点がある．間違った塩基を取り込む頻度は 10,000 bp に 1 回，フレームシフトが生じる頻度は 40,000 bp に 1 回である．このような誤りは表現型や酵素活性などを検定するための遺伝子クローニングにおいては重大な問題となりうる．そのため，PCR の正確性を増すための工夫として，緩衝液や dNTP 濃度，反応条件を変えたりして変異頻度を下げる必要がある．一般に DNA 合成効率と正確性は相反関係にあり，とにかく PCR 産物を得たい場合には，正確性は多少下がっても緩衝液中のマグネシウム濃度を通常の 2 倍にするなど，増幅効率が向上する条件を設定する．

2) 校正活性を持つ耐熱性 DNA ポリメラーゼ

正確性が重視される場合は耐熱性で校正活性，すなわち 3'→5' エキソヌクレアーゼ活性を有する DNA ポリメラーゼを用いる．これらは，KOD Dash や，ExTaq などの商品名で売られている．ミスマッチしたヌクレオチドはこの活性により除去され，正しい塩基対結合のヌクレオチドが導入される．校正能を有する耐熱性 DNA ポリメラーゼの中には，従来の Taq ポリメラーゼに比べ 95℃ における活性の半減期が約 6 倍以上と耐熱性能が高いものや，8〜13 kb など長い DNA 鎖の伸張が可能なものもある．

3) 逆転写活性を持つ耐熱性 DNA ポリメラーゼ

さらに改善された耐熱性 DNA ポリメラーゼの利用法を挙げる．1 つ目として挙げられるのは Thermus thermophilus から分離された逆転写酵素活性を有する Tth DNA ポリメラーゼで，この酵素は校正能を持たないが，DNA 合成活性が強く長い PCR 産物を得るのに有効であり，さらに逆転写酵素活性も有しているので RT-PCR を行う際には反応を 1 つのチューブ内で行うことができ，mRNA から cDNA ライブラリーを作製する際などには非常に便利である．さらに Tth DNA ポリメラーゼを使用する利点として，逆転写反応を 70℃ の高温で行えるので，鋳型となる RNA の GC 含有量が高く二次構造を取りやすい配列であっても cDNA 合成を効率的に行えることが挙げられる．なお，Tth DNA ポリメラーゼの逆転写酵素活性には 1〜2 mM のマグネシウムイオン（Mg^{2+}）が必要となるが，PCR 反応に移行した際に Tth DNA ポリメラーゼはマグネシウムの存在下で正確性が低下することには留意すべきである．このことは，単に mRNA の存在を検定する際には問題とならないが，正確な cDNA クローニングが要求される際には，校正能を有する耐熱性 DNA ポリメラーゼを使用した反応系で行うべきである．

c. 鋳型の重要性

理論的には 1 分子からの増幅が可能といわれている PCR であるが，実験の再現性や期待通りの長さへの PCR 産物の増幅は，鋳型 DNA の量と質に大きく依存する．通常，プラスミド DNA などにクローン化された鋳型の場合は 1 ng 程度でよく，ゲノム DNA の場合は約 0.1 μg で十分である．多糖類を多く含む藻類や菌類などから抽出した DNA には PCR 反応を阻害する不純物がある．このような場合はエタノール沈殿法で DNA

を回収する際に，遠心分離法ではなくガラス棒巻き取り法を使用すると，目的とするDNA断片が得られることが多い．

d. PCRの応用
1) 遺伝子クローニングとPCR

*Taq*ポリメラーゼには，鋳型DNAと塩基対形成をしなくても3′末端にA（アデニン）を1つ付加するという特徴がある．この活性を活かした，いわゆる"TAクローニング"法がPCR産物のクローニングにはよく用いられる．これは開環させたベクター側の5′末端側にT（チミン）を付加させておき，AとTが水素結合を作ることによって，平滑末端同士のライゲーションよりもクローニング効率が上昇することを期待するものである．一方で校正活性を有する多くの耐熱性DNAポリメラーゼのPCR産物の95％以上が平滑末端であり，残りは3′末端突出を有する．一般に高性能を有する酵素は，基質のdNTPがない状態では1本鎖DNAの3′末端から分解する性質を有しており，これがミスマッチした状態のヌクレオチドを除くことになる．この場合クローニングベクター側は平滑末端を生じさせる制限酵素（*Sma*Iや*Eco*RVなど）で切断し，脱リン酸化させて自己結合（セルフライゲーション）が起きないように処理したものを用いる．

2) RNAとPCR

本来，PCR技術はDNA配列を増やす目的で研究に利用されてきたが，この単一分子を増幅する技術はすぐにRNA発現解析にも活用された．逆転写酵素（reverse transcriptase）により合成されたcDNAを鋳型としてPCRにより目的のDNA配列を増幅させる方法をRT-PCR法という．mRNAなどはRNA分解酵素などにより分解されやすく一般に不安定であるが，RT-PCR法の開発によりcDNAクローニングの効率が格段に向上し，mRNAの存在チェックの解析，mRNAの発現量の解析においても高い検出感度を簡便に得られるようになった．

3) Long PCR法

長鎖（10～40 kb）のPCR産物を得る方法をLong PCR法というが，この方法は2種の耐熱性DNAポリメラーゼを混合した反応液中で行われる．この場合，主として酵素は*Taq*DNAポリメラーゼと少量の校正能を有するDNAポリメラーゼから構成される．通常，低い頻度で*Taq*DNAポリメラーゼが誤ったヌクレオチドを取り込んだ場合，*Taq*DNAポリメラーゼは鋳型DNAから解離してDNA合成反応はその時点で停止してしまう．このとき，校正能を有する酵素が反応液に存在するとミスマッチしたヌクレオチドを取り除き，再び*Taq*DNAポリメラーゼが鋳型DNAに結合してDNA合成反応が再開され，PCR産物の伸張性が増すことになる．　〔森山裕充〕

参考文献
1) M. A. イニス他，斉藤隆監訳：PCR実験マニュアル，HBJ出版局（1991）．

8.7 遺伝分析

遺伝情報は生物が生きていく上で必要な情報であり，遺伝子として親から子へ正確に受け継がれてゆく．遺伝情報の本体はDNAの塩基配列であり，必要によってRNAやタンパク質として目に見える形質に反映される．ある形質の遺伝子を分析することは遺伝情報がどのように受け継がれていくかを予測するだけでなく，遺伝子の作用機作を知る上でも重要である．遺伝分析は生命のしくみを理解するために有効な手段の1つである．

遺伝情報であるDNAの分析方法の1つとして多型分析がある．多型分析は遺伝情報の違いを電気泳動などで示す方法である．得られた結果から分子系統樹を作成することで遺伝的類縁関係を明らかにすることができる．また，連鎖分析やQTL（量的形質遺伝子座：quantitative traits loci）解析などからある遺伝形質に関係する遺伝子数や性質，染色体上の位置を決定することもできる．さらに，遺伝子を単離し生理学的，生化学的に分析することで遺伝子の作用機作を明らかに

表8.2 多型分析の種類

多型解析法	特徴	備考
RFLP：Restriction Fragment Length Polymorphism	制限酵素でDNAを切断したときに検出される断片の長さの多型．	ステップが多く手法は煩雑
AFLP：Amplified Fragment Length Polymorphism	RFLPと同様制限酵素で切断したDNA断片の長さの多型．PCRで断片を増幅する．	少量のDNAで解析可能
RAPD：Random Amplified Polymorphic DNA	PCRを用いた簡便な多型検出法．短いプライマーでランダムにDNAを増幅する．	再現性がやや劣る
SSR：Simple Sequence Repeats	単純な反復配列の繰り返し数の違いをPCRで検出．多型の出現頻度が高い．	手法は簡便でコストも安い
SNP：Single Nucleotide Polymorphism	一塩基の違いを取り扱う．多型の検出が他の方法よりも容易である．	コストは高い

することも可能である．

a. 多型分析と分子系統樹
1）多型分析

遺伝的な多型は集団内の変異など遺伝的な差異が存在することである．ここでは電気泳動などによって示されるDNA多型のみについて解説する．

DNA多型分析はDNAマーカーと呼ばれる標識を用いることで行われる．犯罪捜査や米の品種識別でのDNA鑑定が有名であり，水稲などの品種開発でも実用化がされている．DNAマーカーにはRFLP，RAPD，AFLP，SSR，SNPなどの様々な種類がある（表8.2）．特にSSRマーカーは低コストで運用でき，多型頻度も高く，手法が簡便で容易に導入できることから急速に普及が進んでいる．一方，多型頻度がさらに高く大量分析に向くことからSNPマーカーも注目されているが，運用コストが高いといった問題から普及は進んでいない．DNAマーカーにはそれぞれ長所，短所があるので，分析目的に合わせてDNAマーカーを選択することが重要である．

2）分子系統樹

系統樹（樹状図）は一般に遺伝的類縁関係を遺伝距離でデンドログラムに示したものである．遺伝距離をDNAの塩基置換数やDNA多型頻度で示すことで様々な状況での分析が可能となる．

分子系統樹の作成方法には様々な方法がある．ここではもっとも簡便な平均距離法（unweighted pair group method using arithmetic average；UPGMA）について解説する．平均距離法はSokal and Michener（1958）により開発されたクラスター分析の一手法で，遺伝距離の平均が小さいものから結合して作成する．進化速度一定の仮定が必要である．手順を以下に示す（図8.2）．

① 遺伝距離を求める．DNAの平均置換数，DNA多型頻度など．

② データマトリックスの作成．

③ 距離が最小のOTU（operation taxonomic unit）の組み合わせについて距離の半分で結合する．

④ 結合したOTUと他のOTUの間の新たな距離行列を求める．

⑤ ③と④を繰り返しすべてのOTUを結合できれば完成．

⑥ 比較する遺伝子によっては遺伝子の進化速度は異なる．そのため，調査する遺伝子によっては系統樹が異なることがある．

b. 連鎖地図の作成

連鎖地図とは，2つ以上の遺伝子の間の連鎖関係を調べ，染色体上における位置関係を地図で示したものである．DNAマーカーも特定の染色体上の位置を示しているので，連鎖地図上に示すことができる．農業上有用な形質に影響を及ぼす遺伝子について連鎖地図を作成することは，品種開

8.7 遺伝分析

5つの品種間における遺伝距離（100 bp あたりの平均置換数）

	A	B	C	D
A				
B	1.23			
C	1.51	1.61		
D	3.01	3.21	3.51	
E	7.61	7.77	7.82	8.12

```
0.615
 ┌── A
 └── B
```

＊もっとも遺伝距離の近い A と B について距離 1.23 の半分で結合．

A と B を統合したあとのデータマトリックス

	AB	C	D
AB			
C	1.56		
D	3.11	3.21	3.51
E	7.69	7.77	7.82

```
0.78 0.615
   ┌─┬── A
   │ └── B
   └──── C
```

＊もっとも遺伝距離の近い AB と C について距離 1.56 の半分で結合．以下，同様の操作を繰り返す．

A と B と C を統合したあとのデータマトリックス

	ABC	D
ABC		
D	3.16	
E	7.73	7.82

A と B と C と D を統合したあとのデータマトリックス

	ABCD
ABCD	
E	7.775

```
1.58 0.78 0.615
    ┌─┬── A
    │ └── B
    └──── C
 ───────── D
```

```
3.89  1.58 0.78 0.615
         ┌─┬── A
         │ └── B
         └──── C
    ────────── D
 ──────────────── E
```

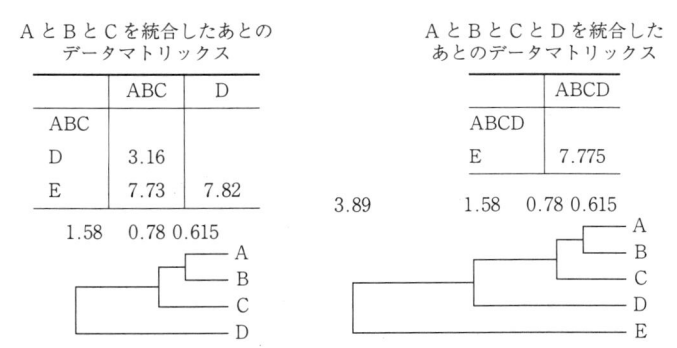

図 8.2 系統樹の作成方法

発を効率的にする一方，その形質の作用機作を分子レベルで解析する足がかりとなる．

連鎖地図の作成は交配などから得られた雑種後代 F_2 集団で行うのが基本である．解析は以下の手順で行う．

1) χ^2 検定，2 遺伝子座が連鎖していることの証明

F_2 集団で観察された観察値と 2 遺伝子座は独立していると仮定したときの期待値の間の適合度をみる．2 遺伝子座分離の χ^2 値からそれぞれの遺伝子座分離の χ^2 値を引いた値が連鎖を示す χ^2 値であり，この値が表の5%の値より大きくなれば連鎖ありと判定される（表 8.3）．

2) 最尤法による地図距離の算出

ここでは，F_2 集団で連鎖する 2 遺伝子がそれぞれ 3:1 に分離するもっとも簡単な例について解説する（図 8.3）．連鎖する 2 遺伝子 A と B について，F_2 集団の表現型を，組換価を r とした場合，最尤法では $L = a\log(2+r^2) + b\log(1-r^2) + c\log(1-r^2) + d\log(r^2)$ の L が最大になるような r の値を求める（Allard, 1956）．それには上式を微分して 0 とする．

$$\frac{dl}{dr}=0, \quad -nr^4 + (a-2b-2c-d)r^2 + 2d = 0$$

表8.3 雑種 F_2 集団における $(3:1)\times(3:1)$ の分離比の検定

表現型	期待頻度	観察値	独立分離の場合 期待値 ($r=0.5$)	χ^2
AB	$(3-2r+r^2)/4$	184 (a)	140.63	13.38
Ab	$(2r-r^2)/4$	2 (b)	46.88	42.97
aB	$(2r-r^2)/4$	4 (c)	46.88	39.22
ab	$(1-r)^2/4$	60 (d)	15.63	125.96
合計	1.0	250 (N)	250.0	221.52

各遺伝子の3:1の分離比の検定

Aの分離比				Bの分離比		
	観察値	期待値	χ^2		観察値	期待値	χ^2
A	186	187.5	0.01	B	188	187.5	0.00
a	64	62.5	0.04	b	62	62.5	0.00
合計	250	250.0	0.05	合計	250	250.0	0.01

注) $\chi^2 =$ (観察値－期待値)^2/期待値

全体の $\chi^2 = 221.5181$
遺伝子座 A の $\chi^2 = 0.0048$
遺伝子座 B の $\chi^2 = 0.0053$
連鎖の $\chi^2 =$ 全体の $\chi^2 -$ 遺伝子座 A の $\chi^2 -$ 遺伝子座 B の χ^2
$= 221.5181 - 0.0048 - 0.0053 = 221.5080$

検定結果：全体の分離比は 0.1% 水準で有意差があり，遺伝子座 A，B は有意さがなく，連鎖の χ^2 は 0.1% 水準で有意なので両遺伝子座には連鎖関係が存在する．

を解けばよい．

標準誤差（Sr）は，

$$\mathrm{Sr} = \frac{(1-r^2)(2+r^2)}{2n(1+r^2)} - 2$$

から求める．

ここで求めた r は，組換価は遺伝子間の二重乗換や乗換の干渉の影響を受けているので，遺伝子間の相対的距離の尺度として適当ではない．そのため，地図関数によって組換価から地図距離へ変換する必要がある．よく用いられるものに Kosambi (1944) の公式があり，以下に示す．

$$X = \frac{1}{4} \ln \frac{1+2r}{1-2r}$$

3) 地図の作成

連鎖地図を作成するためには3以上の遺伝子座それぞれの地図距離が明らかな必要がある．3遺伝子座 A，B，C それぞれの地図距離が AB 間で 6 cM，AC 間で 10 cM，BC 間で 4 cM であれば，3遺伝子座は ABC の順で配列されていることになる（図8.4）．

4) 連鎖地図の精度向上

精度の高い分析を行うためには目的遺伝子以外の影響を排除した実験が必要である．そのためには，準同質遺伝子系統などを用いて作られた分離集団の育成が必要である．また，後代検定といって，F_2 世代の後代 F_3 世代でも目的形質について調査することで正確な遺伝子型を判定することができ，精度の高い解析が可能となる．

c. QTL の同定

多くの農業上の有用形質は複数の量的形質遺伝子（quantitative trait locus；QTL）が関与している．分離集団において多数の遺伝子が同時に分離してくるため，各個体の遺伝子型を推定することは不可能であり，QTL の同定は困難であった．しかし，DNA マーカーによる詳細な連鎖地図作成が一般的になったことで QTL の解析が急激に進展し，多くの農業形質で QTL の同定に用いら

遺伝子座 A と B について表現型の観察値から
AB：Ab：aB：ab＝$a:b:c:d$＝184：2：4：60

最尤法から
$$\frac{dl}{dr} = -nr^4 + (a-2b-2c-d)r^2 + 2d$$
$$= -250 \times r^4 + (184-2\times2-2\times4-60)r^2 + 2\times60$$

よって
$-250r^4 + 112r^2 + 120 = 0$

2次方程式の解の公式から
$r^2 = 0.952132$ または -0.50413
$r^2 = -0.50413$ は r が虚数解になるので不適切
よって
$r = 0.975772$

計算式は相反の場合である．相引の場合は $r=1-r$ となる．
よって
$r = 0.024228$
さらに，標準誤差は
$Sr = 0.012032$

Kosambi 関数で変換することで地図距離が求められる．
$X = 0.017961$
よって，求める地図距離は 1.7961 cM となる．

図 8.3 計算方法の例

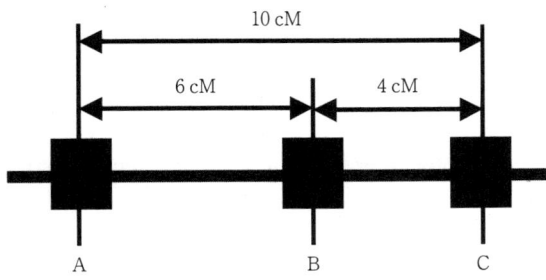

図 8.4 3 遺伝子座の配列順序と遺伝子座それぞれの地図距離

れるようになった．

　QTL 解析の基本は，分離集団の各個体を DNA マーカーによって遺伝子型グループに分け，遺伝子型グループ間の計測形質値の平均を比較することである．DNA マーカーに QTL が連鎖していれば，遺伝子型グループ間の平均値には有意差が生じ，連鎖していないとき有意差はなくなる．

　実際の QTL 解析では MAPMAKER/QTL (Lander et al., 1987) や MAPL (鵜飼, 1999)

などのソフトウェアを用いて行われる．これらのソフトウェアでは，それぞれの QTL の存在領域だけではなく，作用効果についても推定できる．

〔田村和彦〕

引用文献

1) R. R. Sokal, C. D. Michener : A statistical method for evaluating systematic relationship, *Univ. Kansas Sci. Bull.*, **28**, 1409-1438 (1958).
2) R. W. Allard : Formulas and tables to facilitate the calculation of recombination values in heredity, *Hilgardia*, **24**, 235-278 (1956).
3) D. D. Kosambi : The estimation of map distance from recombination values, *Ann. Eugenics*, **12**, 172-175 (1944).
4) E. S. Lander, P. Green, J. Abrahamson, A. Balow, M. J. Daly, S. E. Lincoln, L. Newburg : MapMaker : An interactive computer package for constructing primary genetic linkage maps of experimental and natural populations, *Genomics*, **1** (2), 174-81 (1987).
5) 鵜飼保雄：QTL 解析の理論，育種学研究，**1**，25-31 (1999)．

参考文献

1) 鵜飼保雄：ゲノムレベルの遺伝解析 MAP と QTL，東京大学出版会 (2000)．
2) 長谷川政美，岸野洋久：分子系統学，岩波書店 (1996)．
3) 岩渕雅樹，岡田清孝，島本功：モデル植物ラボマニュアル―分子遺伝学・分子生物学的実験法―，シュプリンガー・フェアラーク東京 (2000)．

8.8　バイオデータベースの利用とイン・シリコ解析

　生物の遺伝情報の総体であるゲノム配列が様々な生物で決定された．これらの膨大なデータはインターネット上で公開され，誰でも利用可能な形で提供されている．それまでとは比較にならない膨大なデータが利用可能となり，コンピューターによる生物学的実験，いわゆるイン・シリコ解析が可能になった．生命現象を統合的に理解する手法として期待が高まっている．

　イネについてもゲノムが解読され，その研究対象の中心は遺伝子機能の解読などゲノム配列と形質との関係解明に移行している．これらの流れは 2 つに大別される．1 つはゲノム配列の意味を機能の面からアプローチするものと，もう 1 つは異

なる形質を持つ個体間のゲノム配列の相違を統計的手法を用いて明らかにする多型解析である．ゲノムプロジェクトの進展に伴い多種多様なデータベースが開発された．ここでは，多型解析で重要なDNAマーカーについて，GRAMENE（http://www.gramene.org/）を用いた検索の方法とDNAマーカー近傍におけるゲノムの塩基配列情報の検索方法について解説する．

a. GRAMENEを用いたDNAマーカーの検索

農業上の有用形質に影響を及ぼす遺伝子を解析することは，その形質の作用機作を解明する上で重要である．イネの染色体は12本（$2n=24$）あり，目的の遺伝子が染色体のどこにあるか解明することはDNAの塩基配列が解明された今日において特に重要である．遺伝子の位置を知るためにDNAマーカーを用いた連鎖解析が行われる．多種多様なDNAマーカーも多数開発されており，染色体のどこに位置するかも明らかになっている．これらのDNAマーカーについてはデータベース化され，インターネット上で検索することで詳細な情報が入手可能である．

イネの穂いもち圃場抵抗性遺伝子 *Pb1* を例に説明する．*Pb1* はイネの第11染色体に位置し，水稲品種「月の光」，「祭り晴」が持つ遺伝子である．この遺伝子近傍にはDNAマーカーでSSRマーカー *RM206* があることが知られている（図8.5）．このDNAマーカーについてGRAMENEを用いて検索を行う．

RM206 について検索すると，位置する染色体の番号のほか，PCRの増幅に必要なプライマーの配列について情報が提供されている．情報をもとにプライマーを作ることで多型解析を行うことができる．プライマー合成は民間業者に1マーカー1,000円程度で注文することで入手可能である．イネからDNA抽出とPCR，電気泳動をする程度の設備があれば十分解析することができる．遺伝解析だけでなく，*Pb1* の選抜にも活用でき，水稲の品種開発への活用も始まっている．

図 8.5 第11染色体における穂いもち圃場抵抗性（早野ら（2003）改編）遺伝子 *Pb1* 座近傍の連鎖地図．

b. BLASTを用いたDNAマーカー近傍の塩基配列検索

遺伝子の機能を知るためには，遺伝子を単離し解析する必要がある．遺伝子単離するためには遺伝子座周辺の塩基配列を知る必要がある．*Pb1* 近傍にはDNAマーカー *RM206* が同定されている．*RM206* 近傍の塩基配列については相同性検索プログラムBLASTで明らかにすることができる．

BLASTはGenBank，DDBJ，EMBLなどの公共データベースで利用可能な相同性検索プログラムであり，NCBI（National Center for Biotechnology Information）のホームページ（http://www.ncbi.nlm.nih.gov/）などで利用可能である．検索対象によって適当なBLASTを選択し，塩基配列を対象に塩基配列データベースに対して検索するのでblastnを選択する．DNAマーカーの塩基配列については先に述べたGRAMENEで入手できる．*RM206* についてはプライマーの塩基配列で十分な解析ができる．検索する生物を *Oriza sativa* に限定することにより効率良い検索が可能である．

検索結果から塩基配列の長さやベクターの違いでいくつかの塩基配列が入手できる．研究目的に合ったものを入手する必要があり，まず最初はベクターがBACクローンで登録されているものを選択する．入手した塩基配列のうち *RM206* のプライマーの塩基配列と一致する場所が表示されているので確認する．

得られた塩基配列が *RM206* 近傍の塩基配列となる．得られた塩基配列上に目的遺伝子 *Pb1* が存在する可能性は低い，*Pb1* 以外の遺伝子も多数存在することが予想されるので，この段階でORF（open reading frame）の探索を行うことはあまり効率的ではない．目的遺伝子を見つけ出すためには，得られた塩基配列をもとにDNAマー

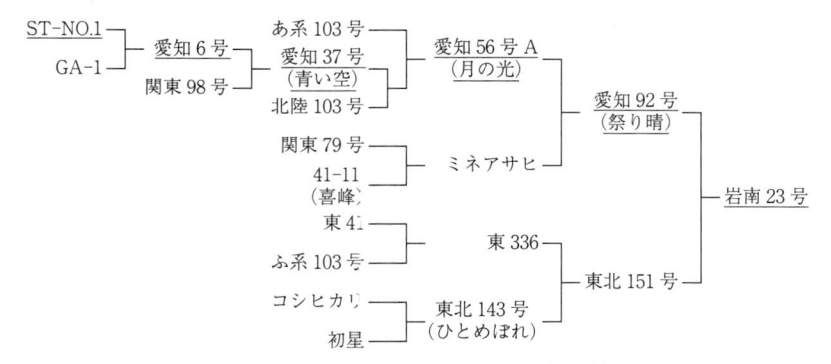

図 8.6 岩南 23 号の来歴図（田村ら（2004））

名前にアンダーラインのある品種・系統は穂いもち圃場抵抗性遺伝子 *Pb1* を持つ．「St-No.1」はインド型品種「Modan」に農林 8 号を 5 回戻し交配し育成された系統である．

カーを作り，*Pb1* とより近い位置で DNA マーカーを同定し，*Pb1* の位置をさらに絞り込む必要がある．

c．その他のバイオデータベースの利用

水稲品種開発者の間で広く利用されているイネ品種・特性データベース（http://ineweb.narcc.affrc.go.jp/）を紹介する．水稲品種開発者以外でも，使い方次第では試験材料を探すだけでなく新たな知見を得られる有用なデータベースである．

日本の水稲品種は数百程度あるが，来歴データベースではこれらの親子関係を樹状図で示している．来歴データベースでは，品種以外にも，主要な中間母本や品種には採用されなかった配布系統と呼ばれる試作イネについても親子関係を調べることが可能である．

例えば，「岩南 23 号」という岩手県で育成された配布系統について検索をする．この「岩南 23 号」は穂いもち圃場抵抗性に優れるイネで，親である「祭り晴」由来の穂いもち圃場抵抗性遺伝子 *Pb1* を持つことが明らかとなっている．*Pb1* 遺伝子はインド型品種「modan」から St-No.1 を経由して「月の光」，「祭り晴」に受け継がれたことは有名であるが，検索結果から来歴図を作成する

ことでそれを確認することができる（図 8.6）．

全国で水稲の品種開発が行われているが，開発される品種や配布系統には農業上有用な形質を持ったものが多く，研究目的に合った材料を見つけ出すことができる．また，遺伝子の由来など，新たな知見を得る可能性も高い．品種については多くの品種で種子の入手は可能であるが，配布系統については種子がないなど必ずしも入手は可能ではないので注意が必要である． 〔田村和彦〕

引 用 文 献

1) 早野由里子，藤井潔，杉浦直樹，斎藤浩二，林長生：近交系を用いたイネ穂いもち圃場抵抗性遺伝子 Pb1 の座乗領域の解析，育種学研究，**5** 別 (1), 98 (2003).
2) 田村和彦，木内豊：DNA マーカーを用いた水稲「岩南 23 号」の穂いもち圃場抵抗性に関する解析，日本作物学会東北支部会報，**47**, 43-44 (2004).

参 考 文 献

1) 辻本豪三，田中利夫：ゲノム研究実験ハンドブック，羊土社（2004）．
2) 菅原秀樹：あなたにも役立つバイオインフォマティック，共立出版（2002）．

関連ウェブサイト

1) DDBJ：http://www.ddbj.nig.ac.jp/
2) EMBL：http://www.embl.org/
3) GenBank：http://www.ncbi.nlm.nih.gov/Genbank/index.html

索　引

あ 行

アガロースゲル　112
アガロース電気泳動　114
アクリル樹脂　29
アナライザー　57
アナログ　79
アニーリング（温度）　131
アビジン　85
油回転ポンプ　59
油拡散ポンプ　59
アルカリホスファターゼ　80, 86
アルコールランプ　23
アルミ　29
アレイ　84
アングルローター　106
安定同位体　79
暗電流　51

イオン（交換体）　116
イオン化　135
イオンポンプ　59
鋳型 DNA　142
移植　40
位相差顕微鏡　55
遺伝子　148
遺伝子クローニング　143
遺伝分析　143
移動相　108
イメージングプレート　84
色温度　55
イン・シリコ解析　147

ウエスタンブロッティング　139
ウエット SEM　61, 62
ウルトラミクロトーム　60

泳動槽　111
液体シンチレーションカウンター　83, 84
液体窒素　24
液絡部　19
エチレンオキサイドガス滅菌　67

エドマン分解法　134
エレクトロスプレーイオン化　135
塩基配列　148
遠心器　105
遠心分離　104
塩析　103
塩溶効果　103

オートクレーブ滅菌　67
オートフォーカス　52
オートラジオグラフィー　84
オムニミキサー　93
温室　90
温度計　25
温度制御　26

か 行

開始緩衝液　117
回折　54
解剖用具　87
界面活性剤　8, 30
火炎滅菌　67
化学物質安全データシート　5
核酸　90, 113, 122
攪拌機　18
ガスクロマトグラフィー　109
ガスバーナー　23
ガスボンベ　10
画素数　50
活性炭カラム　4
加熱　23
紙　32
β-ガラクトシダーゼ　129
ガラス化法　44
ガラス製品　27
ガラス電極　19
カラム　109
カラムクロマトグラフィー　108
カルス　73
簡易凍結法　46
換気　2
還元 S-アルキル化　135
肝実質細胞　89

緩衝液　21
緩衝作用　21
乾燥　47
乾燥剤　48
寒天ゲル　112
乾熱滅菌　67
乾物重　47
ガンマカウンター　84
灌流液　88
感量　11

器官培養　69
器官分化　74
危険物　6
希釈洗浄排水　35
気体廃棄物　35
逆浸透　4
逆転写活性　142
キャピラリー　15
キャピラリープラー　96
キャリアー　85
吸光度法　118
吸光度　118
共焦点　57
極性　9
記録紙　32
銀塩フィルム　52
近交系　38
金コロイド　80
禁水性　7

空気清浄度　65
クエンチング　84
屈折計　19
組換価　145
グリセロール溶液　8
クリーニング液　56
クリーンベンチ　64, 65
グルタルアルデヒド　61
クローズドコロニー　38
クローニング　128, 133
クローニングベクター　128
クロマトグラフィー　84, 108

クロマトグラム　110
クロマトフォーカシング　116
クロム酸混液　31
クロラミンT　85

蛍光吸光光度法　119
蛍光顕微鏡　55
蛍光色素　79, 81
蛍光板　60
系統樹　144
血清　70
ケーラー照明　54
減圧弁　10
限外濾過　107
限外濾過膜　49
原核生物　68
原子間力顕微鏡　61
原子吸光法　119
検出器　110
懸濁　94
顕微鏡観察　90
顕微鏡の分解能　58

高圧蒸気滅菌　67
恒温　25
光学顕微鏡　53
公共データベース　148
抗原抗体反応　137
光軸　55
高速液体クロマトグラフィー　109
高速冷却遠心器　105
酵素抗体法　137
酵素試薬　7
酵素標識　79, 86
抗体　79
後代検定　146
交配　38
固形廃棄物　34
固定相　108
コラゲナーゼ液　88
コラゲナーゼ灌流法　88
コンタミネーション　8, 68, 71
コンデンサー絞り　54

さ　行

サイクルシークエンス法　130
最終滅菌法　66
栽培管理　40
細胞塊　76
細胞数　76
細胞の増殖　73
細胞培養　69
最尤法　145
酢酸-酢酸ナトリウム緩衝液　22
サザンハイブリダイゼーション　85

サーマルサイクラー　25
サーミスタ　26
産業動物　37
三相200V　2

次亜塩素酸ナトリウム　68
飼育環境　38
紫外・可視吸光光度法　118
紫外線ランプ　64
色調　55
シークエンス　129, 133
ジゴキシゲニン　79, 86
自己分解　83
指示薬　21
失活　8
実験室廃棄物　33
実験動物　37
実体顕微鏡　50
質量　11
質量分析計　109, 133
磁場レンズ　59
絞り　52
試薬　5
視野絞り　54
写真乳剤　84
遮蔽　84
充填剤　109
重量　11
樹脂　27, 62
樹脂置換　62
樹立細胞系　69
純水　3
焦点深度　60
消毒用エタノール　68
照明　2, 41
蒸留水　3, 4
植物育成用インキュベーター
　75, 91
植物組織　72
植物ホルモン　73
初代培養　69
シリカゲル　48
シリコーン　29
真核生物　68
シンチレーター　84
浸透圧計　19
振とう培養　73
振動法　11
親和性標識　83, 85

スイングバケットローター　93, 106
ステンレス　29
ステンレス篩　94
スピンカラム　107
スラブ　111

生体染色　78
生体分子　100
静置培養　73
成長曲線　76
生物材料　36
精密濾過カラム　4
正立型顕微鏡　55
石英ガラス　27
積分制御　26
セボフルラン　88
ゼラチンコート　71
セルソーター　77
セルラーゼ　91
全RNA　130, 131
前灌流液　88
洗剤　30
洗浄　30
洗浄液　30
洗浄器　31
染色　80

走査型電子顕微鏡　58, 60
走査型プローブ顕微鏡　61
走査型トンネル顕微鏡　61
相同性検索　148
測温抵抗体　26
組織の採取　90
組織の分化　73
組織培養　69, 90

た　行

ダイクロイックミラー　57
耐震・免震対策　7
耐熱性DNAポリメラーゼ　142
多型分析　143
脱イオン水　4
脱塩水　4
脱水　62
短期保存　43
単相100V　2
単相200V　2
単層培養　70
担体　109
タンデム型質量分析計　133
タンパク質の可溶化　117
タンパク質変性作用　8

チェレンコフ測定　84
地図関数　146
地図距離　146
チタン　29
チップ　16
チビタン　105
チミジンアナログ　79
中間母本　149

超遠心器　105
超音波洗浄器　18, 31
超音波破砕器　99
長期保存　43
超常磁性高分子ポリマー　79
超低温フリーザー　88
超低温保存　43
沈殿　103

定温乾燥器　23, 47
低温培養　43
低真空走査型電子顕微鏡　61, 62
ディスク　111
ティッシュペーパー　32
定量分析　109
デコンボリューション　58
手ぶれ防止　52
テフロン　28
電界放出型電子銃　59
電気加熱原子化法　120
電気設備　2
電気ヒーター　23
電磁式てんびん　11
電子てんびん　11
デンドログラム　144
デンプンゲル　112

透過型電子顕微鏡　58, 60
透過率　118
凍結乾燥　24, 47
透析膜　49
同調培養　76
透徹　62
等電点　112
導電率計　19
動物実験法　87
倒立顕微鏡　55
特殊規格　6
突然変異原　126
トランスポゾン　127
トリプシン-EDTA 溶液　72
トレーサー実験　80

な行

ナイロンメッシュ　94

二次元電気泳動　8, 114, 115, 134
ニトロセルロースメンブレン　139
乳鉢　98
乳棒　98

ヌクレアーゼ（DNase, RNase）
　　フリー　8

熱電子放出型電子銃　59

濃縮　47, 48, 102
ノザンハイブリダイゼーション
　　85, 130
ノトバイオート　39
ノマルスキープリズム　56

は行

バイオハザード廃棄物　35
廃棄物　3
培地　72
培地交換　71
配布系統　149
ハイブリダイゼーション　83
培養環境　74
培養細胞　91
培養容器　74
パイレックス　27
パーオキシダーゼ　80, 86
薄層クロマトグラフィー　109
播種　40
発癌性　9
発光指示薬　79
パッチクランプ　96
バーティカルローター　106

ビオチン　85
光活性化前駆体　79
光ピンセット　97
被写界深度　52
比重計　19
微小器具　95
微小操作　95
ビーズガラス化法　44, 46
ビーズミキサー　93
微生物　68
ヒートポンプ　25
微分　55
微分干渉　56
微分干渉顕微鏡　55
微分制御　26
ピペット　14, 76, 93
比放射活性　83
ビュレット　15
表面電荷　116
秤量　11
比例制御　26
品種開発　144
ピンセット　29

フェノール　123
フタル酸水素カリウム-水酸化ナ
　　トリウム緩衝液　22
浮遊培養　70
フラクションコレクター　111
ふるい効果　113

フルオログラフィー　84
フレームグラバーボード　52
フレーム原子化法　120
ブロッキング　140
ブロッティング　84
プロテアーゼ　135
プロテオーム　133
プロトプラスト　91, 92, 94
プローブ　85
プロモーター　132
ブロモデオキシウリジン　77, 79
分解能　58
分化全能性　72
分光光度計　19, 118
分子プローブ　79
分電盤　2
分裂指数　77

平均距離法　144
ペクチナーゼ　91
ペニシリン　70
ペーパータオル　32
ペプチド合成　136
ペプチドシークエンス　136
ペプチドマスフィンガープリンテ
　　ィング法　135
ペルチェ素子　24

法規　6
放射性同位元素　83
放射線障害予防規程　85
法令　6
保管庫　3, 7
ポッター-エルヴェージェム　93, 98
ホフマンモジュレーション　57
ホモジュナイザー　93, 98
ポラライザー　56
ポリアクリルアミドゲル　112
ポリエチレン　27
ポリカーボネート　28
ポリクローナル抗体　139
ポリスチレン　28
ポリトロン　93
ポリビニリデンジフロリド　134
ポリプロピレン　28
ポリメラーゼ連鎖反応　141
ボルテックスミキサー　18
ホールピペット　14
ホルムアルデヒド　61

ま行

マイクロインジェクション　97
マイクロ波加熱　23
マイクロフォージ　96
マイクロマニピュレーター　95

マイクロミキサー 18
マグネチックスターラー 18
膜濾過 107
磨砕 98
麻酔 88
マッフル炉 23
マトリックス支援レーザー脱離イオン化 135

未規制物質類 34
ミクロトーム 63
密度勾配 94
未同定生物材料 37

無機系廃液 33
無菌操作 64, 75
無菌動物 39
無菌植物 91
無菌容器 74

メカニカルピペット 15
メスアップ 13
メスシリンダー 13
メスピペット 14, 76
メスフラスコ 13
メタボローム解析 110
滅菌 66
メートルグラス 14
メニスカス 13
免疫組織化学 62
免疫沈降法 138
メンブレンフィルター 68

モデル生物系生物材料 36
モノクローナル抗体 139

や 行

野生動物 37

有機系廃液 33
有機体炭素 5
有機溶媒 9
有用形質 148

溶解性 9
溶出液 117
溶媒 8
読み出しノイズ 51

ら 行

来歴図 149
来歴データベース 149
落射蛍光 57
ラジオイムノアッセイ 83, 85
ラジオクロマトグラフィー 83, 84

ラジオルミノグラフィー 84
リガンド 85
硫安塩析 103
両親媒性物質 8
量的形質遺伝子座 143
臨界点乾燥 61, 63
リン酸二水素カリウム-リン酸水素二ナトリウム緩衝液 22

冷却 24
冷却多本架遠心機 93
冷凍機 24
レギュレーター 10
レーザー 97
レトロトランスポゾン 127
レポーター遺伝子 79
連鎖地図 144
連鎖分析 143

濾過滅菌 68
露光時間 52
濾紙 32
ローター 106
ロータリーエバポレーター 48
ロードセル式てんびん 12
ロバーバル機構 11

わ 行

ワラストン（ノマルスキー）プリズム 56
ワーリングブレンダー 93

欧 文

ABC 138
AP 138

Beerの法則 118
Bligh-Dyer法 102
Bolton-Hunter試薬 85
BrdU 79

CCD 50
cDNA 131, 132
CO_2インキュベーター 71

D制御 26
DAPI 63, 81
DIG 86
DNA多型 144
DNAマーカー 144, 148
DNaseフリー 8

EDI 4
ELISA 138

EST 131
ESTライブラリー 131, 132
Ethidium Bromide 81

Ficoll 94
FITC 79, 82
Folch法 102

GC-MS 109
GFP 130, 132
Goodの緩衝液 22
GUS 130, 132

HEPAフィルター 65, 68
HRP 137

I制御 26
immobiline 113
ISFET 19

labeled index 77
Lambertの法則 118
Long PCR法 143

MAPL 147
MAPMAKER 147
mRNA 131
MS/MS 133
MS培地 72

ON/OFF制御 26
ORF 131, 132

P制御 26
PBS 140
PCR 131, 132, 141
Percoll 94
performance index 104
pH試験紙 21
pHメーター 19
PID制御 26
poly(A)$^+$RNA 131, 132
Polybuffer 117
PTH-アミノ酸 136
PVDF 29, 139
PVS2液 44

QTL 143
QTL解析 147

RCF 105
RGB 51
RITC 79
RNA 130, 131, 132
RNaseフリー 8

RT-PCR　130

Schiffの試薬　63
SDS-PAGE　113, 114
SEM　60
SPF動物　39

*Taq*ポリメラーゼ　37
Taq DNAポリメラーゼ　142
TEM　60
TOC　5
Tris緩衝液　22

Vibratome　63

X線フィルム　84

γ線滅菌　67
χ^2値　145

編集者略歴

野村港二(のむらこうじ)
1959 年　東京都に生まれる
1987 年　東北大学大学院理学研究科博士課程修了
現　在　筑波大学生命環境科学研究科准教授
　　　　理学博士
専　門　植物細胞工学，テクニカルコミュニケーション

細胞生物学実験法　　　　　定価はカバーに表示
2007 年 11 月 15 日　初版第 1 刷

編集者　野　村　港　二
発行者　朝　倉　邦　造
発行所　株式会社　朝倉書店
　　　　東京都新宿区新小川町6-29
　　　　郵便番号　162-8707
　　　　電　話　03(3260)0141
　　　　FAX　03(3260)0180
　　　　http://www.asakura.co.jp

〈検印省略〉

Ⓒ 2007〈無断複写・転載を禁ず〉　　新日本印刷・渡辺製本

ISBN 978-4-254-17133-4　C 3045　　Printed in Japan

早大 胡桃坂仁志編

タンパク質実験マニュアル

17129-7 C3045　　　　B5判 168頁 本体3400円

様々なタンパク質精製プロトコールを解説する。研究室に必携の実験手引き書である。〔内容〕膜タンパク質の精製法／昆虫細胞からのタンパク質の発見・精製法／大腸菌DnaAタンパク質の精製法／培養細胞からのリンカーヒストンの精製法／他

日本組織培養学会編

組織培養の技術 ―基礎編―
（第3版）

30052-9 C3047　　　　B5判 292頁 本体10000円

組織培養技術の基礎を実際に即して簡潔に解説した実験書。応用編に続く。〔内容〕序説／培養のための準備・基礎知識／基本的手技／癌細胞培養法／各種臓器からの細胞の培養法／培養内機能発現・分化誘導(1)／分子・細胞生物学的手法(1)

日本組織培養学会編

組織培養の技術 ―応用編―
（第3版）

30053-6 C3047　　　　B5判 420頁 本体10000円

基礎編に続く組織培養技術の応用を簡潔に解説。〔内容〕各種培養技術／培養内機能発現・分化誘導(2)／分子・細胞生物学的手法(2)／毒性および遺伝毒性検査法／各研究（癌・ウイルス・免疫・体細胞遺伝学）への応用／遺伝子工学的手法

東薬大 多賀谷光男著

分子細胞生物学

17110-5 C3045　　　　B5判 208頁 本体4200円

生命を分子・細胞レベルで理解できるよう纏めた教科書〔内容〕細胞：生命の単位／細胞研究法／生体膜の構造と機能／物質輸送／オルガネラと細胞輸送／シグナル伝達機構／細胞骨格／微小管／細胞の増殖と死／細胞間結合と細胞外マトリックス

九大 丸山 修・京大 阿久津達也著
シリーズ〈予測と発見の科学〉4

バイオインフォマティクス
―配列データ解析と構造予測―

12784-3 C3341　　　　A5判 200頁 本体3500円

生物の膨大な塩基配列データから必要な情報をいかに予測・発見するか？〔内容〕分子生物学と情報科学／モチーフ発見（ギブスサンプリング，EM，系統的フットプリンティング）／タンパク質立体構造予測／RNA二次構造予測／カーネル法

日本分析化学会編

分析化学実験の単位操作法

14063-7 C3043　　　　B5判 292頁 本体4800円

研究上や学生実習上，重要かつ基本的な実験操作について，〔概説〕〔機器・器具〕〔操作〕〔解説〕等の項目毎に平易・実用的に解説。〔主内容〕てんびん／測容器の取り扱い／濾過／沈殿／抽出／滴定法／容器の洗浄／試料採取・溶解／機器分析／他

日本分析化学会編

機器分析の事典

14069-9 C3543　　　　A5判 360頁 本体12000円

今日の科学の発展に伴い測定機器や計測技術は高度化し，測定の対象も拡大，微細化している。こうした状況の中で，実験の目的や環境，試料に適した機器を選び利用するために測定機器に関する知識をもつことの重要性は非常に大きい。本書は理工学・医学・薬学・農学等の分野において実際の測定に用いる機器の構成，作動原理，得られる定性・定量情報，用途，応用例などを解説する。〔項目〕ICP-MS／イオンセンサー／走査電子顕微鏡／等速電気泳動装置／超臨界流体抽出装置／他

T.E.クレイトン編
江戸川大 太田次郎監訳

分子生物学大百科事典

17120-4 C3545　　　　B5判 1176頁 本体40000円

21世紀は『バイオ』の時代といわれる。根幹をなす分子生物学は急速に進展し，生物・生命科学領域は大きく変化，つぎつぎと新しい知見が誕生してきた。本書は言葉や用語の定義・説明が主の小項目の辞典でなく，分子生物学を通して生命現象や事象などを懇切・丁寧・平易な解説で，五十音順に配列した中項目主義（約450項目）の事典である。〔主な項目〕アポトーシス／アンチコドン／オペロン／抗原／抗体／ヌクレアーゼ／ハプテン／B細胞／ブロッティング／免疫応答／他

元東大 石川 統・立教大 黒岩常祥・京大 永田和宏編

細胞生物学事典

17118-1 C3545　　　　A5判 480頁 本体16000円

細胞生物学全般を概観できるよう約300項目を選定。各項目1ないし2ページで解説した中項目の事典。〔主項目〕アクチン／アテニュエーション／RNA／αヘリックス／ES細胞／イオンチャネル／イオンポンプ／遺伝暗号／遺伝子クローニング／インスリン／インターロイキン／ウイルス／ATP合成酵素／オペロン／核酸／核膜／カドヘリン／幹細胞／グリア細胞／クローン生物／形質転換／原核生物／光合成／酵素／細胞核／色素体／真核細胞／制限酵素／中心体／DNA，他

上記価格（税別）は2007年9月現在